家庭住宅装修施工
检验验收技术

黎连业　叶万峰　李聪莉　编著

中国城市出版社

图书在版编目（CIP）数据

家庭住宅装修施工检验验收技术 / 黎连业，叶万峰，李聪莉编著 . —北京：中国城市出版社，2020.11

ISBN 978-7-5074-3295-4

Ⅰ.①家… Ⅱ.①黎… ②叶… ③李… Ⅲ.①住宅—室内装修—建筑施工—质量检验②住宅—室内装修—建筑施工—工程验收 Ⅳ.①TU767.7

中国版本图书馆 CIP 数据核字（2020）第 159691 号

责任编辑：郑淮兵 陈小娟
责任校对：芦欣甜

家庭住宅装修施工检验验收技术

黎连业 叶万峰 李聪莉 编著

*

中国城市出版社出版、发行（北京海淀三里河路 9 号）

各地新华书店、建筑书店经销

逸品书装设计制版

北京市密东印刷有限公司印刷

*

开本：880 毫米 ×1230 毫米 1/32 印张：14 ½ 字数：360 千字
2021 年 3 月第一版 2021 年 3 月第一次印刷
定价：**45.00** 元

ISBN 978-7-5074-3295-4
（904280）

前　言

本书主要对家庭住宅装修施工技术进行了详细的讨论。所叙述的内容基本反映了当前最新技术，也是作者实践体会的总结。

家庭住宅装修重点是材料质量和施工质量，检验是检查施工质量是否符合要求的必要步骤，本书给出了许多检验表格和实际检查的方法，供需要装修的读者参考、使用。

本书内容分 16 章，第 1 章为概述，简单介绍与住宅装修相关的知识；第 2 章为住宅装修施工总体要求；第 3～15 章，分开讲解厨房、餐厅、起居室、卧室、卫生间、走廊过厅、壁柜吊柜壁龛、封闭阳台、门窗、电气线路、书房、收藏室等设计、施工、质量检验验收技术；第 16 章为住宅智能化技术的发展趋势。

本书经过反复修改，内容紧扣标准、规范，高于标准、规范的要求，讨论的内容可供今后修订标准、规范时参考。

本书取材新颖、内容丰富、实用性强、层次清楚，强调实用，强调施工、质量检验验收技术，可供住宅的选购者、住宅装修的专业人员参考，可作为住宅装修施工、质量检验验收者参考，还可作为本科、高职、中职院校的教材，是一本为设计师、施工监理、业主掌握装修施工知识的用书。

本书通篇是干货，正能量满满，比较系统、完整，实用性很强。可作为住宅装修业主的参考，节省业主大量的时间和精力。对从事装修工程的技术人员、施工人员有启发性作用；对施工监理人员而言，指出监理的重点和关键部位，以便干好监理工作。文中介绍的知识使用时效长，在材料和施工技术没有发生颠覆性变化的情况下，可使用很多年不会落后。

写作时引用了多个工程施工的技术资料、建筑装饰装修工程质量验收规范和北京市地方标准建筑弱电工程施工技术规范，参考了国家标准、地方标准，从中吸取了许多知识，在此表示感谢！如有不足之处，请批评指正！

编著者

目 录
CONTENTS

目 录 CONTENTS

目 录 CONTENTS

目录 CONTENTS

第1章

概　述

随着国民经济发展和人民生活水平的不断提高，以前国家制定城市住宅建设标准已不适应人民对住宅的要求；随着住房制度的改革和住宅商品化，城市住宅已不再是低档标准的城市普通住宅。保障居民对使用面积的合理要求，使住宅多样化，积极采用新技术、新材料、新产品促进住宅产业现代化。

住宅是购房者重点关心的问题，对购房者来说应知道住宅的基本概念和基本知识。

1.1　住宅的定义

住宅又称为住房、宅院，是指专供居住的房屋。住宅是供一家人日常起居的、外人不得随意进入的封闭空间。

住宅的定义有多种：

（1）1995年实施的《城市房地产管理法》第二条规定："本法所称房屋，是指土地上的房屋等建筑物及构建物。"

（2）在我国法学界，关于房屋的定义多采纳："房屋是指人类建筑在特定地块上的形成固定空间、供人居住、从事营业或其他社会活动的建筑物。"

（3）百度百科的解释是指专供居住的房屋，包括别墅、公寓、职工家属宿舍和集体宿舍、职工单身宿舍和学生宿舍等，

但不包括住宅楼中作为人防用、不住人的地下室等，也不包括托儿所、病房、疗养院、旅馆等具有专门用途的房屋。

（4）2011年修订的《住宅设计规范》GB 50096—2011规定："住宅，指供家庭居住使用的建筑"，"含与其他功能空间处于同一建筑中的住宅部分，简称住宅"。

1.2 住宅的基本要求

《住宅建筑规范》GB 50368—2005规定了住宅的基本要求：

（1）住宅建设应符合城市规划要求，保障居民的基本生活条件和环境，经济、合理、有效地使用土地和空间。

（2）住宅选址时应考虑噪声、有害物质、电磁辐射和工程地质灾害、水文地质灾害等的不利影响。

（3）住宅应具有与其居住人口规模相适应的公共服务设施、道路和公共绿地。

（4）住宅应按套型设计，套内空间和设施应能满足安全、舒适、卫生等生活起居的基本要求。

（5）住宅结构在规定的设计使用年限内必须具有足够的可靠性。

（6）住宅应具有防火安全性能。

（7）住宅应具备在紧急事态时人员从建筑中安全撤出的功能。

（8）住宅应满足人体健康所需的通风、日照、自然采光和隔声要求。

（9）住宅建设的选材应避免造成环境污染。

（10）住宅必须进行节能设计，且住宅及其室内设备应能有效利用能源和水资源。

（11）住宅建设应符合无障碍设计原则。

（12）住宅应采取防止外窗玻璃、外墙装饰及其他附属设施等坠落的措施。

1.3 住宅的结构

住宅的结构是指房屋的梁、柱、墙等主要承重构件。住宅的建筑材料结构可分为：

1.3.1 砖木结构

砖木结构由木材和砖组成，木材组成楼板、木屋架等用木结构。住宅建筑物中竖向承重结构的墙、柱等采用砖或砌块砌筑承受荷载。一般砖木结构是平层或 1～3 层。这种结构的房屋在我国中小城市、农村中非常普遍。

砖木结构的优点：空间分隔较方便、自重轻、施工工艺简单、材料单一、工期短、抗震性能好、冬暖夏凉。

砖木结构的缺点：有木节、裂纹等天然缺陷，易腐、易蛀、易燃、易裂、翘曲、耐用年限短；在空气温度、湿度较高的地区，白蚁、蛀虫、家天牛等对木材危害颇大；木材处于潮湿状态时，将受木腐菌侵蚀而腐朽；木材能着火燃烧，而且占地多、建筑面积小，不利于解决城市人多地少的矛盾。

1.3.2 砖混结构

砖混结构是指建筑物中竖向承重结构的墙、柱等采用黏土砖或者砌块（普通混凝土砌块、轻混凝土砌块等），横向承重的梁、楼板、屋面板等采用钢筋混凝土结构。砖混结构是小部分钢筋混凝土及大部分砖墙承重的结构。它是采用砖墙来承重，钢筋混凝土梁柱板等构件构成的混合结构体系。主要适用于低层或者多层建筑物。

砖混结构的优点：牢固性要大于砖混结构，隔声效果中等（取决于隔断材料的选择，一些高级隔断材料的隔声效果要比砖木好，而普通的隔断材料，如水泥空心板之类的，隔声效果很差），结构耐久性和耐腐蚀性好。

砖混结构的缺点：开间进深较小、房间面积小；自重大、施工砌筑进度慢、整体性差；很多墙体是承重结构，不允许拆除或改动。

1.3.3 钢筋混凝土结构

钢筋混凝土结构是用钢筋和混凝土建造的一种结构，钢筋承受拉力，混凝土承受压力，具有坚固、耐久、防火性能好等特点。钢筋混凝土结构可以在温度不高于60°C气候条件下应用。

钢筋混凝土结构的优点：节约钢材、耐火、坚固、防火性能好、整体性好。

钢筋混凝土结构的缺点：自重大、抗裂性差、费工、费模板、周期长、施工受季节影响、补强修复困难。现已基本上不采用。

1.3.4 钢结构

钢结构与其他结构相比，在使用、设计、施工及综合经济方面都具有优势。

（1）抗震。钢结构体系有着更强的抗震及抵抗水平荷载的能力，钢结构的抗震性能比钢筋混凝土结构的抗震性能好。

（2）抗风。钢结构建筑比砖混结构重量轻，约为混凝土结构的一半，强度高、整体刚性好、变形能力强。可抵抗70m/s的飓风，使生命财产能得到有效的保护。

（3）耐久。钢结构住宅结构的使用寿命可达100年。

（4）隔声。钢结构住宅隔声效果好，轻钢体系安装的窗均采用中空玻璃，隔声达 40dB 以上；由轻钢龙骨、保温材料石膏板组成的墙体，其隔声效果可高达 60dB。

（5）钢结构住宅比传统建筑能更好地满足建筑上大开间灵活分隔的要求，并可通过减少柱的截面面积和使用轻质墙板，提高面积使用率，户内有效使用面积提高约 6%。户内空间可多方案分割，可满足用户的不同需求。

（6）节能效果好。墙体采用轻型节能标准化的 C 型钢、方钢、夹芯板，保温性能好，全部采用高效节能墙体，保温、隔热。采用的保温、隔热材料以玻纤棉为主，具有良好的保温、隔热效果。用以外墙的保温板，有效地避免墙体的"冷桥"现象，达到了更好的保温效果。100mm 左右厚的 R15 保温棉热阻值可相当于 1m 厚的砖墙，可达到 50% 的节能标准。

（7）将钢结构体系用于住宅建筑可充分发挥钢结构的延性好、塑性变形能力强等优点，具有优良的抗震抗风性能，大大提高了住宅的安全可靠性。尤其在遭遇地震、台风灾害的情况下，钢结构能够避免建筑物的倒塌性破坏。

（8）作业施工快捷，不受环境季节影响，施工速度快，工期比传统住宅体系至少缩短 1/3。

（9）环保效果好。钢结构住宅施工时大大减少了砂、石、灰的用量，所用的材料可 100% 回收，在建筑物拆除时，大部分材料可以再用或降解，不会造成垃圾，所有材料为绿色建材，满足生态环境要求，有利于健康。

（10）舒适。轻钢墙体采用高效节能体系，具有呼吸功能，可调节室内空气干湿度；屋顶具有通风功能，可以使屋内部上空形成流动的空气间，保证屋顶内部的通风及散热需求。

（11）钢结构住宅体系自重轻，可以大大减少基础造价。

（12）符合住宅产业化和可持续发展的要求。钢结构适宜工厂大批量生产，工业化程度高，并且能将门窗等先进成品集合于一体，成套应用，将设计、生产、施工一体化，提高建设产业的水平。

1.4 住宅的五个特性

1.4.1 实用便利性

住宅最基本的目标是为人们提供一个舒适、安全、方便和高效的生活环境。对住宅来说，最重要的是以实用为核心，摒弃那些华而不实、只能充作摆设的功能，住宅以实用性、易用性和人性化为主。

实用便利的基本住宅功能包括智能家电控制、智能灯光控制、电动窗帘控制、防盗报警、门禁对讲、煤气泄漏、三表（四表）抄送、视频点播等功能。

1.4.2 市场需求的多样性

住宅已从供需体制、福利分配转向商品行为。商品住宅应对社会上的不同经济收入、不同生活模式、不同职业、不同文化层次、不同社会地位的家庭，提供相应的不同面积、不同设施、不同结构类型的住宅套型。

如老龄人和残疾人家庭应以人为核心，除满足一般居住使用要求外，根据需要应满足其特殊使用要求，考虑无障碍设施，如入口设坡道加扶手、室内地坪无高差、门的宽度适当加大等特殊的套型。

如老龄人集居时还应提供服务设施如医务、文化活动、就餐以及急救等。

如两代同住、多代同住的住宅，要考虑老龄人的传统伦理道德和现代人的思想方法、生活方式不同等因素，住宅既要分得开，又要相近；既能各自生活，又能相互照顾。

社会上大龄暂不结婚的人士，他（她）们需要独立的住宅套型，面积不需要很大，一室一厅或高级公寓，或两室一厅空间来满足他（她）们的需要，但设备设施要齐全。

市场上的住宅因生活习俗、气候条件不同等而提供不同面积的组合，一室户、一室半户、二室户、二室半户、三室户、多室户等不同朝向布置的住宅可供市场选择。

1.4.3 功能的适用性

住宅是保障居民基本生活条件和环境的空间。住宅的功能表现在：卧室、起居室、过厅、过道、厨房、卫生间、储藏室、壁柜、户内楼梯（按投影面积）、阳台。

适用性是住宅的根本要求，住宅性能应能适合居住者的需求、能满足居住生活行为的要求，使居住者在住宅内感到适用方便。从使用角度出发，卧室、起居室、过厅、过道、厨房、卫生间应明确，使用顺当。房间的面积和尺度要适当，住宅面积的增加无疑会带来其功能的改善，但无功能目标而盲目扩大面积，那就是"大而不当"，没有获得相应的功能是不合适的。现在有的住宅套型面积很大，每个房间也非常大、布局空旷、不理性，如起居厅的面积达到 $60 \sim 70m^2$，卫生间甚至达到 $18m^2$，空间大得令人不能接受。既不精细又浪费，成为大而不适的住宅。住宅空间的舒适程度是以人的行为尺度和心理接受尺度为基准的。过大的空间会失去家庭的温馨感和亲和力，失去家庭特有的生活气息和氛围，甚至会使居住者在心理上感觉自身的渺小，居住空间显得冷漠、僻静。其结果是：人们花钱购买住房，却又未能获得相应的功能与质量。

1.4.4 室内空间的可改性

家庭规模和结构是变化的，生活水平和科学技术也在不断提高，住宅设备要配置周全，住宅部品优良，管道走向布置合理，获得较高的舒适度和方便程度，提高居住生活质量。因此住宅具有可改性是客观的需要，也符合可持续发展的原则，可改性应提供一个大的空间，这样就需要合理的结构体系来保证，常采用的有大柱网的框架结构和板柱结构，大开间的剪力墙结构。应有可拆装的分隔体和可灵活布置的设备系统，要达到住户自己动手，既易拆卸，又能安装，使之能达到灵活性和可改性的要求。

1.4.5 科技性

未来的住宅将重点转向提高住宅设备配置方面。要获得一个高舒适度的居住环境，不仅要注重套型内部平面空间关系的组合和硬件设施的改善，还要全面考虑住宅的光环境、声环境、热环境和空气质量环境的综合条件及其设备的配置。住宅科技的智能性主要包括以下几个方面的内容：

（1）推广应用新技术、新材料、新工艺、新设备，并不断配套完善。

（2）日照及自然光。其生理卫生价值极高，对人的生理、心理状态影响较大。在住宅中，最大限度地利用并合理开发自然光资源有着重要意义。

（3）隔声问题在我国的住宅设计中始终是一个薄弱环节，轻质材料在未来住宅中的广泛使用，又会加重隔声的难度。隔声技术包括空气隔声和固体隔声两部分。住宅内，人们可忍受噪声为 40～45dB。为达到这一指标，必须增加门窗的密闭性，并改善墙体构造，加强对楼板的隔声叠层构造和面层处理。

（4）热环境是直接影响居住舒适度的重要因素，对采暖和空调而言，又涉及节能、造价、维修、管理等诸多方面。目前，对各种采暖方式的研究和采暖系统的开发各具特色，可适用于不同的使用条件。

（5）节能。近年来，以低能耗、高舒适度的住宅节能技术尤为突出。该项技术通过使用功率非常低的辅助采暖和制冷设备，既可调整室内温度，保持舒适的状态，又节约了住宅的综合造价。

（6）住宅室内污气及有害气体的排除。有效排除厨房、卫生间的污气和有害气体。

（7）为了保证采暖和空调房能够及时补充和更换新鲜空气，预计在未来住宅中，将采用补新风式冷热交换空气补充装置。此项技术也会在未来的住宅设计中越来越受到重视。

第2章

住宅装修施工总体要求

　　住宅装修可以说是复杂又烦琐，是一件不容易的事，涉及的施工标准多、验收标准多、装修流程多、施工环节多、施工工种多（水工、电工、瓦工、木工、油工）、施工共性要求多（厨房、卧室、起居室、餐厅、卫生间、门厅、过道等涉及有共同要求的地面、墙面、吊顶等）、隐蔽工程多、过程长消耗的精力多。

　　共同要求的称为共性要求，个别要求的称为个性要求。为了节省篇幅，本章重点讨论住宅装修施工的共性内容（个性要求内容放在各章中讨论），住宅装修的业主应知晓本章的共性内容，为监工、检查、阶段验收奠定基础，避免业主吃亏受骗。共性内容有：

- 住宅装修的有关标准和住宅装修的主要内容；
- 住宅装修的流程；
- 地面工程装修施工和阶段验收；
- 墙面、隔断墙施工和阶段验收；
- 吊顶装饰工程施工和阶段验收；
- 门窗工程的施工和阶段验收；
- 厨房设备施工和阶段验收；
- 电路灯具改造施工；
- 卫浴洁具安装施工和阶段验收；

- 封阳台的施工和阶段验收；
- 油漆涂料施工和阶段验收；
- 防水地漏施工；
- 住宅装修施工的共性要求；
- 收房验收的要求和验收的要素。

2.1 住宅装修的有关标准和装修的主要内容

2.1.1 住宅装修的有关标准

（1）《建筑地面工程施工质量验收规范》GB 50209—2010；

（2）《建筑装饰装修工程质量验收规范》GB 50210—2018；

（3）《建筑给水排水及采暖工程施工质量验收规范》GB 50242—2002；

（4）《建筑工程施工质量验收统一标准》GB 50300—2013；

（5）《建筑电气工程施工质量验收规范》GB 50303—2015；

（6）《住宅装饰装修工程施工规范》GB 50327—2001；

（7）《民用建筑工程室内环境污染控制规范》2013 版 GB 50325—2010；

（8）《建设工程项目管理规范》GB 50326—2017；

（9）《建筑安装分项工程施工工艺规程》DBJ/T 01—26—2003；

（10）《建筑内部装修设计防火规范》GB 50222—2017；

（11）《实木地板 第 1 部分：技术条件》GB/T 15036.1—2018；

（12）《实木地板 第 2 部分：检验方法》GB/T 15036.2—2018；

（13）《浸渍纸层压木质地板》GB/T 18102—2007；

（14）《实木复合地板》GB/T 18103—2013；

（15）《竹集成材地板》GB/T 20240—2017；

（16）《木地板铺设面层验收规范》WB/T 1016—2002；

（17）《住宅室内装饰装修管理办法》中华人民共和国建设部令第 110 号。

2.1.2 住宅装修的主要内容

随着国民经济的发展，人们对生活品质有了更高的要求，对住宅内部装修，尤其是对于居住空间的要求有了一个从量到质的飞跃。住宅装饰是伴随着住宅建设和楼宇建筑的高潮而提出来的新概念。新概念也变得越来越清晰，体现得越来越具体。住宅装修的主要内容包括：地面工程装修；墙面、隔断墙施工；吊顶装饰；门窗工程；厨房设备；电路灯具改造；卫浴洁具安装；封阳台施工；油漆涂料施工；防水地漏施工；等等。

2.1.3 住宅装修的验收

业主关心住宅装修的施工质量。质量是由施工过程中的阶段验收和收房验收保障的，它们有着不同的作用。

阶段验收：讨论的是施工过程中对墙、地、顶等施工质量的检查，阶段验收是详细的，真正的施工质量是靠阶段验收来实现的。阶段验收检查是否按设计的要求进行施工，施工的质量是否符合国家有关标准的要求，安装位置是否正确、牢固、接触良好，是否存在的缺陷，隐蔽工程是否符合要求。阶段验收是保障施工质量的关键。

收房验收：收房验收是住宅装修的最后一道程序。讨论的是施工过程中对墙、地、顶等施工质量作综合的检查，是业主从整体上对装修施工内容的外观做最后一次验收。看的是外观质量，检查施工范围业主是否满意，质量是否符合设计要求，检查墙、地、顶等细节是否处理好，还存在哪些缺陷。收房验收看的是外观质量，内在质量、隐蔽工程是看不到的。

一般施工队不提阶段验收，只提收房验收。

2.2 住宅装修的流程

住宅装修的过程烦琐，需要注意装修过程的各个细节，在装修之前需要做好各项准备工作。重点是住宅装修的流程。流程为：住宅装修设计前的工作→设计→住宅装修主材购买→住宅的主体拆改→水电路的改造→住宅装修总的工程量和装修工的选择→室内顶面施工→墙面施工→地面施工→厨房、卫生间施工→住宅装修的各种安装→住宅保洁→家具进场→家电安装。

2.2.1 住宅装修设计前的工作

住宅装修设计前要对住宅勘察，勘察就是对自己的房间进行一次详细、全面的测量，测量的尺寸不准会导致装修出现偏差。测量的内容主要包括：

● 明确装修过程涉及的面积。特别是贴砖面积、墙面面积、壁纸面积、地面面积。

● 明确主要墙面尺寸。特别是以后需要设计摆放家具的墙面尺寸。

● 窗户等地方的尺寸。

测量的尺寸以室内面积为准，通常是以墙面到墙面的尺寸来决定。不同房间的尺寸是不同的，要把所有的墙面尺寸和不同房间的尺寸测量出来。

测量尺寸的时候，要掌握基本的画图方法，把测量的尺寸在图上标注出来，给设计师一个准确的尺寸。如果无法确定这些尺寸，可请设计公司来进行尺寸测量。测量的尺寸涉及装修的人工费和材料费。

进行实地测量一般需要注意的是：烟道位置、下水位置、进水位置、墙的厚度、卫生间下沉的深度、梁的高度及位置、房屋的高度、强弱电箱位置、煤气管道位置。在绘制草图的时候要标注以上信息。

2.2.2 设计

设计是住宅装修必须要做的事，设计一般有两种风格：一种是现代风格设计，这种设计主要是靠新材料或者是新的技术以及灯光的变化，让房屋的空间有一种层次感，而且可以用大量不同的色系来营造一种色差，从而出现一种夸张或者是怪异的风格。这种风格一般是适合年轻人住的。另一种是按照传统风格设计，传统风格简单、明快、实用、省钱、没有太花哨的部分。一般是聘请有专业资质的人来设计并编制住宅装修报告。

2.2.3 住宅装修主材购买

购买住宅装修主材，一般要按照装修的顺序来进行购买，否则有些材料买早了没有地方放，而且有些材料可能放置久了会丢失或变形。

2.2.4 住宅的主体拆改

住宅装修，主体拆改是最先上的一个项目，主要包括拆墙、砌墙、铲墙皮、换窗等。

住宅的主体有些能拆有些不能拆。一般房内厚度超过24cm的砖墙都属于承重墙，是不能轻易拆除和改造的。作为整个楼盘重量的承重，承重墙维持着整个房屋结构的力的平衡。因此，如果拆除了承重墙，破坏了这个力的平衡，造成的后果恐怕是严重的。此外，轻体墙也有不可以拆的，有的轻体墙也承担着房屋的部分重量。

（1）预制板结构的墙，有承载力的问题，最好不要盲目拆除，也不能开门窗洞。如果非要拆改，请专业人士看一下，如果有些承重墙体需要改动，应该由原设计单位或者有相同资质的设计单位对现有结构做出修改并加固处理，以确保建筑的安全性能。如果非要开门洞一定要在开完门洞后用钢筋混凝土浇筑一个门头过梁以保证不破坏原有结构的稳定性。

（2）门框是嵌在混凝土中的，不宜拆除。如果拆除或改造，就会破坏建筑结构，降低安全系数，重新安装门也比较困难。

（3）阳台边的矮墙不能拆除或改变。一般房间与阳台之间的墙上都有一门一窗，这些门窗可以拆除，但窗以下的墙不能拆，因为这段墙是"配重墙"，就像秤砣一样起着挑起阳台的作用，如果拆除这堵墙，就会使阳台的承重力下降，导致阳台下坠。

（4）房间中的梁柱不能改。梁柱是用来支撑上层楼板的，拆除或改造就会造成上层楼板下掉，相当危险，所以梁柱绝不能拆除或改造。

（5）墙体中的钢筋不能动。如将墙体中的钢筋破坏，就会影响到墙体和楼板的承受力，留下安全隐患。

2.2.5 水电路的改造

在水电改造之前，主体改造要基本完成，否则日后容易留下装修遗憾。

1）水路的改造

水管的走向要先提前定位好。一般情况下，定位好后不再做改动，否则会返工。水路改造主要包括：

- 拆墙砖及地面砖时，避免碎片堵塞下水道。
- 水路尽量少用弯头，避免流水不畅或堵塞。
- 隐蔽工程一定要过关。
- 看看水表的位置是否合适。
- 看看开发商预留的上水口的位置是否便于以后安装水槽。
- 水路改造后，卫生间要做防水，厨房也可以做防水。

2）电路的改造

电路的走向要先提前定位好。一般情况下，定位好后不再做改动，否则会返工，想再改只能走明线。电路改造主要包括：

（1）非改造不可的电路

- 二手房普遍存在电路分配简单、电线老化、违章布线等现象，所以装修时必须彻底改造，重新布线。1995年之前的老房子所使用的电线一般为铝线，尚未应用铜芯线。在二次装修时一般需对此进行修改，这就有可能要涉及重新开凿墙面进行改造的问题，增加了很多工程量。而老房子的水管一般也以镀锌管为主，这种金属管道经过多年使用多会生锈腐烂，并形成很厚重的水碱，影响业主的饮用水质量。

- 在进行二手房改造时，一般需将管道改为通用的PPR管，这种改造有利于改善老房居民用水质量。如果在二次装修时确实不方便将管道置换成PPR管，也应当为它增加相应饮用水过滤装置。如果原有线路使用铝质电线，必须全部换成 $2.5mm^2$ 的铜质电线，而对于空调等大功率电器的线路，则应单独设置一条 $4mm^2$ 的线路。

（2）电线

电线分零线、火线、地线，所以电线一般会选择三种颜色，红、黄、黑（蓝）。红色为相线，黄绿相间为接地线，黑（蓝）为零线。普通线路为 $2.5mm^2$ 塑铜BV线，空调插座线路为 4mm^2。

电线一定要选择国标的电线，开关插座要选择 4mm^2 的电线，灯可用 2.5mm^2 的电线，如果厨房或者卫生间有特别大功率的电器时，可以选择 6mm^2 的电线。吊顶内 2.5mm^2 以下线路的连接必须使用尼龙压接线帽或接线钮进行连接，4mm^2 以上线路或多根导线连接宜采用铰接或缠绕接法，并涮锡。

（3）线管

电线管是为了保护电线，管子的粗细直接影响以后的使用安全。如果管子太细会影响电线的散热，当线路荷载过高的电线会产生热量，如果这部分热量没有及时散发出去，电线就会老化造成安全隐患。

常见的有两种线管：直径分别是 1.6cm 和 2.0cm 的线管。

1.6cm 的线管正常情况下穿 2.5mm^2 的线；2.0cm 的线管正常情况下穿 4mm^2 线。

穿线的标准是在线管内留有 2/3 的空间让电线散热。如果里面散热空间小，久而久之电线就会粘在一起造成短路，严重的还会发生火灾。所以电路改造电线要留足空间来散热。线管最好买厚壁、不容易变形的阻燃的管件。

（4）配管

● 地面配管。地面配管必须使用镀锌铁管，并距墙体 50mm 间距沿墙敷设，多根管敷设时，必须并行整齐排列，尽量减少管路的交叉和重叠。

● 地面走管向墙体敷设时，应使用弯管器，镀锌电线管弯曲半径应大于管径的 6 倍，或使用镀锌电线管弯头过渡。禁止不使用弯管器直接弯曲，避免电线管变形，影响穿线和换线。

● 镀锌电线管被截断使用时，必须用锉将断面毛刺完全锉平，避免在穿线时毛刺划伤电线绝缘层。镀锌电线管接头时，必须使用同口径、同材质镀锌直接头连接。

（5）墙面及吊顶内配管

● 墙面和吊顶内配管使用 PVC 阻燃电线管，多根管敷设时，必须并行整齐排列，尽量减少管路的交叉和重叠。遇有地暖结构时，禁止在地面打眼固定，用水泥砂浆在镀锌管上每隔 1000mm 处固定。

● 墙面走管向顶面敷设必须弯管时，应使用弯管器进行弯曲，弯曲半径应大于管径的 6 倍，禁止空管直接弯曲，避免电线管变形和破裂，影响穿线和换线。

● PVC 阻燃管接头必须使用同口径、同材质直接头连接，连接处应用胶密封粘接紧密，管口光滑。

● 照明管路吊顶内分线时，必须使用分线盒。从分线盒到灯头允许使用阻燃软管配管。

（6）线管的固定方式

● 镀锌电线管沿地面敷设时，应每隔 1500mm 用铁线卡与地面固定，电线管沿地面爬升到墙面时应在地面距墙面 50～100mm 处增加 1 个固定线卡。

● PVC 阻燃管沿墙和吊顶内敷设时，应每隔 400mm 用专用线卡与墙面固定。禁止使用铜丝或铁丝捆扎固定。

（7）禁止不同电压和不同电流的导线同管

● 不同回路、不同电压和不同电流的导线，不得穿入同一管内。电话线、视频线、网络线、音响线应分别穿管，禁止强弱电共用 1 根线管，禁止不同的弱电线路共用 1 根线管。

● 各种线穿管后两端预留线头长度应大于 200mm，并用绝缘胶布单根线头缠裹，预留线头应扣在进线盒内，吊顶内预留线头应盘起。

● 所有管内穿线时，禁止在管内有接头。

照明线路的绝缘电阻值不小于 0.5MΩ，插座线路的绝缘电阻值不小于 1MΩ。

（8）插座

● 客厅卧室插座

放在客厅的插座距离地面一般是在300mm高；放在卧室基本上跟客厅是一样的高度。

● 厨房插座

厨房一般留有烟机、电磁炉、微波炉、电饭煲、厨宝、冰箱插座等，根据厨房的布置安排插座。

● 卫生间插座

卫生间插座有热水器、洗衣机、风筒、全自动电子马桶等。

（9）开关高度

● 开关的高度大约在1500mm，这是人体比较舒服的位置，但是要根据业主家庭普遍高度而定。开关的具体位置要放置在日后常用的地方。

● 卫浴间的开关插座要使用防水插座。

（10）线槽封堵

厨房和卫生间的线槽封堵的时候，一定不能使用石膏粉和快干粉来填平。石膏粉、快干粉和水泥是不同材质的东西，所以它们在接缝的地方会粘接不牢。因为是不同的材质所以伸缩性不一致。不仅粘不牢而且还会对后期的施工有影响。石膏粉和快干粉都吸水，在后期的施工中避免不了有水分，在贴完砖后用石膏粉的地方会空鼓，严重的可能还会脱落。正确的方法是用水泥给线槽找平，这样它们粘贴在一起就不会空鼓脱落。

2.2.6 住宅装修总的工程量和装修工的选择

住宅装修的时候，木工、瓦工和油工是必不可少的，他们是装修施工的"三兄弟"，木工老大、瓦工老二、油工老三。在房子装修中他们是必不可少的。

住宅装修工出场的基本顺序是：木工—瓦工—油工。有时他们需要配合。如果有住宅的主体拆改、水电线路拆改，瓦工先上。装修原则上是谁污染大谁先上。一般装修，木工部分为大头，约占总工程量60%。瓦工部分约占总工程量30%，油工部分约占总工程量10%。油工刷漆对房子来说，是必不可缺的一个环节。

客厅、卧室、书房、餐厅、厨房、卫生间的居住和使用要求、设施要求要在图纸上定下来，装修师傅的水平不同，选择装修公司要慎重，在进行装修时要加强监督，最好对工人的装修质量进行全程监督，避免出现不必要的经济纠纷。

木工总的工程量有：室内木地板、地毯、木龙骨隔断墙的施工、轻钢龙骨墙的施工、玻璃隔断墙、罩面类墙面、裱糊类墙面、吊顶装饰、壁橱和吊橱、门窗工程、包门套、窗框套、软包工程、护栏扶手和花饰制作、厨房设备、封阳台等。

瓦工总的工程量有：石材地面施工、陶瓷地面砖铺贴、塑料地板、水泥砂浆抹灰、砖砌墙施工、墙面瓷砖粘贴、坐便器安装、洗脸盆安装、浴盆安装、淋浴器安装、防水地漏施工等。

油工总的工程量有：乳胶漆施工、清油漆施工、混油漆施工等。

装修总的工程量不是所有住宅都要有的，有的住宅装修工程量还不到装修总的工程量的1/3。

2.2.7 室内顶面施工

顶面是室内装饰的重要组成部分，也是室内空间装饰中最富有变化、引人注目的界面，其透视感较强，通过不同的处理，配以灯具造型能增强空间感染力，使顶面造型丰富多彩，新颖美观。

顶面应遵循如下设计原则：

（1）要注重整体环境效果。顶棚、墙面、基面共同组成室内空间，共同创造室内环境效果，设计中要注意三者的协调统一，在统一的基础上各具自身的特色。

（2）顶面的装饰应满足实用美观的要求。一般来讲，室内空间效果应是下重上轻，所以要注意顶面装饰力求简洁完整，突出重点，同时造型要具有轻快感和艺术感。

（3）顶面的装饰应保证顶面结构的合理性和安全性，不能单纯追求造型而忽视安全。

2.2.8 墙面施工

室内视觉范围中，墙面和人的视线垂直，处于最为明显的位置，同时墙体是人们经常接触的部位，所以墙面的装饰对于室内设计具有十分重要的意义，要满足以下设计原则：

（1）整体性。进行墙面装饰时，要充分考虑与室内其他部位的统一，要使墙面和整个空间成为统一的整体。

（2）物理性。墙面在室内空间中面积较大，地位较主要，要求也较高，对于室内空间的隔声、保暖、防火等的要求因其使用空间的性质不同而有所差异，如宾馆客房，要求高一些，而一般单位食堂，要求低一些。

（3）艺术性。在室内空间里，墙面的装饰效果，对渲染美化室内环境起着非常重要的作用，墙面的形状、分划图案、质感和室内气氛有着密切的关系，为创造室内空间的艺术效果，墙面本身的艺术性不可忽视。

2.2.9 地面施工

地面在人们的视域范围中是非常重要的，地面和人接触较多，视距又近，是室内装饰的重要因素之一，要满足以下几个

原则:

(1)地面要和整体环境协调一致,取长补短,衬托气氛。从空间的总体环境效果来看,地面要和顶面、墙面装饰协调配合,同时要和室内家具、陈设等起到相互衬托的作用。

(2)注意地面图案的分划、色彩和质地特征。地面图案设计大致可分为三种情况:第一种是强调图案本身的独立完整性;第二种是强调图案的连续性和韵律感,具有一定的导向性和规律性,多用于门厅、走道及常用的空间;第三种是强调图案的抽象性,自由多变,自如活泼,常用于不规则或布局自由的空间。

(3)满足楼地面结构、施工及物理性能的需要。地面装饰时要注意楼地面的结构情况,在保证安全的前提下,给予构造、施工上的方便,不能只是片面追求图案效果,同时要考虑如防潮、防水、保温、隔热等物理性能的需要。地面的形式各种各样,种类较多,如木质地面、石材地面、水磨石地面、塑料地面、水泥地面等。

2.2.10 厨房、卫生间施工

厨房是家庭中管线最多的地方,装修时也最烦琐。卫生间的装修也存在同样问题,由于大部分卫生间的通风和采光条件不太好,所以在装修上更要下一番工夫。从设计的布局、卫生洁具的搭配到功能区域的划分、墙砖、地砖的选择等,每一个环节都不能忽视。

2.2.11 住宅装修的各种安装

住宅装修有各种安装,如吊顶、门、地板、橱柜、洁具、灯具、灶具、烟机等,各种安装项目要把握好,决定因素也很多,除了产品本身的质量、性能,装修师傅的水平,房子本身的质量，安装的质量、售后服务等许多因素影响着安装项目。

2.2.12 住宅保洁

住宅保洁是对住宅的清洁维护，对住宅彻底的清扫。

2.2.13 家具进场

在住宅保洁完成后，选择购买家具。

2.2.14 家电安装

选择购买家电，安装家电，准备入住。

2.3 地面工程装修施工和施工阶段验收

住宅装修的地面工程施工主要内容有：石材地面施工、陶瓷地面砖铺贴、木地板铺贴施工、塑料地板铺贴施工、地毯铺设施工、水泥砂浆抹灰施工。本节重点讨论其施工和阶段验收。

2.3.1 石材地面施工和施工阶段验收

1）石材地面材料

石材地面材料是指天然花岗石、大理石及人造花岗石、大理石等石材地面材料。

天然花岗石、大理石质地坚硬、颜色变化多样、深浅不一、有多种光泽，故形成独特的天然美。天然花岗石、人造大理石比天然大理石重量轻、强度高、厚度薄、耐腐蚀、抗污染、施工方便。但在色泽和纹理上不及天然大理石美丽、自然柔和。

家庭住宅内部地面所用石材一般为10mm左右厚度的磨光板材。家庭住宅内部地面所用石材一般每块大小在

300mm×300mm～500mm×500mm。

2）选择大理石装饰材料

大理石还被广泛地用于高档卫生间、洗手间的洗漱台面和各种家具的台面。在选择大理石装饰材料时，应重点注意大理石的表面是否平整，棱角有无缺陷、有无裂纹、划痕，有无砂眼，色调是否纯正。要求大理石饰面板光洁度高、色泽美观、石质细密、棱角整齐，表面不得有隐伤、风化、腐蚀等缺陷。

3）施工流程和工艺

铺设大理石时要重点注意如下12点内容：

● 施工现场环境温度宜在5℃以上；

● 大理石板材必须浸水湿润，要用水冲洗干净，阴干后擦净背面；

● 定标高；

● 应彻底清扫、整理基层地面灰渣和杂物，基层不能有砂浆，尤其是白灰砂浆灰、油渍等，并用水湿润地面；

● 弹线；

● 结合层必须采用水泥砂浆找平，砂浆应拌匀、拌熟，切忌用稀砂浆，结合层砂浆应拍实揉平；

● 铺装石材、瓷质砖时必须安放标准块，标准块应安放在十字线交点，对角安装。定位后，将板块均匀轻击压实；

● 铺装操作时要每行依次挂线；

● 对花、对色，铺设出的地面花色一致；

● 铺贴后应及时清理表面，24h后应用1:1水泥浆灌缝；

● 铺贴安装完成后，覆盖锯末洒水养护；

● 2～3天内不得上人。

4）大理石地面施工阶段验收

验收时应着重注意大理石饰面铺贴是否平整、牢固、接缝平直、无歪斜、无污迹和浆痕、表面洁净、颜色协调、板块有无空鼓、接缝有无高低偏差等。

2.3.2 陶瓷地面砖铺贴施工和施工阶段验收

1）陶瓷地面砖

陶瓷地面砖分彩色釉面砖和陶瓷锦砖（马赛克）。

2）陶瓷地面砖铺贴的重点

● 现场施工作业环境温度宜在 5℃以上；

● 基层必须处理合格，不得有浮土、浮灰；

● 铺贴前应弹好线，在地面弹出与门道口成直角的基准线，弹线应从门口开始，以保证进口处为整砖，非整砖置于阴角或家具下面，弹线应弹出纵横定位控制线；

● 地面砖铺贴前应浸水湿润阴干；

● 铺贴前应根据设计要求确定结合层砂浆厚度，拉十字线控制其厚度、地面砖表面平整度；

● 结合层砂浆宜采用体积比为 1:3 的干硬性水泥砂浆，厚度宜高出实铺厚度 2～3mm；

● 铺贴时，水泥砂浆应饱满地抹在陶瓷地面砖背面，铺贴后用橡皮槌敲实。同时，用水平尺检查校正，擦净表面水泥砂浆；

● 地面砖铺贴时应保持水平就位，同时调整其表面平整度及缝宽；

● 铺贴后应及时清理表面，24h 后应用 1:1 水泥浆灌缝，选择与地面颜色一致的颜料与白水泥拌合均匀后嵌缝。

3）铺贴彩色釉面砖施工流程

彩色釉面砖铺贴施工流程：

处理基层→弹线→定标高→瓷砖浸水湿润阴干→摊铺水泥砂浆安装标准块→铺贴地面砖→勾缝→清洁→养护。

4）铺贴陶瓷锦砖（马赛克）施工流程

处理基层→弹线→定标高→瓷砖浸水湿润阴干→摊铺水泥砂浆→铺贴→拍实用橡皮榔敲实→勾缝→清洁→养护。

5）陶瓷地面砖施工阶段验收

验收应着重注意陶瓷地面砖饰面铺贴是否平整、牢固、接缝平直、无歪斜、无污迹和浆痕、表面洁净、颜色协调、板块有无空鼓、接缝有无高低偏差。

2.3.3 木地板铺贴施工和施工阶段验收

1）民用室内木地板

民用室内木地板包括：

- 实木地板（包括企口地板、平口地板、拼花地板、指接地板、集成地板等）。
- 实木复合地板（包括三层实木复合和多层实木复合）。
- 浸渍纸层压木质地板（强化木地板）。
- 竹地板。

2）对民用室内木地板基层的要求

- 木地板铺装前应对基层进行防潮处理，防潮层宜涂刷防水涂料或铺设塑料薄膜。
- 木地板铺装前应无浮土，无明显施工废弃物等。
- 木地板铺装前应达到或低于当地平衡湿度和含水率，严禁含湿施工，并防止有水源处向地面渗漏，如暖气出水处、厨房和卫生间接口处等。
- 基层平整度误差不得大于5mm。
- 基层材料应是优质合格产品，并按序固接在地基上，不允许有松动。龙骨两端应钉实，或粘实。严禁用水泥砂浆填充。毛地板应四周钉头，钉距应小于350mm。
- 地板应与龙骨成30°或45°铺钉，板缝应为2～3mm，相邻板的接缝应错开。

在龙骨上直接铺装地板时，主次龙骨的间距应根据地板的长宽模数计算确定，地板接缝应在龙骨的中线上。

● 龙骨间、龙骨与墙体间、毛地板间、毛地板与墙体间均应留有伸缩缝。

● 用干燥耐腐材料（宽度大于35mm）作龙骨料。严禁细木工板料作龙骨料。用针叶板材、优质多层胶合板（厚度大于9mm）作毛地板料，严禁整张使用，必要时需进行涂防腐油漆处理和防虫害处理。

● 严禁在木地板铺设时，与其他室内装饰装修工程交叉混合施工。

● 提高环保意识，严禁在室内基层使用有严重污染的物质，如沥青、苯酚等。

● 所有木地板基层验收，应在木地板面层施工前达到验收合格，否则不允许进行面层铺设施工。

● 木地板的面层验收，应在竣工后三天内验收。

3）对木地板施工的要求

● 基层不平整应用水泥砂浆找平后再铺贴木地板。

● 木地板粘贴式铺贴要确保水泥砂浆地面不起砂、不空裂，基层必须清理干净。

● 粘贴木地板涂胶时，要薄且均匀，相邻两块木地板高差不超过1mm。

● 实铺地板要先安装地龙骨，然后再进行木地板的铺装。

● 龙骨应先在地面做预埋件，以固定木龙骨。

● 铺装木地板的龙骨应使用松木、杉木等不易变形的树种，木龙骨、踢脚板背面均应进行防腐处理。

● 实铺实木地板应有基面板，基面板使用大芯板。

● 地板铺装完成后，先用刨子将表面刨平刨光，将地板表面清扫干净后涂刷地板漆，进行抛光上蜡处理。

● 所有木地板运到施工安装现场后，应拆包在室内存放一个星期以上，使木地板与居室温度、湿度相适应后才能使用。

● 木地板安装前应进行挑选，剔除有明显质量缺陷的不合格品。将颜色花纹一致的铺在同一房间。

● 有轻微质量缺欠但不影响使用的，可摆放在床、柜等家具底部使用，同一房间的板厚必须一致。

● 购买时应按实际铺装面积增加10%的损耗一次购买齐备。

● 铺装实木地板应避免在大雨、阴雨等气候条件下施工，施工中最好能够保持室内温度、湿度的稳定。

4）木地板施工流程

木地板施工分粘贴式木地板、实铺式木地板、架空式木地板、强化复合地板施工。

（1）粘贴式木地板施工流程

粘贴式木地板施工时在混凝土结构层上用15mm厚1:3水泥砂浆找平→基层清理→涂刷底胶→弹线→找平→钻孔→安装预埋件→安装毛地板、找平、刨平→钉木地板、找平、刨平→钉踢脚板→刨光、打磨→上蜡。

（2）实铺式木地板施工流程

实铺式木地板基层采用梯形截面木格栅（俗称木棱），木格栅的间距一般为400mm，中间可填一些轻质材料，以降低人行走时的空鼓声，并改善保温隔热效果。

基层清理→弹线→钻孔安装预埋件→地面防潮、防水处理→安装木龙骨→垫保温层→弹线→钉装毛地板→找平、刨平→钉木地板、找平、刨平→装踢脚板→刨光、打磨→油漆→上蜡。

（3）架空式木地板施工流程

架空式木地板是在地面先砌地垄墙，然后安装木格栅、毛地板、面层地板。

（4）强化复合地板施工流程

强化复合地板防潮垫层应满铺平整，接缝处不得叠压→强化复合地板安装第一排时凹槽面应靠墙→地板与墙之间应留有8～10mm的缝隙→强化复合地板长度或宽度超过8m时，应在适当位置设置伸缩缝→清理基层→铺设塑料薄膜地垫→粘贴复合地板→安装踢脚板。

5）木地板面层施工阶段验收

木地板面层验收内容：

● 悬浮式铺设木地板面层幅面每边长度最大不能超过8m，相邻地板应留伸缩缝，做过桥连接处理。门口应隔断。

● 木地板表面应洁净、平整、无毛刺、无裂痕，铺设应牢固、不松动。

● 木地板铺设面层尺寸允许安装偏差见表2-1。

木地板铺设面层尺寸允许安装偏差表   表2-1

项目	允许偏差（mm）			
	实木地板	强化木地板	实木复合地板	竹木地板
平整度	≤5	≤3	≤9	≤5
拼接高度差	≤0.6	≤0.15	≤0.2	≤0.5
拼接缝隙宽度	≤0.6	≤0.15	≤0.4	≤0.6
四周伸缩缝	≥5	≥8	≥8	≥5

2.3.4 塑料地板铺贴施工和施工阶段验收

塑料地板分半硬质塑料地板、软质塑料地板、卷材塑料地板。

1）塑料地板铺贴施工要求

● 基层应达到表面不起砂、不起皮、不起灰、不空鼓，无油渍，手摸无粗糙感，不符合要求的，应先处理地面；

- 塑料地板块在铺装前应进行脱脂、脱蜡处理；
- 弹出互相垂直的定位线，并依拼花图案预铺；
- 基层与塑料地板块背面同时涂胶，胶面不粘手时即可铺贴；
- 板材每贴一块后，挤出的余胶要及时用棉布清理干净；
- 铺装完毕，要及时清理地板表面，使用水性胶粘剂时可用湿布擦净，使用溶剂型胶粘剂时，应用松节油或汽油擦除胶痕；
- 对花拼接应按织纹走向的同一方向拼接；
- 对于相邻两房间铺设不同颜色、图案塑料地板，分隔线应在门框踩口线外，使门口地板对称；
- 铺贴时，要用橡皮锤从中间向四周敲击，将气泡赶净；
- 铺贴后 3 天不得上人；
- PVC 地面卷材应在铺贴前 3～6 天进行裁切，并留有0.5% 的余量，塑料在切割后有一定的收缩。

2）铺设塑料地板施工流程

（1）半硬质塑料地板块施工

基层处理→弹线→塑料地板脱脂除蜡→预铺→刮胶→粘贴→滚压→养护。

（2）软质塑料地板块施工

基层处理→弹线→塑料地板脱脂除蜡→预铺→坡口下料→刮胶→粘贴→滚压→养护。

（3）卷材塑料地板施工

基层处理→弹线→裁切→刮胶→粘贴→滚压→养护。

3）塑料地板铺贴施工施工阶段验收

塑料地板铺贴表面应洁净、平整、无裂痕、铺设应牢固、不松动。

2.3.5 地毯铺设施工和施工阶段验收

地毯分块毯和卷材地毯，块毯和卷材地毯施工采用不同的铺设方式。铺设方式分活动式铺设和固定式铺设。活动式铺设是指将地毯明摆浮搁在基层上，不需将地毯与基层固定。固定式铺设分两种固定方法，一种是卡条式固定，使用倒刺板拉住地毯；一种是粘接法固定，使用胶粘剂把地毯粘贴在地板上。

1）地毯铺设施工要求

● 在铺装前必须进行实量，测量墙角是否方正，准确记录各角角度，根据计算的下料尺寸在地毯背面弹线、裁割，以免造成浪费；

● 地面必须平整、洁净，含水率不得大于 8% ；

● 地毯对花拼接应按毯面绒毛和织纹走向的同一方向拼接；

● 地毯铺装方向，应是毯面绒毛走向的背光方向；

● 当使用张紧器伸展地毯时，用力方向应呈"V"字形，应由地毯中心向四周展开；

● 当使用倒刺板固定地毯时，应沿房间四周将倒刺板与基层固定牢固；

● 满铺地毯，应用扁铲将毯边塞入卡条和墙壁间的间隙中或塞入踢脚下面；

● 裁剪楼梯地毯时，长度应留有一定余量，以便在使用中可挪动常磨损的位置；

● 倒刺板固定式铺设沿墙边钉倒刺板，倒刺板距踢脚板 8mm ；

● 地毯在铺装前要铺展平，铺展平整装入倒刺板，用扁铲敲打，保证所有倒刺都能抓住地毯，不起鼓、不起皱；

● 要避免地毯着水，易着水的地面不要铺装地毯，基层表面潮湿或渗水使地毯吸水后变色，地毯色泽不一致；

● 应避免日光直照或在有害气体环境中施工，日常使用中也应避免阳光直照；

● 接缝处应用胶带在地毯背面将两块地毯粘贴在一起，要先将接缝处不齐的绒毛修齐，并反复揉搓接缝处绒毛，至表面看不出接缝痕迹为止；

● 粘结铺设时，刮胶后晾置 5～10min，待胶液变得干黏时铺设；

● 地毯铺设后，用撑子针把地毯拉紧、展平，挂在倒刺板上，用胶粘贴的，地毯铺平后用毡辊压出气泡，多余的地毯边裁去，清理多余的纤维；

● 裁割地毯时应沿地毯经纱裁割，只割断纬纱，不割经纱，对于有背衬的地毯，应从正面分开绒毛，找出经纱、纬纱后裁割；

● 注意成品保护，用胶粘贴的地毯，24h 内不许随意踩踏；

● 地毯铺装对基层地面的要求较高，地面必须平整、洁净，含水率不得大于 8%，并已安装好踢脚板，踢脚板下沿至地面间隙应比地毯厚度大 2～3mm；

● 地毯铺设后务必拉紧、展平、固定，防止以后发生变形。

2）地毯卡条式固定铺设

基层清扫处理地毯裁割→钉倒刺板→铺垫层→接缝→展平→固定地毯→收边→修理地毯面→清扫。

3）地毯粘贴法固定铺设

基层地面处理→实量放线→裁割地毯→刮胶晾置→铺设碾压→清理、保护。

4）地毯铺装的施工阶段验收

● 无论采用何种地毯铺装方法，地毯铺装后都要求表面平整、洁净，无松弛、起鼓、起皱、翘边等现象；

● 接缝处应牢固、严密、无离缝、无明显接槎、无倒绒、颜色、光泽一致，无错花、无错格现象；

● 门口及其他收口处应收口顺直、严实，踢脚板下塞边严密、封口平整。

2.3.6 水泥砂浆抹灰施工和施工阶段验收

1）水泥砂浆抹灰施工要求

水泥砂浆抹灰是墙体施工的基础，监理要进行阶段验收，避免墙体工程不合格。

● 抹灰前基层表面的尘土、污垢、油渍等应清除干净，并应洒水润湿；

● 抹灰工程应分层进行，当抹灰总厚度大于35mm时，应采取加强措施；

● 不同材料基体连接处表面的抹灰，应采取防止开裂的加强措施，当采用加强网时，加强网与各基体搭接宽度不应小于100mm；

● 普通抹灰表面应光滑、洁净、接槎平整，分格缝应清晰；

● 高级抹灰表面应光滑、洁净、颜色均匀、无抹纹，分格缝和灰线应清晰美观；

● 水泥砂浆不得抹在石灰砂浆层上，罩面石膏灰不得抹在水泥砂浆层上；

● 角、孔洞、槽、盒周围的抹灰表面应整齐、光滑，管道后面的抹灰表面应平整；

● 抹灰分格缝的设置应符合设计要求，宽度和深度应均匀，表面应光滑，棱角应整齐；

● 有排水要求的部位应做滴水线（槽），滴水线（槽）应整齐顺直，滴水线应内高外低，滴水槽的宽度和深度均不应小于10mm。

2）水泥砂浆抹灰的施工

对墙体四角进行规方→横线找平，竖线吊直→制作标准灰饼、冲筋→阴阳角找方→内墙抹灰→底层低于冲筋→中层垫平冲筋→面层装修。

3）水泥砂浆抹灰施工的施工阶段验收

水泥砂浆抹灰施工验收主要是观察和尺量检查。水泥砂浆抹灰工程质量的允许偏差和检验方法应符合表 2-2 的规定。质量验收可参考表 2-3 的规定。

水泥砂浆抹灰工程质量的允许偏差和检验方法表　表 2-2

项次	项目	允许偏差（mm）		检验方法
		普通抹灰	高级抹灰	
1	立面垂直度	4	3	用 2m 垂直检测尺检查
2	表面平整度	4	3	用 2m 靠尺和塞尺检查
3	阴阳角方正	4	3	用直角检测尺检查
4	分格条（缝）直线度	4	3	拉 5m 线，不足 5m 拉通线，用钢直尺检查
5	墙裙、勒脚上口直线度	4	3	拉 5m 线，不足 5m 拉通线，用钢直尺检查

装饰抹灰工程检验质量验收记录表　表 2-3

施工质量验收规范的规定			施工单位检查记录
主控项目	1	基层表面	检查施工记录
	2	材料品种和性能	检查产品合格证书、进场验收记录、复验报告和施工记录
	3	操作要求	检查隐蔽工程验收记录和施工记录
	4	面层粘结及面层质量	观察：用小锤轻击；检查：检查施工记录
一般项目	1	表面质量	观察和手摸
	2	细部质量	观察检查

施工质量验收规范的规定			施工单位检查记录
一般项目	3	层与层间材料要求层总厚度	检查施工记录
	4	允许偏差	普通抹灰的阴角方正可不检查；顶棚抹灰表面平整度可不检查，但应平顺

2.4 墙面、隔断墙施工和施工阶段验收

墙面、隔断墙工程施工主要内容有：木龙骨隔断墙的施工、轻钢龙骨墙的施工、砖砌墙施工、玻璃隔断墙施工、罩面类墙面施工、裱糊类墙面施工、墙面瓷砖粘贴施工、幕墙施工等。本节重点讨论其施工和施工阶段验收。

2.4.1 木龙骨隔断墙的施工和施工阶段验收

1）木龙骨隔断墙

木龙骨隔断墙是以红、白松木做骨架，以石膏板、人造板、胶合板或木质纤维板为墙面的隔断墙。木龙骨骨架应使用规格为 40mm×70mm 的红、白松木。骨架的间距一般在 450～600mm 之间。

2）木龙骨隔断墙施工要求

● 在基体上弹出水平线和竖向垂直线，以控制隔断龙骨安装的位置、格栅的平直度和固定点；

● 沿弹线位置固定沿顶和沿地龙骨，各自交接后的龙骨，应保持平直；

● 固定点间距应不大于 1m，龙骨的端部必须固定，固定应牢固；

● 边框龙骨与基体之间，应按设计要求安装密封条；

● 门窗或特殊节点处，应使用附加龙骨，其安装应符合设计要求；

● 安装沿地、沿顶木棱时，应将木棱两端伸入砖墙内至少120mm，以保证隔断墙与原结构墙连接牢固；

● 骨架安装的允许偏差，应符合表2-4规定。

隔断骨架允许偏差 表2-4

项次	项目	允许偏差（mm）	检验方法
1	立面垂直	2	用2m托线板检查
2	表面平整	2	用2m直尺和楔形塞尺检查

3）木龙骨隔断墙施工流程

清理基体面→弹隔墙定位线→划龙骨分档线→安装大龙骨→安装小龙骨→安装沿地、沿顶木棱→防腐处理→安装罩面板→安装压条→罩面板处理。

4）罩面板安装

罩面板分塑料板、胶合板、纤维板、人造木板、石膏板、铝合金装饰条板等，由业主选择。

（1）塑料板安装

塑料板安装分粘接和钉接两种。

粘接是用胶粘剂粘结聚氯乙烯塑料装饰板。粘接操作方法如下：

● 用刮板或毛刷在墙面和塑料板背面涂刷聚氯乙烯胶粘剂（601胶）或聚醋酸乙烯胶，不得有漏刷；

● 涂胶后即可粘接；

● 粘接后应临时固定、挤压，将在板缝中多余的胶液刮除、板面擦净。

钉接是在塑料贴面复合板预先钻孔，再用木螺钉加垫圈紧固。也可用金属压条固定。钉接操作方法如下：

● 木螺钉的钉距一般为 400～500mm，排列应一致整齐；

● 加金属压条时，应将横竖通线拉直，并应先用钉子将塑料贴面复合板临时固定，然后加盖金属压条，用垫圈找平固定。

（2）胶合板和纤维板、人造木板安装

安装胶合板、纤维板、人造木板时要重点注意如下 10 点内容：

● 安装胶合板、纤维板、人造木板要防潮；

● 胶合板、纤维板、人造木板的基体表面应铺设平整、搭接严密，不得有皱褶、裂缝和透孔等；

● 胶合板、人造木板采用直钉固定，钉距为 80～150mm，钉帽应打扁并钉入板面 0.5～1mm；

● 钉眼用油性腻子抹平；

● 胶合板、人造木板如涂刷清油等涂料时，相邻板面的木纹和颜色应近似；

● 需要隔声、保温、防火的应根据设计要求在龙骨安装好后，进行隔声、保温、防火等材料的填充；

● 墙面用胶合板、纤维板装饰时，阳角处宜做护角，以防板边角损坏；

● 硬质纤维板应用水浸透，自然阴干后安装；

● 胶合板、纤维板用木压条固定时，钉距不应大于 200mm，钉帽应打扁，并钉入木压条 0.5～1mm，钉眼用油性腻子抹平；

● 用胶合板、人造木板、纤维板作罩面时，应符合防火的有关规定，在湿度较大的房间，不得使用未经防水处理的胶合板和纤维板。

（3）石膏板安装

安装石膏板时要重点注意如下 9 点内容：

● 安装石膏板前应对预埋隔断中的管道和附于墙内的设备采取局部加强措施；

● 石膏板宜竖向铺设，长边接缝宜落在竖向龙骨上；

● 双面石膏罩面板应与龙骨一侧的内外两层石膏板错缝排列，接缝不应落在同一根龙骨上；

● 需要隔声、保温、防火的应根据设计要求在龙骨一侧安装好石膏罩面板后，进行隔声、保温、防火等材料的填充，再封闭另一侧的板；

● 石膏板应采用自攻螺钉固定，周边螺钉的间距不应大于200mm，中间部分螺钉的间距不应大于300mm，螺钉与板边缘的距离应为 10～16mm；

● 安装石膏板时应从板的中部开始向板的四边固定；

● 钉头钉入板内，但不得损坏纸面，钉眼应用石膏腻子抹平，钉头应做防锈处理；

● 石膏板应按框格尺寸裁割准确，就位时应与框格靠紧但不得强压，隔墙端部的石膏板与周围的墙或柱应留有 3mm 的槽口；

● 在丁字形或十字形相接处，如为阴角应用腻子嵌满，贴上接缝带，如为阳角应做护角。

（4）铝合金装饰条板安装

安装铝合金装饰条板时要重点注意：

用铝合金条板装饰墙面时，可用螺钉直接固定在结构层上，也可用锚固件悬挂或嵌卡的方法，将板固定在墙筋上。

5）木龙骨隔断墙施工的施工阶段验收

木龙骨隔断墙施工验收要重点注意如下内容：

● 检查隔断墙面：用 2m 直尺检测，表面平整度误差小于2mm，立面垂直度误差小于 3mm，接缝高低差小于 0.5mm；

● 骨架木材和罩面板材质、品种、规格、式样应符合设计要求和施工规范的规定；

● 隔断的尺寸正确，材料规格一致；

● 墙面平直方正、光滑，拐角处方正、交接严密；

● 沿地、沿顶木棱及边框墙筋，各自交接后的龙骨应牢固、平直；

● 木骨架必须安装牢固，木骨架应顺直，无弯曲、无变形、无劈裂、无松动，位置正确；

● 罩面板无脱层、翘曲、折裂、缺棱掉角等缺陷，安装必须牢固；

● 罩面板表面应平整、洁净，无污染、无麻点、无锤印，颜色一致；

● 罩面板之间的缝隙或压条，宽窄应一致，整齐、平直、压条与板接封严密；

● 检查隔断墙面，安装的隔断墙面允许偏差应符合表 2-5 规定。

骨架隔墙面板安装的允许偏差 表 2-5

项次	项目	允许偏差（mm）					检验方法
		石膏板	胶合板	多层板	纤维板	人造木板	
1	立面垂直度	3	3	3	3	3	用 2m 垂直检测尺检查
2	表面平整度	2	2	2	2	2	用 2m 垂直检测尺检查
3	阴阳角方正	3	3	3	3	3	用直角检测尺检查
4	接缝直线度	—	—	—	—	3	拉 5m 线，不足 5m 拉通线，用钢直尺检查
5	压条直线度	2	2	2	2	2	拉 5m 线，不足 5m 拉通线，用钢直尺检查
6	接缝高低差	1	1	1	1	1	用钢直尺和塞尺检查

2.4.2 轻钢龙骨隔断墙施工和施工阶段验收

1）轻钢龙骨隔断墙

轻钢龙骨隔断墙主件是轻钢龙骨（沿顶龙骨、沿地龙骨、加强龙骨、竖向龙骨、横撑龙骨）和石膏板、塑料板罩面、胶合板、纤维复合板。通常隔墙使用 C 型隔墙龙骨，经组合即可组成隔断墙体。C 型轻钢隔墙龙骨分为三个系列：

- C50 系列可用于层高 3.5m 以下的隔墙；
- C75 系列可用于层高 3.5～6m 的隔墙；
- C100 系列可用于层高 6m 以上的隔墙。

2）轻钢龙骨隔断墙施工要求

- 轻钢龙骨主件（沿顶龙骨、沿地龙骨、加强龙骨、竖向龙骨、横撑龙骨）应符合设计要求和有关规定的标准；
- 轻钢骨架配件（支撑卡、卡托、角托、连接件、固定件、护墙龙骨和压条等）附件应符合设计要求；
- 紧固材料：拉锚钉、膨胀螺栓、镀锌自攻螺钉、木螺钉和粘贴嵌缝材料，应符合设计要求；
- 轻钢骨架隔断工程施工前，应先安排外装，安装罩面板应待屋面、顶棚和墙体抹灰完成后进行；
- 有地枕时，地枕应达到设计强度后方可在上面进行隔墙龙骨安装；
- 安装各种系统的管、线盒弹线及其他准备工作已到位；
- 弹线必须准确，固定沿顶和沿地龙骨，各自交接后的龙骨，应保持平整垂直，安装牢固；
- 严禁隔断墙上连接件采用射钉固定在砖墙上，应采用预埋件或膨胀螺栓进行连接。

3）轻钢龙骨隔断墙施工流程

在基体上弹出水平线和竖向垂直线，以控制隔断龙骨安装的位置、龙骨的平直度和固定点→安装天地龙骨→安装水平龙骨→安装竖向龙骨→安装系统管线→安装罩面板。

4）罩面板安装

罩面板分石膏板、塑料板、胶合板、纤维板、人造木板、铝合金装饰条板。

（1）石膏板安装

● 施铺罩面板时，应先在槽口处加注嵌缝膏，然后铺板并挤压嵌缝膏，使面板与邻近表层接触紧密；

● 石膏板的接缝，一般应为 3～6mm 缝，必须坡口与坡口相接。

（2）塑料板、胶合板、纤维板、人造木板、铝合金装饰条板安装

塑料板、胶合板、纤维板、人造木板、铝合金装饰条板安装同 2.4.1 节中的安装。

5）轻钢龙骨隔断墙施工的施工阶段验收

轻钢龙骨隔断墙施工验收的内容同 2.4.1 节的验收内容。

2.4.3 砖砌墙施工和施工阶段验收

砖砌墙由于重量大，作业时间较长，除在改造卫生间、厨房时使用，一般不宜在室内使用。

1）砖砌墙施工要求

（1）购买墙砖时，要仔细检查墙砖的几何尺寸（长度、宽度、对角线、平整度）、色差、品种；

（2）检查基层平整度、垂直度，误差超过 20mm，必须用1:3 水泥砂浆打底校平后方能进行下一工序；

（3）施工前，要将砖充分浸水润湿，晾干待用；

（4）确定墙砖的排版，在同一墙面上的横竖排列，不宜有一行以上的非整砖，非整砖行应排在次要部位或阴角线，阴角

处不能有两块非整砖并排；

（5）水泥砂浆体积比一般为 1:2.5～1:3，粘结厚度 6～10mm；

（6）墙砖粘贴时，平整度误差为 1mm，相邻砖之间平整度不得有误差；

（7）墙砖壤贴前必须找准水平及垂直控制线，垫好底尺，挂线壤贴，做到表面平整，壤贴应自下而上进行，整间或独立部位必须当天完成；

（8）壤贴后应用同色水泥浆勾缝，墙砖粘贴时必须牢固，不空鼓，无歪斜、缺棱掉角和裂缝等缺陷；

（9）墙砖粘贴阴阳角必须用角尺校正，砖粘贴阴阳角必须碰角，缝隙必须贯通。

2）砖砌墙施工的施工阶段验收

● 砖砌墙必须牢固、无歪斜、缺棱掉角和裂缝等缺陷。墙砖铺粘表面要平整、洁净，色泽协调；

● 砖块接缝填嵌密实、平直、宽窄均匀、颜色一致，阴阳角处搭接方向正确；

● 非整砖使用部位适当，排列平直；

● 预留孔洞尺寸正确、边缘整齐；

● 检查平整度误差小于 2mm，立面垂直误差小于 2mm，接缝高低偏差小于 0.5mm，平直度小于 2mm。

2.4.4 玻璃隔断墙工程施工和施工阶段验收

1）玻璃隔断墙材料要求

● 龙骨和玻璃的材质、品种、规格、样式应符合设计要求和施工规范的规定；

● 龙骨应顺直，无弯曲、无变形和劈裂、无节疤；

● 玻璃表面应平整、洁净，无污染、麻点，颜色一致；

● 玻璃规格：厚度有 8mm、10mm、12mm、15mm、19mm 等，长宽根据工程设计要求确定；

● 对玻璃规格尺寸允许偏差要求应符合表 2-6～表 2-10 的规定。

钢化玻璃规格尺寸允许偏差表（单位：mm）　　表 2-6

厚度 ＼ 边长度偏差	$L \leqslant 1000$	$1000 < L \leqslant 2000$	$2000 < L \leqslant 3000$
4	$-2\sim+1$	± 3	± 4
5			
6	$-2\sim+1$	± 3	± 4
8	$-3\sim+2$		
10			
12			
15	± 4	± 4	
19	± 5	± 5	± 6

钢化玻璃厚度及其允许偏差表　　表 2-7

名称	厚度（mm）	厚度允许偏差（mm）
钢化玻璃	4.0	± 0.3
	5.0	
	6.0	
	8.0	± 0.6
	10.0	
	12.0	± 0.8
	15.0	
	19.0	± 1.2

钢化玻璃的孔径允许偏差表　　　　　表 2-8

公称孔径（mm）	允许偏差（mm）
4～50	±1.0
51～100	±2.0
＞100	供需双方商定

普通平板玻璃的厚度允许偏差表　　　　表 2-9

厚度（mm）	允许偏差（mm）	厚度（mm）	允许偏差（mm）
2	±0.20	4	±0.20
3	±0.20	5	±0.25

普通平板玻璃外观质量要求表　　　　表 2-10

缺陷种类	说明	优等品	一等品	合格品
波筋（包括纹辊子花）	不产生变形的最大入射角	60°	45°，50mm	30°，100mm
气泡	长度 1mm 以下的	不允许集中	不允许集中	不限
气泡	长度大于 1mm 的每平方米允许个数	≤6mm，6	≤8mm，8 ＞8～10mm，2	≤10mm，12 ＞10～20mm，2 ＞20～25mm，1
划伤	宽≤0.1mm 每平方米允许条数	长≤50mm，3	长≤100mm 5	不限
划伤	宽＞0.1mm 每平方米允许条数	不许有	宽≤0.4m 长＜100mm	宽≤0.8mm 长＜100mm
砂粒	非破坏性的，直径 0.5～2mm，每平方米允许个数	不许有	3	8
疙瘩	非破坏性的疙瘩波及范围直径不大于 3mm，每平方米允许个数	不许有	1	3

缺陷种类	说明	优等品	一等品	合格品
线道	正面可以看到的每片玻璃允许条数	不许有	30mm 边部宽≤ 0.5mm	宽≤ 0.5mm，2
麻点	表面呈现的集中麻点	不许有	不许有	每平方米不超过 3 处
	稀疏的麻点，每平方米允许个数	10	15	30

● 玻璃隔断墙允许偏差项目应符合表 2-11 规定。

玻璃隔断墙允许偏差表　　　　　　　表 2-11

项次	项类	项目	允许偏差（mm）		检验方法
			龙骨	玻璃	
1	龙骨	龙骨间距	2	—	尺量检查
2		龙骨平直	2	—	尺量检查
3	玻璃	表面平整	—	1	用 2m 靠尺检查
4		接缝平直	2	0.5	拉 5m 线检查
5		接缝高低	0.5	0.3	用直尺或塞尺检查
6	压条	压条平直	1	1	拉 5m 线检查
7		压条间距	0.5	1	尺量检查

2）玻璃隔断墙施工要求

● 施工部位已安装的门窗，已施工完的地面、墙面、窗台等应注意保护、防止损坏；

● 其他专业的材料不得置于已安装好的木龙骨架和玻璃上；

● 大、小龙骨必须安装牢固，无松动，位置正确；

● 压条宽窄应一致，整齐、平直、压条与玻璃接封严密；

● 隔断龙骨必须牢固、平整、垂直；

- 压条应平顺光滑，线条整齐，接缝密合；
- 按设计要求可选用材料，材料品种、规格、质量应符合设计要求；
- 压条无翘曲、折裂、缺棱掉角等缺陷，安装必须牢固。

3) 玻璃墙面施工

弹隔墙定位线→安装主龙骨→安装小龙骨→防腐处理→安装玻璃→打玻璃胶→安装压条。

（1）弹定位线

根据楼层设计标高水平线，顺墙高量至顶棚设计标高，沿墙弹隔断垂直标高线及天、地龙骨的水平线，并在天、地龙骨的水平线上划好龙骨的分档位置线。

（2）主龙骨安装

- 地轨安装

依放样地点将地轨置于恰当位置，并将门及转角之位置预留，以空气钉枪击钉于间隔100cm处，固定于地坪上，如地板为瓷砖或石材时，则必须以电钻钻孔，然后埋入塑料塞，以螺钉固定地轨，地轨长度必须控制在 ±1mm/m 以内，将高低调整组件依直杆的预定位置，置放于地轨凹槽内，最后盖上踢脚板盖板。

- 天轨安装

以水平仪扫描地轨，将天轨平行放置于楼板或顶棚下方，然后以空气钉枪击钉或转尾螺钉固定，高差处须裁切成45°相接，各处之相接须平整，缝隙须小于0～5mm。

- 直杆安装

依安装图示或施工说明书上的指示，或需要之间安装直杆（一般标准规格，直杆间隔为100cm），将直滑杆插入直杆上方，搭接至天轨内部倒扣固定，直杆下放到卡滑的高低调整螺钉上方。

● 横杆安装

将横杆两端分别插入左右直杆预设的固定孔内倒扣固定。

（3）小龙骨安装

根据设计要求按分档线位置固定小龙骨，必须安装牢固。安装小龙骨前，也可以根据安装玻璃的规格在小龙骨上安装玻璃槽。

（4）防腐处理

（5）安装玻璃

根据设计要求按玻璃的规格安装在小龙骨上；如用压条安装时先固定玻璃一侧的压条，并用橡胶垫垫在玻璃下方，再用压条将玻璃固定；如用环氧树脂、玻璃胶直接固定玻璃，应将玻璃先安装在小龙骨的预留槽内，然后用玻璃胶封闭固定。

（6）打玻璃胶

首先在玻璃上沿四周粘上纸胶带，根据设计要求将各种玻璃胶均匀地打在玻璃与小龙骨之间。待玻璃胶完全干后撕掉纸胶带。

（7）安装压条

根据设计要求将各种规格材质的压条用直钉或玻璃胶固定在小龙骨上。如设计无要求，可以根据需要选用 10mm×12mm 木压条、10mm×10mm 铝压条或 10mm×20mm 不锈钢压条。

4）玻璃隔断墙施工的施工阶段验收

● 玻璃隔墙表面应色泽一致，无翘曲、无裂纹、无划痕，颜色一致，反映外界影像无畸变，平直吻合，外观平整洁净、清晰美观；

● 玻璃隔墙接缝应横平竖直，玻璃应无裂痕、缺损和划痕；

● 玻璃板隔墙嵌缝及安装玻璃砖墙勾缝应密实平整、均匀顺直、深浅一致；

● 龙骨无砸压变形，表面洁净，无毛刺、油斑或其他污垢，拼接严密平整，接口平滑；

● 横竖缝的大小、宽窄一致，无错台错位，胶缝表面平整、光滑，深浅一致，玻璃表面洁净；

● 隔墙面板安装的允许偏差应符合表 2-12 规定。

隔墙面板安装的允许偏差表　　　　表 2-12

项次	项目	允许偏差（mm）	检验方法
		玻璃面板	
1	立面垂直度	2	用 2m 垂直检测尺检查
2	表面平整度	1.5	用 2m 靠尺和塞尺检查
3	阴阳角方正	2	用直角检测尺检查
4	接缝直线度	1.5	拉 5m 线，不足 5m 拉通线，用钢直尺检查
5	压条直线度	1.5	拉 5m 线，不足 5m 拉通线，用钢直尺检查
6	接缝高低差	0.3	用钢直尺和塞尺检查

2.4.5 罩面类墙面施工和施工阶段验收

罩面类墙面是指木墙裙、木护墙板。

1）木墙裙、木护墙板一般要求

木墙裙、木护墙板是用木龙骨、胶合板、装饰线条构造的护墙设施，在墙内埋设防腐木砖，将木龙骨架固定在木砖上，然后将面板钉粘在木龙骨架上。木龙骨断面为 20～40mm×40～50mm，木龙骨间距为 400～600mm。罩面类墙面多用于家庭装修中的客厅、卧室墙体装修，一般高度为 0.9m。

2）木墙裙的施工要求

● 墙面要求平整。如墙面平整误差在 10mm 以内可采取抹灰修整的办法，如误差大于 10mm，可在墙面与龙骨之间加垫木块；

● 墙面要求干燥，避免潮气对面板的影响；

● 根据护墙板高度和房间大小钉做木龙骨，整片或分片安装，在木墙裙底部安装踢脚板，将踢脚板固定在垫木及墙板上，踢脚板高度 150mm，冒头用木线条固定在护墙板上；

● 根据面板厚度确定木龙骨间尺寸，横龙骨一般在 400mm 左右，竖龙骨一般在 600mm 左右。面板厚度 1mm 以上时，横龙骨间距可适当放大；

● 钉木钉时，护墙板顶部要拉线找平，木压条规格尺寸要一致；

● 两个墙面的阴阳角处，必须加钉木龙骨；

● 木墙裙安装后，应立即进行饰面处理，涂刷清油一遍，以防止其他工种污染板面。

3）木墙裙的施工流程

处理墙面→弹线→制作木骨架→固定木骨架→安装木饰面板→安装收口线条。

4）木墙裙的施工阶段验收

● 木墙裙的构造符合设计要求，预埋件经过防腐处理；

● 面板用材统一，纹理相近，收口角线及踢脚板与墙裙用料一致；

● 木墙裙面板无死节，腐斑、花纹色泽一致，外形尺寸正确，分格规矩，手检查漆膜光亮、平滑，无透地、落刷、流坠等质量缺陷；

● 木墙裙平直度误差小于 2mm，出墙厚度误差小于 1mm，分格误差小于 1mm。

2.4.6 裱糊类墙面施工和施工阶段验收

裱糊类墙面是指用墙纸、墙布等裱糊的墙面。

1）裱糊类墙面施工要求

● 裱糊类墙面必须清理干净、平整、光滑，防潮涂料应涂刷均匀；

● 混凝土和抹灰基层墙面清扫干净，将表面裂缝、坑洼不平处用腻子找平，再满刮腻子，打磨平；

● 木基层墙面应刨平，无毛刺、无外露钉头；

● 石膏板基层墙面应对石膏板接缝用嵌缝腻子处理，并用接缝带贴牢，表面刮腻子；

● 涂刷底胶一般使用 108 胶，底胶一遍成活，但不能有遗漏；

● 为防止墙纸、墙布受潮脱落，可涂刷一层防潮涂料；

● 弹垂直线和水平线，以保证墙纸、墙布横平竖直、图案正确；

● 粘贴后，赶压墙纸胶粘剂，不能留有气泡，挤出的胶要及时揩净；

● 墙面基层含水率应小于 8%；

● 拼缝时先对图案、后拼缝，使上下图案吻合；

● 禁止在阳角处拼缝，墙纸要裹过阳角 20mm 以上；

● 裱贴玻璃纤维墙布时，背面不能刷胶粘剂，将胶粘剂刷在基层上；

● 裱糊前应按壁纸、墙布的品种、花色、规格进行选配，拼花、裁切、编号、裱糊时应按编号顺序粘贴；

● 墙面应采用整幅裱糊，先垂直面后水平面，先保证垂直后对花拼缝，垂直面是先上后下，先长墙面后短墙面，水平面是先高后低，阴角处接缝应搭接，阳角处应包角不得有接缝；

● 聚氯乙烯塑料壁纸裱糊前应先将壁纸用水润湿数分钟，墙面裱糊时应在基层表面涂刷胶粘剂，顶棚裱糊时，基层和壁纸背面均应涂刷胶粘剂；

● 复合壁纸不得浸水，裱糊前应先在壁纸背面涂刷胶粘剂，放置数分钟，裱糊时，基层表面应涂刷胶粘剂；

● 纺织纤维壁纸不宜在水中浸泡，裱糊前宜用湿布清洁背面；

● 带背胶的壁纸裱糊前应在水中浸泡数分钟，裱糊顶棚时应涂刷一层稀释的胶粘剂；

● 金属壁纸裱糊前应浸水 $1 \sim 2min$，阴干 $5 \sim 8min$ 后在其背面刷胶。刷胶应使用专用的壁纸粉胶，一边刷胶，一边将刷过胶的部分，向上卷在发泡壁纸卷上；

● 玻璃纤维基材壁纸、无纺墙布无须进行浸润，应选用粘接强度较高的胶粘剂，裱糊前应在基层表面涂胶，墙布背面不涂胶，玻璃纤维墙布裱糊对花时不得横拉斜扯避免变形脱落；

● 开关、插座等突出墙面的电气盒，裱糊前应先卸去盒盖。

2）裱糊类墙面施工流程

清理基层→涂刷防潮涂料、墙面弹线、墙纸裁纸、刷胶、上墙裱贴、拼缝、搭接、对花→赶压胶粘剂气泡→擦净胶水→修整。

3）裱糊类墙面的施工阶段验收

● 裱糊类墙面的构造符合设计要求，经过防潮处理；

● 面板用材统一，纹理相近，收口角线及踢脚板与墙裙用料一致；

● 墙纸、墙布花纹色泽一致，外形尺寸正确，分格规矩，平滑；

● 图案花纹应吻合，不离缝、不搭接、无波纹起伏、褶皱，表面应清洁，墙布表面应平整，色泽应一致；

- 壁纸、墙布的种类、规格、图案、颜色和燃烧性能等级必须符合设计要求及国家现行标准的有关规定；

- 距离墙面 1.5m 处正视：裱糊后各幅拼接应横平竖直，墙布应粘贴牢固，不得有漏贴、补贴、脱层、空鼓和翘边。

2.4.7 墙面瓷砖粘贴施工和施工阶段验收

墙面瓷砖粘贴施工是装修工程中的主要工作之一，墙面瓷砖的粘贴质量直接影响到装修效果，墙面瓷砖粘贴必须严格按规范程序施工，才能保证质量。

1）墙面瓷砖粘贴施工要求

- 墙面基层处理应平整，应全部清理墙面上的各类污物，并提前一天浇水湿润；

- 施工现场环境温度宜在 5℃以上；

- 墙面砖铺贴前应进行挑选，并应按设计要求进行预拼，瓷砖粘贴前必须在清水中浸泡 2h 以上，以砖体不冒泡为准，取出晾干表面水分待用；

- 铺贴前应进行放线定位和排砖，确定水平及竖向标志，垫好底尺，挂线铺贴；

- 非整砖应排放在次要部位或阴角处，每面墙不宜有两列非整砖，非整砖宽度不宜小于整砖的 1/3；

- 墙面砖表面应平整、接缝应平直、缝宽应均匀一致，阴角砖应压向正确，阳角线宜做成 45°角对接，在墙面突出物处，应整砖套割吻合，不得用非整砖拼凑铺贴；

- 结合砂浆宜采用 1:2 水泥砂浆，砂浆厚度宜为 7～10mm。水泥砂浆应满铺在墙砖背面，一面墙不宜一次铺贴到顶，以防塌落；

- 砖面平正，没有倾斜现象；

- 砖面是否有破碎崩角现象；

- 瓷砖方向是否正确、没有反转现象；

- 花砖和腰线位置是否正确、没有偏位或高度错误现象；

- 粘贴时自下向上粘贴，要求灰浆饱满，亏灰时，必须取下重粘，不允许从砖缝、口处塞灰补垫；

- 铺粘时遇到管线、灯具开关、卫生间设备的支承件等，必须用整砖套割吻合，禁止用非整砖拼凑粘贴；

- 整间或独立部位粘贴宜一次完成，一次不能完成时，应将接茬口留在施工缝或阴角处；

- 墙面瓷砖粘贴必须牢固，无歪斜、缺棱掉角和裂缝等缺陷；

- 非整砖使用部位适当，排列平直。预留孔洞尺寸正确、边缘整齐。

2）墙面瓷砖粘贴的施工流程

基层清扫处理→抹底子灰→选砖→浸泡→排砖→弹线→粘贴标准点→粘贴瓷砖→勾缝→擦缝→清理。

3）墙面瓷砖粘贴的施工阶段验收

墙面瓷砖粘贴常见的质量缺陷有空鼓脱落、变色、接缝不平直和表面裂缝等。

（1）空鼓脱落：主要原因是粘结材料不充实、砖块浸泡不够及基层处理不净。施工时，釉面砖必须清洁干净，浸泡不少于2h，粘结厚度应控制在7～10mm，不得过厚或过薄。粘贴时要使面砖与底层粘贴密实，可以用木锤轻轻敲击。产生空鼓时，应取下墙面砖，铲去原来的粘结砂浆，采用水泥砂浆修补。

（2）变色：主要原因除瓷砖质量差、釉面过薄外，操作方法不当也是重要因素。施工中应严格选好材料，浸泡釉面砖应使用清洁干净的水。粘贴的水泥砂浆应使用纯净的砂子和水泥。操作时要随时清理砖面上残留的砂浆，如变色较大的墙砖应予更新。

（3）接缝不平直：主要原因是砖的规格有差异和施工不当。施工时应认真挑选面砖，将同一类尺寸的归在一起，用于同一面墙上。必须贴标准点，标准点要以靠尺能靠上为准，每粘贴一行后应及时用靠尺横、竖靠直检查，及时校正。如接缝超过允许误差，应及时取下墙面瓷砖，进行返工。

墙面瓷砖粘贴施工阶段验收时要重点注意：

● 墙面瓷砖粘贴必须牢固，无歪斜、缺棱掉角和裂缝等缺陷；

● 墙砖铺粘表面要平整、洁净，色泽协调，图案安排合理，无变色、泛碱、污痕和显著光泽受损处；

● 非整砖使用部位适当，排列平直。预留孔洞尺寸正确、边缘整齐；

● 满粘法施工的饰面砖工程无空鼓、裂缝；

● 饰面砖表面应平整、洁净、色泽一致，无裂痕和缺损；

● 饰面板粘贴的允许偏差和检验方法应符合表 2-13 的规定。

饰面板粘贴的允许偏差和检验方法表   表 2-13

项次	项目	允许偏差（mm）		检验方法
		外墙面砖	内墙面砖	
1	立面垂直度	2	2	用 2m 垂直检测尺检查
2	表面平整度	3	2	用 2m 靠尺和塞尺检查
3	阴阳角方正	2	2	用直角检测尺检查
4	接缝直线度	2	2	拉 5m 线，不足 1m 用钢直尺检查
5	接缝高低差	1	0.5	用钢直尺和塞尺检查
6	接缝宽度	1	1	用钢直尺检查

2.5 吊顶装饰工程施工和施工阶段验收

吊顶分暗龙骨吊顶、明龙骨吊顶。吊顶装饰材料施工分木质吊顶施工、铝合金吊顶施工、木格栅式吊顶施工、藻井吊顶施工、壁橱及吊橱施工、PVC 吊顶施工等。

2.5.1 暗龙骨吊顶

暗龙骨吊顶是以轻钢龙骨、铝合金龙骨、木龙骨等为骨架，以石膏板、金属板、矿棉板、木板、塑料板或格栅等为饰面材料的吊顶。

1）暗龙骨吊顶的要求

● 饰面材料的材质、品种、规格、图案和颜色应符合设计要求；

● 暗龙骨吊顶工程的吊杆、龙骨和饰面材料的安装必须牢固；

● 吊杆、龙骨的材质、规格、安装间距及连接方式应符合设计要求；

● 金属吊杆、龙骨应经过表面防腐处理；木吊杆、龙骨应进行防腐、防火处理；

● 石膏板的接缝应按其施工工艺标准进行板缝防裂处理，安装双层石膏板时，面层板与基层板的接缝应错开，并不得在同一根龙骨上接缝；

● 饰面材料表面应洁净、色泽一致，不得有翘曲、裂缝及缺损，压条应平直、宽窄一致；

● 饰面板上的灯具、烟感器、喷淋头、风口算子等设备的位置应合理、美观，与饰面板的交接应吻合、严密；

● 金属吊杆、龙骨的拉缝应均匀一致，角缝应吻合，表面应平整，无翘曲、锤印；木质吊杆、龙骨应顺直，无劈裂、变形。

2）暗龙骨吊顶工程安装的允许偏差和检验方法

暗龙骨吊顶工程安装的允许偏差和检验方法应符合表2-14的规定。

暗龙骨吊顶工程安装的允许偏差和检验方法　表 2-14

项次	项目	允许偏差（mm）				检验方法
		纸面石膏板	金属板	矿棉板	木板、塑料板、格栅	
1	表面平整度	3	2	2	2	用2m靠尺和塞尺检查
2	接缝直线度	3	1.5	3	3	拉5m线，不足5m拉通线，用钢直尺检查
3	接缝高低差	1	1	1.5	1	用钢直尺和塞尺检查

2.5.2 明龙骨吊顶

明龙骨吊顶工程是以轻钢龙骨、铝合金龙骨、木龙骨等为骨架，以石膏板、金属板、矿棉板、塑料板、玻璃板或格栅等为饰面材料的吊顶。

1）明龙骨吊顶工程的要求

● 吊顶标记、尺寸、起拱和造型应符合设计要求；

● 饰面材料的材质、品种、规格、图案和颜色应符合设计要求，当饰面材料为玻璃板时，应使用安全玻璃或采取可靠的安全措施；

● 饰面材料的安装应稳固严密，饰面材料与龙骨的搭接宽度应大于龙骨受力面宽度的2/3；

● 吊杆、龙骨的材质应进行表面防腐处理；木龙骨应进行防腐、防火处理；

● 明龙骨吊顶工程的吊杆和龙骨安装必须牢固；

● 饰面材料表面应洁净、色泽一致，不得有翘曲、裂缝及缺损，饰面板与明龙骨的搭接应平整、吻合，压条应平直、宽窄一致；

● 金属龙骨的接缝应平整、吻合、颜色一致，不得有划伤、擦伤等表面缺陷，木质龙骨应平整、顺直，无劈裂；

● 吊顶内填充吸声材料的品种和铺设厚度应符合设计要求，并应有防散落措施。

2）明龙骨吊顶工程安装的允许偏差和检验方法

明龙骨吊顶工程安装的允许偏差和检验方法应符合表2-15的规定。

明龙骨吊顶工程安装的允许偏差和检验方法 　　表 2-15

项次	项目	允许偏差（mm）				检验方法
		纸面石膏板	金属板	矿棉板	木板、塑料板、格栅	
1	表面平整度	3	2	3	3	用2m靠尺和塞尺检查
2	接缝直线度	3	2	3	3	拉5m线，不足5m拉通线，用钢直尺检查
3	接缝高低差	1	1	2	1	用钢直尺和塞尺检查

2.5.3 吊顶工程安装施工要点

1）龙骨的安装要求

（1）应根据吊顶的设计标高在四周墙上弹线，弹线应清晰、位置应准确。

（2）主龙骨吊点间距、起拱高度应符合设计要求。当设计无要求时，吊点间距应小于1.2m，应按房间短向跨度的1%～3%起拱，主龙骨安装后应及时校正其位置标高。

（3）吊杆应通直，距主龙骨端部距离不得超过300mm。当吊杆与设备相遇时，应调整吊点构造或增设吊杆。

（4）次龙骨应紧贴主龙骨安装，固定板材的次龙骨间距不得大于600mm，在潮湿地区和场所，间距宜为300～400mm。用自攻螺钉安装饰面板时，接缝处次龙骨宽度不得小于40mm。

（5）暗龙骨系列横撑龙骨应用连接件将其两端连接在通长次龙骨上，明龙骨系列的横撑龙骨与通长龙骨搭接处的间隙不得大于1mm。

（6）边龙骨应按设计要求弹线，固定在四周墙上。

（7）全面校正主、次龙的位置及平整度，连接件应错位安装。

（8）安装饰面板前应完成吊顶内管道和设备的调试和验收。

（9）饰面板安装前应按规格、颜色等进行分类选配。

（10）暗龙骨饰面板（包括纸面石膏板、纤维水泥加压板、胶合板、金属方块板、金属条形板、塑料条形板、石膏板、钙塑板、矿棉板和格栅等）的安装应符合下列规定：

  ● 以轻钢龙骨、铝合金龙骨为骨架，采用钉固法安装时应使用沉头自攻螺钉固定；

  ● 以木龙骨为骨架，采用钉固法安装时应使用木螺钉固定，胶合板可用铁钉固定；

  ● 金属饰面板采用吊挂连接件、插接件固定时应按产品说明书的规定放置；

  ● 采用复合粘贴法安装时，胶粘剂未完全固化前板材不得有强烈振动。

（11）纸面石膏板和纤维水泥加压板安装应符合下列规定：

● 板材应在自由状态下进行安装，固定时应从板的中间向板的四周固定；

● 纸面石膏板螺钉与板边距离：纸包边宜为 10～15mm，切割边宜为 15～20mm；水泥加压板螺钉与板边距离宜为 8～15mm；

● 板周边钉距宜为 150～170mm，板中钉距不得大于 200mm；

● 安装双层石膏板时，上下层板的接缝应错开，不得在同一根龙骨上接缝；

● 螺钉头宜略埋入板面，并不得使纸面破损；钉眼应做防锈处理并用腻子抹平；

● 石膏板的接缝应按设计要求进行板缝处理。

（12）石膏板、钙塑板的安装应符合下列规定：

● 当采用钉固法安装时，螺钉与板边距离不得小于 15mm，螺钉距宜为 150～170mm，均匀布置，并应与板面垂直，钉帽应进行防锈处理，并用与板面颜色相同涂料涂饰或用石膏腻子抹平；

● 当采用粘接法安装时，胶粘剂应涂抹均匀，不得漏涂。

（13）矿棉装饰吸声板安装应符合下列规定：

● 房间内湿度过大时不宜安装；

● 安装前应预先排版，保证花样、图案的整体性；

● 安装时，吸声板上不得放置其他材料，防止板材受压变形。

（14）明龙骨饰面板的安装应符合以下规定：

● 饰面板安装应确保企口的相互咬接及图案花纹的吻合；

● 饰面板与龙骨嵌装时应防止相互挤压过紧或脱挂；

● 采用搁置法安装时应留有板材安装缝，每边缝隙不宜大于 1mm；

● 玻璃吊顶龙骨上留置的玻璃搭接宽度应符合设计要求，并应采用软连接；

● 装饰吸声板的安装如采用搁置法安装，应有定位措施。

2）吊顶罩面板工程质量允许的偏差要求

以石膏板、无机纤维板、木质板、塑料板、纤维水泥加压板、金属装饰板等为饰面材料的吊顶罩面板工程质量允许偏差见表2-16。

吊顶罩面板工程质量允许偏差表　　　　　　表2-16

项次	项目	允许偏差（mm）											检验方法
		石膏板			无机纤维板		木质板		塑料板		纤维水泥加压板	金属装饰板	
		石膏装饰板	深浮雕式嵌装饰石膏板	纸面石膏板	矿棉装饰吸声板	超细玻璃棉板	胶合板	纤维板	钙塑装饰板	聚氯乙烯塑料板			
1	表面平整	3	3	3	2	2	2	3	3	2		2	用2m靠尺和楔形塞尺检查观感、平感
2	接缝平直	3	3	3	3	3	3	3	4	3	＜1.5		拉5m线检查，不足5m拉通线检查
3	压条平直	3	3	3	3	3	3	3	3	3	3	3	
4	接缝高低	1	1	1	1	1	0.5	0.5	1	1	1	1	用直尺和楔形塞尺检查
5	压条间距	2	2	2	2	2	2	2	2	2	2	2	用尺检查

2.5.4 木质吊顶施工和施工阶段验收

1）木质吊顶施工要求

● 有材料产品的合格证书、性能检测报告、进场验收记录和复验报告；

● 应对人造木板的甲醛含量进行复验；

● 应对木吊杆、木龙骨和木饰面板进行防火处理，并符合有关设计防火规范的规定；

● 应对木吊杆、木龙骨做防腐处理；

● 安装龙骨前，应按设计要求对房间净高、洞口标高和吊顶内管道、设备及其他支架的标高进行交接检验；

● 吊顶龙骨在运输安装时，不得扔摔、碰撞，龙骨应平放，防止变形；

● 罩面板与墙面、窗帘盒、灯具等交接处应严密，不得有漏缝现象，并不得有悬臂现象，否则应增设附加龙骨固定；

● 各类罩面板不应有气泡、起皮、裂纹、缺角、污垢、图案不完整等缺陷，应表面平整、边缘整齐、色泽一致；

● 吊顶龙骨应按短向跨度起拱1/200（石膏板、无机纤维板、木质板、塑料板、纤维水泥加压板、金属装饰板）；

● 吊顶木龙骨的安装，应符合现行《木结构工程施工及验收规范》。

2）木质吊顶的验收

木质吊顶工程验收时应检查下列文件和记录：

● 吊顶工程的施工图、设计说明及其他设计文件；

● 材料的产品合格证书、性能检测报告、进场验收记录和复验报告；

● 隐蔽工程验收记录；

● 吊顶工程应对人造木板的甲醛含量进行复验；

● 木龙骨防火、防腐处理；

● 吊顶工程的木吊杆、木龙骨和木饰面板必须进行防火处理，并应符合有关设计防火规范的规定；

● 吊杆距主龙骨端部距离不得大于 300mm，当大于 300mm 时，应增加吊杆；当吊杆长度大于 1.5m 时，应设置反支撑；当吊杆与设备相遇时，应调整并增设吊杆；

● 木质吊杆、龙骨应顺直，无劈裂、变形；

● 吊顶材料在运输、搬运、安装、存放时应采取相应措施，防止受潮、变形及损坏板材的表面和边角；

● 重型灯具、电扇及其他重型设备严禁安装在吊顶龙骨上；

● 吊顶内填充的吸声、保温材料的品种和铺设厚度应符合设计要求，并应有防散落措施。

2.5.5 轻钢龙骨、铝合金吊顶工程施工要求

轻钢龙骨、铝合金吊顶分暗龙骨吊顶、明龙骨吊顶，施工和验收参考 2.5.1～2.5.3 的内容。轻钢龙骨、铝合金吊顶工程施工还要注意如下要求：

（1）轻钢龙骨、铝合金吊顶的施工。弹线→安装吊杆→安装龙骨架→安装面板。

（2）吊顶工程所用的铝合金龙骨及其配件应符合有关现行的国家标准。

（3）龙骨的拉缝应均匀一致，接缝应平整、吻合、颜色一致；不得有划伤、擦伤表面应平整、无翘曲、锤印等表面缺陷。

（4）次龙骨连接处的对接错位偏差不得超过 2mm。

（5）吊杆距主龙骨端部距离不得超过 300mm。

2.5.6 木格栅式吊顶工程施工要求

木格栅吊顶是家庭装修走廊、门厅、餐厅及有较大顶梁等

空间经常使用的方法。

木格栅式吊顶施工和验收参考 2.5.1～2.5.3 的内容。木格栅式吊顶工程施工还要注意如下要求：

（1）木格栅吊顶的施工。木格栅骨架制作前应准确测量顶棚尺寸。龙骨应进行精加工，表面刨光，横、竖龙骨交接处应开半槽搭接，并应进行阻燃剂涂刷处理。重点要注意：

- 准确测量；
- 龙骨精加工；
- 表面刨光；
- 开半槽搭接；
- 阻燃剂涂刷；
- 清油涂刷；
- 安装磨砂玻璃。

（2）木格栅制作和购买的成品均要求表面平滑、平整、无裂、无节疤，小格方正，节点牢固。

（3）吊点、吊杆、金属管、木格栅均应制作牢固，连接坚实。

（4）木材含水率符合要求，无疵病，无节疤裂纹。

（5）拼成整体，安装完毕后，应符合木质吊顶施工允许偏差。

2.5.7 PVC 塑料板吊顶施工要求

PVC 吊顶是以聚氯乙烯为原料，经挤压成型组装成框架再配以玻璃而制成。它具有重量轻、耐腐蚀、抗老化、隔热隔声性好、保温防潮、防虫蛀又防火等特点。主要适用于厨房、卫生间。

PVC 塑料板吊顶工程施工要注意如下要求：

（1）PVC 塑料板吊顶施工：弹线→安装主梁→安装木龙骨

架→安装塑料板。

首先应在墙面弹出标高线，在墙的两端固定压线条，用水泥钉与墙面固定牢固。依据设计标高，沿墙面四周弹线，作为顶棚安装的标准线，其水平允许偏差为 ±5mm。吊点间距应当复验，一般不上人吊顶为 1200～1500mm，上人吊顶为 900～1200mm。面板安装前应对安装完的龙骨和面板板材进行检查，符合要求后再进行安装。

（2）用钉固定时，钉距不宜大于 200mm，塑料扣板应拼接整齐，平直，无色差，无变形，无污迹。

（3）木龙骨吊顶木方不小于 25mm×30mm，且木方规矩，并符合纸面石膏木龙骨工艺要求。

（4）面板与墙面、窗帘盒、灯具等交接处应严密，不得有漏缝现象，轻型灯具（及排风扇）应与龙骨连接紧密，重型灯具或吊扇，不得与吊顶龙骨连接，应在基层板上另设吊件。

（5）四周墙角用塑料顶角线扣实，对缝严密，与墙四周严密，缝隙均匀。

（6）面板与龙骨应连接紧密，表面应平整，不得有污染、拆裂、缺棱掉角、锤伤等缺陷。接缝应均匀，色泽一致。

（7）吊顶面板施工刷涂料，质量应符合墙面涂料质量要求。

PVC 塑料板吊顶施工和验收参考 2.5.1～2.5.3 的内容。

2.5.8 壁橱和吊橱安装施工要求

壁橱和吊橱安装施工要注意如下要求：

（1）现场制作的橱、柜框架（指横、竖梃子）应采用榫头连接（用细木工板制作的除外）。

（2）龙骨（木筋）间距要求符合标准，一般门板龙骨横向间距小于 15cm，竖向间距小于 20cm；旁板及后板、顶板龙骨间距横向小于 20cm，竖向间距小于 25cm；木柜面板的龙骨间距横向小于 15cm，竖向间距小于 20cm。可采用轻叩听声方法来检验。

（3）表面打磨光滑，棱角整齐光滑，不应有毛刺感或锤击印痕。

（4）立梃、横档、中梃、中档等拼装时，榫槽应严密嵌合，用白胶粘结，不可用钉子连接。

（5）面层板材覆盖应平整牢固，不得脱胶，有花纹板面层应做到花纹一致。

（6）壁橱与吊橱的制作尺寸偏差和施工阶段验收方法应符合表 2-17 的规定。

壁橱及吊橱制作尺寸偏差及验收方法　　表 2-17

项目		允许偏差（mm）	检验方法	
			量具	测量方法
壁橱吊橱	橱门缝宽度	≤1.5	楔形塞尺	
	垂直度	≤2.0	线坠、钢卷尺	每橱随机选门一扇，测量不少于 2 处，取最大值
	对角线长度（橱体、橱门）	≤2.0		

吊橱安装施工和验收参考 2.5.1～2.5.3 的内容。

2.5.9　藻井吊顶施工要求

藻井吊顶在家庭装修中，一般采用木龙骨做骨架，用石膏板或木材做面板，涂料或壁纸做饰面装饰的藻井式吊顶。这种木吊顶能够克服房间低矮和顶部装修的矛盾，便于现场施工，提高装修档次，降低工程造价，达到顶部装修的目的，所以应用比较广泛。

壁橱和吊橱安装施工要注意如下要求：

（1）藻井吊顶木龙骨要求。木材要求保证没有劈裂、腐蚀、死节等质量缺陷；规格为截面长 30～40mm，宽 40～50mm，含水率低于 10%。

（2）采用藻井式吊顶，如果高差大于 300mm 时，应采用梯层分级处理。龙骨结构必须坚固，大龙骨间距不得大于 500mm。龙骨固定必须牢固，龙骨骨架在顶、墙面都必须有固定件。

（3）吊顶的标高水平偏差不得大于 5mm，木龙骨底面应刨光刮平，截面厚度一致，并应进行阻燃处理。

（4）藻井吊顶首先应弹出标高线、造型位置线、吊挂点布局线和灯具安装位置线，应保证吊点牢固、安全。

安装施工和施工阶段验收参考 2.5.1～2.5.3 的内容。

2.6 门窗工程的施工和施工阶段验收

门窗工程是指木门窗制作与安装、金属门窗安装、塑料门窗安装、特种门安装、门窗玻璃安装。

门窗套的施工分铝合金门窗施工、镀锌彩板门窗施工、塑钢门窗施工、包门套、窗框套施工、软包工程、护栏扶手和花饰制作安装等，由业主选择。

2.6.1 木门窗工程的设计施工要求

1）木门窗制作与安装要求

（1）木门窗安装前，应对门窗洞口尺寸进行检验。

（2）木门窗与砖石砌体、混凝土或抹灰层接触处应进行防腐处理。

（3）木门窗制作的允许偏差应符合表 2-18 的规定。

（4）木门窗安装的留缝限值、允许偏差应符合表 2-19 的规定。

项次	项目	构件偏差	允许偏差（mm）		检验方法
			普通	高级	
1	翘曲	框	3	2	将框扇平放在检查平台上，用塞尺检查
		扇	2	2	
2	对角线长度差	框、扇	3	2	用钢尺检查，框量裁口里角，扇量外角
3	表面平整度	扇	2	2	有 1m 靠尺和塞尺检查
4	高度、宽度	框	0；−2	0；−1	用钢尺检查，框量裁口里角，扇量外角
		扇	+2；0	+1；0	
5	裁口、线条结合处高低差	框、扇	1	0.5	用钢直尺和塞尺检查
6	相邻榫子两端间距	扇	2	1	用钢直尺检查

项次	项目	留缝限值（mm）		允许偏差（mm）		检验方法
		普通	高级	普通	高级	
1	门窗槽口对角线长度差	—	—	3	2	用钢尺检查
2	门窗框的正、侧面垂直度	—	—	2	1	用 1m 垂直检测尺检查
3	框与扇、扇与扇接缝高低差	—	—	2	1	用钢尺检查和用塞尺检查
4	门窗扇对口缝	1～2.5	1.5～2	—	—	用塞尺检查
5	工业厂房双扇大门对口缝	2～5	—	—	—	
6	门窗扇与上框间留缝	1～2	1～1.5	—	—	
7	门窗扇与侧框间留缝	1～2.5	1～1.5	—	—	

续表

项次	项目		留缝限值（mm）		允许偏差（mm）		检验方法
			普通	高级	普通	高级	
8	窗扇与下框间留缝		2～3	2～2.5	—	—	用塞尺检查
9	门扇与下框间留缝		3～5	3～4	—	—	
10	双层门窗内外框间距		—	—	4	3	用钢尺检查
11	无下框时门扇与地面间留缝	外门	4～7	5～6	—	—	用塞尺检查
		内门	5～8	6～7	—	—	
		卫生间门	8～12	8～10	—	—	
		厂房大门	10～20	—	—	—	

2）金属门窗设计施工要求

（1）金属门窗安装应采用预留洞口的方法施工，不得采用边安装边砌口或先安装后砌口的方法施工。

（2）当金属窗或塑料窗组合时，其拼樘料的尺寸、规格、壁厚应符合设计要求。

（3）钢门窗安装的留缝限值、允许偏差和检验方法应符合表 2-20 的规定。

钢门窗安装的留缝限值、允许偏差表　　　　表 2-20

项次	项目		留缝限值（mm）	允许偏差（mm）	检验方法
1	门窗槽口宽度、高度	≤1500mm	—	2.5	用钢尺检查
		>1500mm	—	3.5	
2	门窗槽口对角线长度差	≤2000mm	—	5	用钢尺检查
		>2000mm	—	6	
3	门窗框的正、侧面垂直度		—	3	用1m垂直检测尺检查

项次	项目	留缝限值（mm）	允许偏差（mm）	检验方法
4	门窗框的水平度	—	3	用1m水平尺和塞尺检查
5	门窗横框标高	—	5	用钢尺检查
6	门窗竖向偏离中心	—	4	用钢尺检查
7	双层门窗内外框间距	—	5	用钢尺检查
8	门窗框、扇配合间隙	≤ 2	—	用塞尺检查
9	无下框时门扇与地面间留缝	4～8	—	用塞尺检查

（4）铝合金门窗安装的允许偏差和检验方法应符合表2-21的规定。

铝合金门窗安装的允许偏差表　　　表 2-21

项次	项目		允许偏差（mm）	检验方法
1	门窗槽口宽度、高度	≤ 1500mm	1.5	用钢尺检查
		> 1500mm	2	
2	门窗槽口对角线长度差	≤ 2000mm	3	用钢尺检查
		> 2000mm	4	
3	门窗框的正、侧面垂直度		2.5	用垂直检测尺检查
4	门窗框的水平度		2	用1m水平尺和塞尺检查
5	门窗横框标高		5	用钢尺检查
6	门窗竖向偏离中心		5	用钢尺检查
7	双层门窗内外框间距		4	用钢尺检查
8	推拉门窗扇与框搭接量		1.5	用钢直尺检查

（5）涂色镀锌钢板门窗安装的允许偏差和检验方法应符合表2-22的规定。

涂色镀锌钢板门窗安装的允许偏差表   表 2-22

项次	项目		允许偏差（mm）	检验方法
1	门窗槽口宽度、高度	≤1500mm	2	用钢尺检查
		>1500mm	3	
2	门窗槽口对角线长度差	≤2000mm	4	用钢尺检查
		>2000mm	5	
3	门窗框的正、侧面垂直度		3	用垂直检测尺检查
4	门窗框的水平度		3	用1m水平尺和塞尺检查
5	门窗横框标高		5	用钢尺检查
6	门窗竖向偏离中心		5	用钢尺检查
7	双层门窗内外框间距		4	用钢尺检查
8	推拉门窗扇与框搭接量		2	用钢直尺检查

（6）建筑外门窗的安装必须牢固。在砌体上安装门窗严禁用射针固定。

（7）特种门安装除应符合设计要求外，还应符合有关专业标准和主管部门的规定。

3）塑料门窗设计施工要求

（1）塑料门窗安装应采用预留洞口的方法施工，不得采用边安装边砌口或先安装后砌口的方法施工。

（2）塑料门窗安装的允许偏差应符合表 2-23 的规定。

塑料门窗安装的允许偏差表   表 2-23

项次	项目		允许偏差（mm）	检验方法
1	门窗槽口宽度、高度	≤1500mm	2	用钢尺检查
		>1500mm	3	

项次	项目		允许偏差（mm）	检验方法
2	门窗槽口对角线长度差	≤2000mm	3	用钢尺检查
		>2000mm	5	
3	门窗框的正、侧面垂直度		3	用1m垂直检测尺检查
4	门窗框的水平度		3	用1m水平尺和塞尺检查
5	门窗横框标高		5	用钢尺检查
6	门窗竖向偏离中心		5	用钢直尺检查
7	双层门窗内外框间距		4	用钢尺检查
8	同樘平开门窗相邻扇高度差		2	用钢直尺检查
9	平行门窗铰链部位配合间隙		+2；−1	用塞尺检查
10	推拉门窗扇与框搭接量		+1.5；−2.5	用钢直尺检查
11	推拉门窗扇与竖框平行度		2	用1m水平尺和塞尺检查

2.6.2 门窗工程的施工和施工阶段验收

（1）门窗工程的施工图、设计说明及其他设计文件。

（2）材料的产品合格证书、性能检测报告、进场验收记录和复验报告。

（3）特种门及其附件的生产许可文件。

（4）隐蔽工程验收记录。

（5）施工记录。

（6）门窗工程应对下列材料及其他性能指标进行复验：

● 人造木板的甲醛含量；

● 建筑外墙金属窗、塑料窗的抗风压性能、空气渗透性能和雨水渗漏性能。

（7）门窗工程应对下列隐蔽工程项目进行验收：

● 预埋件和锚固件；

● 隐蔽部分的防腐、填嵌处理。

（8）金属门窗验收要求：

①金属门窗的品种、类型、规格、尺寸、性能、开启方向、安装位置、连接方式及铝合金门窗的型材壁厚应符合设计要求。金属门窗的防腐处理及填嵌、密封处理应符合设计要求。

②金属门窗框和副框的安装必须牢固，预埋件的数量、位置、埋设方式、与框的连接方式必须符合设计要求。

③金属门窗扇必须安装牢固，并应开关灵活、关闭严密、无倒翘。推拉门窗扇必须有防脱落措施。

④金属门窗配件的型号、规格、数量应符合设计要求，安装应牢固，位置应正确，功能应满足使用要求。

⑤金属门窗表面应洁净、平整、光滑、色泽一致，无锈蚀；大面应无划痕、碰伤；漆膜或保护层应连续。

⑥铝合金门窗推拉门窗扇开关力应不大于100N。

⑦金属门窗框与墙体之间的缝隙应填嵌饱满，并采用密封胶密封。密封胶表面应光滑、顺直，无裂纹。

⑧金属门窗扇的橡胶密封条或毛毡密封条应安装完好，不得脱槽。

⑨有排水孔的金属门窗，排水孔应畅通，位置数量应符合设计要求。

（9）塑料门窗安装工程的验收要求：

①塑料门窗的品种、类型、规格、尺寸、开启方向、安装位置、连接方式及填嵌密封处理应符合设计要求，内衬增强型钢的壁厚及设置应符合国家现行产品标准的质量要求。

②塑料门窗框、副框和扇的安装必须牢固。固定片或膨胀螺栓的数量与位置应正确，连接方式应符合设计要求。固定点应距窗胆、中横框、中竖框150～200mm，固定点间距应不

大于 600mm。

③塑料门窗拼料内衬增强型钢的规格、壁厚必须符合设计要求，型钢应与型材内腔紧密吻合，其两端必须与洞口固定牢固。窗框必须一拼樘料连接紧密，固定点间距应不大于600mm。

④塑料门窗扇应开关灵活、关闭严密，无倒翘。推拉门窗扇必须有防脱落措施。

⑤塑料门窗配件的型号、规格、数量应符合设计要求，安装应牢固，位置应正确，功能应满足使用要求。

⑥塑料门窗框与墙体间缝隙应采用闭孔弹性材料填嵌饱满，表面应采用密封胶密封。密封胶应粘结牢固，表面应光滑、顺直、无裂纹。

⑦塑料门窗表面应洁净、平整、光滑，大面应无划痕、碰伤。

⑧塑料门窗扇的密封条不得脱槽。旋转窗间隙应基本均匀。

⑨塑料门窗扇的开关力应符合下列规定：

● 平开门窗扇平铰链的开关力不应大于 80N；滑撑铰链的开关力应小于 80N，不大于 30N；

● 推拉门窗的开关力应不大于 100N。

⑩玻璃密封条与玻璃及玻璃槽口的接缝应平整，不得卷边、脱槽。

⑪排水孔应畅通，位置和数量应符合设计要求。

2.6.3　铝合金门窗安装施工和施工阶段验收

1）铝合金门窗安装施工要求

铝合金门窗安装施工要注意如下内容：

● 铝合金门窗及附件质量必须符合设计要求和有关标准的规定；

● 检查时应对照实物及设计要求，检查出厂合格证、产品验收凭证；

● 铝合金门窗安装的位置、开启方向，必须符合设计要求，观察检验；

● 塞缝前观察、手扳检查，并检查隐蔽工程记录，确定铝合金门窗安装牢固、预埋件的数量、位置、埋设连接方法是否符合设计要求；

● 观察检验确定铝合金门窗框与非不锈钢紧固件接触面之间是否已做防腐处理；并注意严禁用水泥砂浆作门窗框与墙体间的填塞材料。

2）铝合金门窗施工验收要求

铝合金门窗施工验收重点是质量要求、检验方法。铝合金门窗安装检验见表2-24。

铝合金门窗安装检验表　　　　　表2-24

序号	种类		质量等级	质量要求	检验方法
1	门窗扇开关性能	平开门窗扇	合格	关闭严密，间隙基本均匀，开关灵活	观察和开闭检查
			优良	关闭严密，间隙均匀，开关灵活	
2	门窗扇开关性能	推拉门窗扇	合格	关闭严密，间隙基本均匀，扇与框搭接量不小于设计要求的80%	观察和用深度尺检查
			优良	关闭严密，间隙均匀，扇与框搭接量符合设计要求	
		弹簧门窗扇	合格	自动定位准确，开启角度为90°±3°	用秒表、角度尺检查
			优良	自动定位准确，开启角度为90°±15°	
3	门窗附件安装		合格	附件齐全，安装牢固，灵活运用，达到各自的功能	观察、手扳和尺量检查
			优良	附件齐全，安装牢固，位置正确，灵活适用，达到各自的功能，端正美观	

序号	种类	质量等级	质量要求	检验方法
4	门窗框与墙体间缝隙填嵌	合格	填嵌基本饱满密实，表面平整，填塞材料及填塞方法符合设计要求	观察检查
		优良	填嵌饱满密实，表面平整、光滑、无裂缝，填塞材料及填塞方法符合设计要求	
5	门窗外观	合格	表面洁净，无明显划痕、碰伤，基本无锈蚀；涂胶表面基本光滑，无气孔	观察检查
		优良	表面洁净，无划痕、碰伤、无锈蚀；涂胶表面光滑、平整、厚度均匀，无气孔	
6	密封质量	合格	关闭后各配合处无明显缝隙、不透气、不透光	观察检查

2.6.4 镀锌彩板门窗施工和施工阶段验收

镀锌彩板门窗安装施工方法、检验方法和要求与铝合金门窗相同。镀锌彩板门窗安装施工阶段验收允许偏差、限值、检验方法见表 2-25。

镀锌彩板门窗安装允许偏差、限值、检验方法表　表 2-25

序号	项目		允许偏差、限值		检验方法
1	门窗框（含副框）两对角线长度差		≤ 2000mm	≤ 4mm	用钢卷尺量里角
			> 2000mm	≤ 5mm	
2	推拉门	门窗扇开启力限值	扇面积≤ 1.5m	≤ 40N	用 100N 弹簧秤，钩住拉手处启闭 5 次取平均值
			扇面积> 1.5m	≤ 60N	

续表

序号	项目		允许偏差、限值	检验方法
3		门窗扇与框（含副框）或相邻扇立边平行度	2mm	用1m钢板尺检查
4	平开扇	门窗扇与框搭接宽度差	1mm	用深度尺或钢板尺检查
5		同樘门窗相邻扇的横端角高度差	2mm	用拉线尺和钢板尺检查
6	弹簧门扇	门窗对口缝或扇与框之间立、横缝留缝限值	2～4mm	用楔形塞尺检查
7		门窗与地面间隙留缝限值	2～7mm	用楔形塞尺检查
8		门窗对口缝关闭时平整度	2mm	用深度尺检查
9	门窗框（含副框、拼樘料）正、侧面的垂直度	≤2000mm	≤2mm	用1m托线板检查
		>2000mm	≤3mm	
10	门窗竖向偏离中心		5mm	吊线坠和钢板尺检查
11	门窗横框标高		5mm	
12	双层门窗内外框、梃（含副框、拼樘料）中心距		4mm	用钢板尺检查
13	门窗框（含副框、拼樘料）的水平度		1.5mm	用1m水平尺和楔形塞尺检查

2.6.5 塑钢门窗施工和施工阶段验收

1）塑钢门窗施工要求

● 在塑料门窗上安装五金件时，必须先钻孔，后用自攻螺钉拧入，严禁直接锤击钉入，以防损坏门窗；

● 门窗框与洞口的间隙应用泡沫塑料条或油毡卷条填塞，填塞不宜过紧，以免框架变形；

● 门窗框四周的内外接缝应用密封胶嵌缝严密。

2）塑钢门窗验收要求

塑钢门窗验收时要求的允许偏差见表 2-26。

<table>
<tr><td colspan="5" align="center">塑料门窗安装的允许偏差表　　　　　　　　表 2-26</td></tr>
<tr><th>项次</th><th colspan="2">项目</th><th>允许偏差（mm）</th><th>检验方法</th></tr>
<tr><td rowspan="2">1</td><td rowspan="2">门窗槽口对角线
尺寸之差</td><td>≤ 2000mm</td><td>≤ 2</td><td rowspan="2">用 3m 钢尺检查</td></tr>
<tr><td>＞ 2000mm</td><td>≤ 3</td></tr>
<tr><td rowspan="2">2</td><td rowspan="2">门窗框（含拼樘
料）的垂直度</td><td>≤ 2000mm</td><td>≤ 2</td><td rowspan="2">用线坠、水平靠尺检
查</td></tr>
<tr><td>＞ 2000mm</td><td>≤ 2</td></tr>
<tr><td rowspan="2">3</td><td rowspan="2">门窗框（含拼樘
料）的水平度</td><td>≤ 2000mm</td><td>≤ 2</td><td rowspan="2">用水平靠尺检查</td></tr>
<tr><td>＞ 2000mm</td><td>≤ 2</td></tr>
<tr><td>4</td><td colspan="2">门窗横框标高</td><td>≤ 3</td><td>用钢板尺检查</td></tr>
<tr><td>5</td><td colspan="2">门窗竖向偏离中心</td><td>≤ 3</td><td>用线坠、钢板尺检查</td></tr>
<tr><td>6</td><td colspan="2">双层门窗内外框，框（含拼樘
料）中心距</td><td>≤ 2</td><td>用钢板尺检查</td></tr>
</table>

2.6.6 包门套、窗框套施工和施工阶段验收

1）包门套、窗框套施工要求

（1）根据房间门和窗框套的图纸要求制作包门套、窗框套。

（2）包门套、窗框套用细木工板或密度板制作时，应先将基层板固定在窗框基层龙骨上，再钉线条，"之"字形钉，防止线条卷翘，夹角应密实平整，窗套的下口宜用大理石，以免因受潮变黑变形。

（3）包门套、窗框套宜用木料制成框架后，刨平、刨直，然后再装配成型安装在墙体上，再覆盖基层板和饰面板。

2）包门套、窗框套施工阶段验收要求

（1）门套应垂直，饰面板粘贴平整、角尺，不得有大小头、喇叭口现象存在。

（2）木门、窗框套的割角整齐、接缝严密、表面光滑，无刨痕、毛刺。

（3）门窗框安装应牢固，不应有锤印。框与墙的接触面应刷防腐油。

（4）门套、窗框套安装的留缝宽度见表2-27，门套、窗框套安装允许的偏差见表2-28。

门窗安装的留缝宽度　　　　　　　　表 2-27

项次	项目		留缝宽度（mm）	检验方法
1	门窗扇对口缝及扇与框间立缝		0.5～1	每类缝抽查一处，用楔形塞尺检查
2	框与扇间上缝		0.5～1	
3	窗扇与下槛缝		0.5～1	
4	门扇与地面间隙	外门	1～2	
		内门	2～3	
		卫生间	5～6	

门窗安装的允许偏差　　　　　　　　表 2-28

项次	项目	允许偏差（mm）	检验方法
1	框的正、侧面垂直度	1	吊1m线和尺量检查
2	框地角线长度差	1	用尺量裁口里角检查
3	扇与框接触面平整	1～2	用直尺和楔形塞尺量横、竖缝各一处检查

2.6.7 软包工程

1）软包工程施工要求

（1）软包面料、内衬材料及边框的材质、颜色、图案、燃烧性能等级和木材的含水率应符合设计要求；

（2）软包工程施工要求应符合国家现行标准的有关规定；

（3）软包工程的安装位置及构造做法应符合设计要求；

（4）软包工程的龙骨、衬板、边框应安装牢固，无翘曲，排缝应平直。

2）软包工程施工阶段验收要求

软包工程施工阶段验收方法主要是观察，施工阶段验收的允许偏差应符合表 2-29 的规定。

软包工程安装的允许偏差表　　　　表 2-29

项次	项目	允许偏差（mm）	检验方法
1	垂直度	1	用 1m 垂直检测尺检查
2	边框宽度、高度	0	用钢尺检查
3	对角线长度差	1	用钢尺检查
4	裁口、线条接缝高低差	1	用钢直尺和塞尺检查

2.6.8 护栏扶手和花饰制作安装

1）护栏扶手制作安装要求

（1）护栏和扶手制作与安装所使用材料的材质、规格、数量和木材、塑料的燃烧性能等级应符合设计要求；

（2）护栏和扶手的造型、尺寸及安装位置应符合设计要求；

（3）护栏和扶手安装预埋件的数量、规格、位置以及护栏与预埋件的连接节点应符合设计要求；

（4）护栏高度、栏杆间距、安装位置必须符合设计要求；

（5）护栏安装必须牢固；

（6）护栏玻璃应使用厚度不小于 12mm 的钢化玻璃或钢化夹层玻璃，当护栏一侧距楼地面高度为 5m 及以上时，应使用钢化夹层玻璃；

（7）护栏和扶手转角弧度应符合设计要求，接缝应严密，表面应光滑，色泽应一致，不得有裂缝、翘曲及损坏。

2）护栏扶手制作安装施工阶段验收要求

（1）施工图、设计说明及其他设计文件；

（2）材料的产品合格证书、性能检测报告、进场验收记录和复验报告；

（3）隐蔽工程验收记录；

（4）护栏和扶手安装的允许偏差应符合表 2-30 的规定。

护栏和扶手安装的允许偏差表　　表 2-30

项次	项目	允许偏差（mm）	检验方法
1	护栏垂直度	1	用 1m 垂直检测尺检查
2	栏杆间距	1	拉通线，用钢直尺检查
3	扶手直线度	2	拉通线，用钢直尺检查
4	扶手高度	1	用钢尺检查

3）花饰制作与安装要求

（1）花饰制作与安装所使用材料的材质、规格应符合设计要求；

（2）花饰的造型、尺寸应符合设计要求；

（3）花饰的安装位置和固定方法必须符合设计要求，安装必须牢固；

（4）花饰表面应洁净，接缝应严密吻合，不得有歪斜、裂缝、翘曲损坏。

2.7 厨房设备施工和施工阶段验收

2.7.1 厨房设备施工要求

（1）吊柜的安装应根据不同的墙体采用不同的固定方法。

（2）防火板贴面平整牢固，不能起壳、脱胶。

（3）封边条平整与边口宽窄一致。金属铰链灵活富有弹力。

（4）拼缝处高低一致，用硅胶密封，台板挡水板与墙面连接处用硅胶密封。用目测及手感验收。

（5）吊柜或与平顶标高基本一致，或应离平顶间距大于15cm，便于吊柜顶部清扫。

（6）柜安装应先调整水平旋钮，保证各柜体台面均在一个水平面上，管线、表、阀门等应在背板画线打孔。

（7）安装洗物柜底板下水孔处要加塑料圆垫，下水管连接处应保证不漏水、不渗水，不得使用各类胶粘剂连接接口部分。

（8）安装不锈钢水槽时，保证水槽与台面连接缝隙均匀，不渗水。

（9）安装水龙头，要求安装牢固，上水连接不能出现渗水现象。

（10）抽油烟机的安装要注意吊柜与抽油烟机罩的尺寸配合，应达到协调统一。

（11）安装灶台，不得出现漏气现象，安装后用肥皂沫检验是否安装完好。

（12）室内煤气管道的安装。

室内煤气管道应以明敷为主。煤气管道应沿非燃材料墙面敷设，当与其他管道相遇时，应符合下列要求：

● 水平平行敷设时，净距不宜小于150mm；

● 竖向平行敷设时，净距不宜小于100mm，并应位于其他管道的外侧；

● 交叉敷设时，净距不宜小于60mm；

● 气管道与电线、电气设备的净距不宜小于150mm；

● 室内煤气管不宜穿越水斗下方。当必须穿越时，应加设套管，套管管径应比煤气管管径大二档，煤气管与套管均应无接口，管套两端应伸出水斗侧边 20～20mm；

● 煤气管道安装完成后应做严密性试验，试验压力为 300mm 水柱，3min 内压力不下降为合格；

● 燃具与电表、电器设备应错位设置，其水平净距不得小于 500mm，当无法错位时，应有隔热防护措施，燃具设置部位的墙面为木质或其他易燃材料时，必须采取防火措施。

（13）热水器的安装。

● 热水器应设置在操作、检修方便又不易被碰撞的部位，热水器前的空间宽度宜大于 800mm，侧边离墙的距离应大于 100mm；

● 热水器应安装在坚固耐火的墙面上，当设置在非耐火墙面时，应在热水器的后背衬垫隔热耐火材料，其厚度不小于 10mm，每边超出热水器的外壳 100mm 以上；热水器的供气管道宜采用金属管道（包括金属软管）连接；热水器的上部不得有明敷电线、电器设备，热水器的其他侧边与电器设备的水平净距应大于 300mm，当无法做到时，应采取隔热措施；

● 热水器与木质门、窗等可燃物的间距应大于 200mm，当无法做到时，应采取隔热阻燃措施；

● 热水器的安装高度，宜满足观火孔离地 1500mm 的要求。

2.7.2 厨房设备施工流程

墙、地面基层处理→安装产品检验→安装吊柜→安装地柜→接通调试给、排水→安装配套电器→测试调整→清理。

2.7.3 厨房设备施工阶段验收要求

为保证安装后的厨具使用安全、方便，在安装前，应对运抵现场的厨具进行检验，要求：

● 人造板饰面不允许有鼓泡、龟裂、污染、雪花、明显划痕、色泽不均等缺陷；

　　● 板块、零部件上的钻孔，孔中心位置相对基准边距尺寸偏差不大于 0.3mm；

　　抽屉和柜的进深应相匹配、滑轨安装要牢固、尺寸统一、滑动自如；

　　● 门扇边部均应进行封边处理，螺钉要拧平、牢固，不得有偏歪、露头、滑扣现象；

　　● 玻璃门的周边经磨边处理，玻璃厚度不小于 5mm，薄厚均匀，与柜体连接牢固；配件安装完备、严密、端正、牢固，结合处无崩茬、松动、透钉、倒钉、弯钉、浮钉，无少件、漏件现象；

　　● 合页、碰珠等启闭配件安装牢固、使用灵活；门扇与柜体缝隙一致，相邻门扇高度一致；

　　● 厨具与基层墙面连接牢固，无松动、前倾等明显质量缺陷，各柜台台面平直，整体台面平直度误差小于 0.5mm；

　　● 各接水口连接紧密，无漏水、渗水现象，各配套用具（如灶台、抽油烟机、洗菜槽等）尺寸紧密，并加密封胶封闭，用具上无密封胶痕；

　　● 输气管道连接紧密，无漏气现象；

　　● 气管道与电线、电气设备的间距，应符合表 2-31 的规定。

气管道与电线、电气设备的间距表　　　　表 2-31

电线或电气设备名称	最小间距（mm）
煤气管道电线明敷（无保护管）	100
电线（有保护管）	50
熔丝盒、电插座、电源开关	150
电表、配电器	300
电线交叉	20

2.8 电路灯具改造施工

2.8.1 电路改造施工的要求

● 插座在墙的上部，在墙面垂直向上开槽，至墙的顶部安装装饰角线的安装线内；

● 插座在墙的下部，垂直向下开槽，至安装踢脚板的底部；

● 开槽深度应一致，槽线直，应先在墙面弹出控制线后，再切割墙面，人工开槽；

● 线路安装时必须加护线套管，套管连接应紧密、平顺，直角拐角处应将角内侧切开，切口一侧切圆弧形接口后，折弯安装；

● 导线装入套管后，应使用导线固定夹子，先固定在墙内及墙面后，再抹灰隐蔽或用踢脚板、装饰角线隐蔽。

2.8.2 电路改造流程

确定线路终端插座的位置→墙面标画出准确的位置和尺寸→就近的同类插座引线。

2.8.3 灯具安装

● 灯具安装最基本的要求是必须牢固；

● 室内安装壁灯、床头灯、台灯、落地灯、镜前灯等灯具时，高度低于 2.4m 及以下的，灯具的金属外壳均应接地可靠，以保证使用安全；

● 卫生间及厨房装矮脚灯头时，宜采用瓷螺口矮脚灯头，螺口灯头的接线、相线（开关线）应接在中心触点端子上，零线接在螺纹端子上；

● 台灯等带开关的灯头，为了安全，灯头手柄不应有裸露的金属部分；

- 装饰吊平顶安装各类灯具时，应按灯具安装说明的要求进行安装，灯具重量大于 3kg 时，应采用预埋吊钩或从屋顶用膨胀螺栓直接固定支吊架安装（不能用吊平顶吊龙骨支架安装灯具），从灯头箱盒引出的导线应用软管保护至灯位，防止导线裸露在平顶内；
- 吊顶或护墙板内的暗线必须有阻燃套管保护。

2.9 卫浴洁具安装施工和施工阶段验收

卫浴洁具安装施工主要是：坐便器的安装、洗脸盆的安装、浴盆的安装和淋浴器的安装。

2.9.1 坐便器的安装施工

1）坐便器的安装施工流程

检查地面下水口管→对准管口→放平找正→画好印记→打孔洞→抹上油灰→套好胶皮垫→拧上螺母→水箱背面两个边孔画印记→打孔→插入螺栓捻牢→背水箱挂放平找正→拧上螺母→安装背水箱下水弯头→装好八字门→插入漂子门和八字门→拧紧螺母。

2）坐便器的安装施工要求

- 取出地面下水口的管堵，检查管内确无杂物后，将管口周围清扫干净。
- 将坐便器出水管口对准下水管口，放平找正，在坐便器螺栓孔眼处画好印记，移开坐便器。
- 在印记处打直径 20mm、深 60mm 的孔洞，把直径 10mm 螺栓插入洞内，用水泥固定牢，将坐便器眼对准螺栓放好，使之与印记吻合，试验后将坐便器移开。在坐便器出水口及下水管口周围抹上油灰，再把坐便器的四个螺栓孔对准螺栓，放平找正，螺栓上套好胶皮垫，拧上螺母，拧至松紧适度。

● 对准坐便器后尾中心，画垂直线，在距地面 800mm 高度画水平线，根据水箱背面两个边孔的位置，在水平线上画印记，在印孔处打直径 30mm、深 70mm 的孔洞。把直径 10mm、长 100mm 的螺栓插入洞内，用水泥固定牢。将背水箱挂在螺栓上，放平找正，特别要与坐便器中心对准，螺栓上垫好胶皮垫，拧上螺母，拧至松紧适度。

● 安装背水箱下水弯头时，先将背水箱下水口和坐便器进水口的螺母卸下，在下水弯头上胶皮垫也分别套在下水管上。把下水弯头的上端插进背水箱的下水口内，下端插进坐便器进水口内，然后把胶垫推到水口处，拧上螺母，把水弯头找正找直，用钳子拧至松紧适度。

● 用八字门连接上水时，应先量出水箱漂子门距上水管口尺寸，配好短节，装好八字门，上入上水管口内。将铜管或塑料管断好，然后将漂子门和八字门螺母背对背套在铜管或塑料管上，管两头缠油石棉绳或铅油麻线，分别插入漂子门和八字门进出口内，拧紧螺母。

2.9.2 洗脸盆的安装施工要求

（1）安装洗脸盆。安装管架洗脸盆，应按照下水管口中位画出竖线，由地面向上量出规定的高度，在墙上画出横线，根据脸盆宽度在墙上画好印记，打直径为 120mm 深的孔洞。距水冲净洞内砖渣等杂物，把膨胀螺栓插入洞内，用水泥固定牢。精盆管架挂好，螺栓上套胶垫、眼圈带上螺母，拧至松紧适度管架端头超过脸盆固定孔。把脸盆放在架上找平整，将直径 4mm 的螺栓焊上一横铁棍，上端插入固定孔内，下端插入管架子内，带上螺母拧至松紧适度。

安装铸铁架脸盆，应按照下水管口中心画出竖线，由地面向上量出规定的高度，画一横线成十字线，按脸盆宽度居中在横线上画出印记，再各画一竖线，把盆架摆好，画出螺孔位置于直径 15mm、长 70mm 孔洞。

（2）下水连接。脸盆与直存水弯下水连接，应先在脸盆—水口的丝扣下端抹铅油，缠少许麻线，将下水管上节拧在下水口上，松紧适度。

（3）上水连接。脸盆上水的连接如果上水管是暗装，可将护口盘套在管上，上完管在护口内填满油灰，将护口盘套向墙面按实、按牢，找平整。如上水管明装则将丝扣拧在上水管口内，用平口扳子拧至松紧适度。

2.9.3 浴盆的安装施工要求

浴盆有裙板浴盆和其他各类浴盆，安装施工要注意如下要求：

（1）在安装裙板浴盆时，其裙板底部应紧贴地面，楼板在排水处应预留 250～300mm 洞孔，便于排水安装，在浴盆排水端部墙体设置检修孔。

（2）其他各类浴盆可根据有关标准或用户需求确定浴盆上平面高度。然后砌两条砖基础后安装浴盆。如浴盆侧边砌裙墙，应在浴盆排水处设置检修孔或在排水端部墙上开设检修孔。

（3）各种浴盆冷、热水龙头或混合龙头其高度应高出浴盆上平面150mm。安装时应不损坏镀铬层。镀铬罩与墙面应紧贴。

（4）浴盆安装。浴盆安装前应将浴盆内擦洗干净，带腿者先将腿上的螺钉卸下，将螺母插入浴盆底卧槽内，把腿扣在浴盆上，带好螺母拧紧找平。浴盆如砌砖腿时，应将砖腿砌好，抹好水泥砂浆，将浴盆安放在砖台上，找平正，如浴盆与砖台不符，可用水泥砂浆填实抹平。

（5）下水安装。浴盆下水安装时，将浴盆下水三通螺母套在下水横管上，缠好油石棉绳，插入三通中口，拧紧螺母，三通下口装好铜管插入下水管口内，铜管下端翻边，将浴盆下口圆盘下加胶垫，抹油灰，插入浴盆下水孔眼，外面再套上胶垫和眼圈，丝扣处抹铅油、缠麻、抹油灰。用拨子卡住下水口十字筋，上入弯头内。将溢水立管套上螺母，缠上油盘根绳，插入三通的上口，对准浴盆溢水孔，拧紧螺母，溢水管弯头处需加1mm厚的胶垫，抹油灰，将螺栓穿过花盖上入弯头内一字丝扣上面，无松动即可。浴盆下水三通出口和下水管接口处，缠绕油石棉绳，捻实，再用油灰封闭严密。

（6）上水安装。浴盆安装长脖水嘴时，如在墙上安装冷热水嘴，先将上水管口用短管找正，量出短节尺寸，锯管套丝，将一头抹油缠麻线，拧入管口内拧紧找正，除净麻头。如安装带淋浴混合水门时，将冷、热水管口丝堵卸下，用一头带丝扣的短管装入管口内，试平找正，把混合水门进水口抹铅油拧上护口，装入冷、热水管口内，校对好尺寸，护口紧靠墙面，然后将混合嘴对正进口，拧紧螺母，试平找正，合适后做印记，将混合水门卸下，重新抹油缠麻后安装。

（7）浴盆产品应平整无损裂。排水栓应有不小于8mm直径的溢流孔。

（8）排水栓应尽量对准洗涤盆溢流孔以保证溢流部位畅通，排水栓上端面应低于洗涤盆底。

（9）托架固定螺栓可采用不小于6mm的镀锌开脚螺栓或镀锌金属膨胀螺栓（如墙体是多孔砖的，则严禁使用膨胀螺栓）。

（10）冷热水管安装应左热右冷，平行间距应不小于200mm。当冷热水供水系统采用分水器供水时，应采用半柔性管材连接。

（11）各种新型管材的安装应按生产企业提供的产品说明书进行施工。

2.9.4 淋浴器的安装要求

（1）先将冷、热水管口找平整，量出短节尺寸，锯管套丝，抹铅油，缠麻线，上好弯头，将短节丝头抹铅油，缠麻，装在管口上。

（2）淋浴器铜进水口丝头处抹铅油，缠少许麻绳，用钥匙卡住其内筋，上入弯头或管箍内，然后将淋浴器对准铜进水口，用手把螺母拧紧，圆盘上的螺钉眼找平，画出标记。卸下淋浴器，打直径 40mm、深 10mm 的孔洞，将铅皮卷裁入洞内顶实，进水口抹铅油加垫，将淋浴器对准进水口，用手将螺母拧紧后，再用扳子拧至松紧适度。将圆盘与墙面紧靠，用木螺钉固定在墙上。

（3）淋浴器上部铜管安装在三通口上，将淋浴器吊直，圆盘紧靠墙面划出印记，打直径 40mm、深 10mm 的孔洞，裁入铅皮卷顶实，螺母处加垫，用手拧紧，圆盘用木螺钉固定在墙上。

（4）将混合开关、冷热水门的门盖和螺母卸下，下螺母上下试调平正，以适合三个水门，使水门装好后，上螺母与门颈丝扣基本平直，然后将喷嘴转芯门装在混合开关四通的下口。

（5）将冷热水门出口螺母套在混合开关的四通横管上，加胶圈拧紧螺母，然后将三个水门的门颈加胶垫，同时由瓷盆下沿向上穿过瓷盆孔眼，水门上加胶垫和眼圈，拧上螺母，混合开关上面加角形胶垫及少量油灰，扣上电镀长方盖盘，拧上螺母，然后将空心螺栓穿过盖盘及瓷盆，下面加胶垫和眼圈，拧紧螺母。

2.10 封阳台的施工和施工阶段验收

在家庭装修工程中，一般都要进行封阳台的作业，特别是住楼房底层的，更要对阳台进行处理。封阳台的形式一种是以防盗挡网罩封，另一种是以窗户的形式封堵。

防盗挡网罩封能达到安全防盗的效果，在居住条件宽松的情况下可以采用。以窗户的形式封堵，从封阳台的外形上看，有平面封和凸面封两种。平面封完后，同楼房外立面成一平面是比较常见的封阳台外形。凸面封阳台后，窗户突出墙面，并可有一个较宽的窗台，使用起来较方便，但施工复杂。封阳台的材料一般用塑钢窗、铝合金窗、实木窗、空腹钢窗。一般家庭装修封阳台，主要使用塑钢窗或铝合金窗。

2.10.1 封阳台的施工要求

● 封阳台前应准确地测量阳台封闭面的尺寸；

● 加工制作的窗户框、扇在安装前，应检验窗户尺寸与封阳台的洞口尺寸是否一致；

● 安装前应先清理阳台洞口的基层，要求将窗户紧靠墙体的基层材料清除，并在固定点打孔，预设膨胀螺栓，以便固定窗体；

● 安装窗户时，应首先将窗户稳坐在洞口处，并用木模子固定其位置，将窗户上的固定钢片安装眼套在膨胀螺栓上，用螺母紧固；

● 全部固定安装完以后，用水泥砂浆将洞口两侧抹平，将固定钢片全部埋入水泥砂浆中，待水泥砂浆干硬后即可进行面层装饰，注意要及时擦净窗户框上的浆液，防止污染窗框。

2.10.2 封阳台的施工阶段验收

● 阳台使用推拉窗，要求关闭严密，间隙均匀，扇与框搭接紧密，推拉灵活，附件齐全，位置安装正确、牢固，灵活适用，端正美观。

● 为防止雨水倒流进入室内，窗框与窗台接口外侧应用水泥砂浆填实，窗台外侧应有流水坡度。

2.11 油漆涂料施工和施工阶段验收

油漆涂料施工主要是：刷乳胶漆的施工、清油漆的施工和混油漆的施工。

2.11.1 刷乳胶漆的施工

1）刷乳胶漆流程

清扫基层→填补腻子，局部刮腻子，磨平→第一遍满刮腻子，磨平→第二遍满刮腻子，磨平→涂刷封固底漆→涂刷第一遍涂料→复补腻子，磨平→涂刷第二遍涂料→磨光。

2）刷乳胶漆施工要求

● 基层处理是保证施工质量的关键环节，其中保证墙体完全干透是最基本条件，一般应放置 10 天以上；

● 墙面必须平整，最少应满刮两遍腻子，至满足标准要求；

● 刷乳胶漆的施工方法可以采用手刷、滚刷和喷刷，刷时应连续迅速操作，一次刷完；

● 刷乳胶漆时应均匀，不能有漏刷、流附等现象，刷一遍，打磨一遍，一般应两遍以上；

● 腻子应与涂料性能配套，坚实牢固，不得粉化、起皮、裂纹，卫生间等潮湿处使用耐水腻子；

- 涂液要充分搅匀，黏度小可加增稠剂；
- 施工温度高于 10℃；室内不能有大量灰尘；最好避开雨天。

2.11.2 清油漆的施工

1）清油漆施工流程

清理木器表面→磨砂纸打光→上润油粉→打磨砂纸→满刮第一遍腻子，砂纸磨光→满刮第二遍腻子，细砂纸磨光→涂刷油色→刷第一遍清漆→拼找颜色，复补腻子，细砂纸磨光→刷第二遍清漆，细砂纸磨光→刷第三遍清漆、磨光→水砂纸打磨退光、打蜡、擦亮。

2）刷清油漆施工要求

- 打磨基层是涂刷清漆的重要工序，应首先将木器表面的尘灰、油污等杂质清除干净；
- 上润油粉，施工时用棉丝蘸油粉涂抹在木器的表面上，用手来回揉擦；
- 基层处理要按要求施工，以保证表面油漆涂刷不会失败；
- 清理周围环境，防止尘土飞扬；
- 因为油漆都有一定毒性，对呼吸道有较强的刺激作用，施工中一定要注意做好通风；
- 刷清油时，手握油刷要轻松自然，手指轻轻用力，以移动时不松动、不掉刷为准；
- 刷时按照蘸次要多、每次少蘸油、操作时勤、顺刷的要求，依照先上后下、先难后易、先左后右、先里后外的顺序和横刷竖顺的操作方法施工。

2.11.3 混油漆的施工

混油是指用调合漆、磁漆等油漆涂料，对木器表面进行涂刷装饰，使木器表面失去原来的木色及木纹花纹，特别适于树种较差、材料饰面有缺陷但不影响使用的情况下选用，可以达到较完美的装修效果。

1）混油漆施工流程

清扫基层表面的灰尘，修补基层→用磨砂纸打平→节疤处打漆片→打底刮腻子→涂干性油→第一遍满刮腻子→磨光→涂刷底层涂料→底层涂料干硬→涂刷面层→复补腻子进行修补→磨光擦净第三遍面漆、涂刷第二遍涂料→磨光→第三遍面漆→抛光打蜡。

2）混油漆施工要求

● 除清理基层表面的尘灰、油污等杂质杂物外，还应进行局部的腻子嵌补，修补基层的平整度，对木材表面的洞眼、节疤、掀岔等缺陷部分，应用腻子找平，打砂纸时应顺着木纹打磨；

● 对有较大色差和木脂的节疤处进行封底，应在基层涂干性油，基层所有部位要均匀刷遍，不能漏刷；

● 底子油干透后，满刮第一遍腻子，干后以手工砂纸打磨，然后补高强度腻子；

● 涂刷面层油漆时，应先用细砂纸打磨；

● 涂层修整包括磨平、抛光等工序，面层磨光时应使用水砂纸，抛光时应使用洁净的软布蘸砂蜡擦拭表面；

● 使用的油漆种类应符合设计要求，涂刷面的颜色一致，无刷纹痕迹，不允许有脱皮、漏刷、反锈、泛白、透底、流坠、皱皮、裹棱及颜色不匀等缺陷；装饰线、分色线应平直，误差小于1mm，用于触接的漆面光滑、无挡手感，木器相邻的五金件、玻璃及墙壁洁净，无油迹。

2.12 防水地漏施工

防水地漏适用于卫生间、厨房、阳台的施工。

2.12.1 防水施工要求

● 基层表面应平整，不得有松动、空鼓、起沙、开裂等缺陷，含水率应符合防水材料的施工要求；

● 地漏、套管、卫生洁具根部、阴阳角等部位，应先做防水附加层；

● 防水层应从地面延伸到墙面，高出地面 100mm；浴室墙面的防水层不得低于 1800mm；

● 防水砂浆的配合比应符合设计或产品的要求，防水层应与基层结合牢固，表面应平整，不得有空鼓、裂缝和麻面起砂，阴阳角应做成圆弧形；

● 保护层水泥砂浆的厚度、强度应符合设计要求；

● 涂膜涂刷应均匀一致，不得漏刷，总厚度应符合产品技术性能要求；

● 玻纤布的接槎应顺流水方向搭接，搭接宽度应不小于 100mm。两层以上玻纤布的防水施工，上、下搭接应错开幅宽的 1/2。

2.12.2 地漏施工要求

地漏应安排在卫生间或厨房里最不起眼的位置，让人忽略它的存在。

● 基面必须充分湿润至饱和（但无积水），并要求牢固、干净、平整（不平处先用水泥砂浆或堵漏王找平）；

● 修整排水预留孔，使其与买回的地漏完全吻合，因为房地产商在交房时排水的预留孔都比较大；其中，地漏箅子的开孔孔径应控制在 6～8mm 之间，可防止头发、污泥、沙粒等污物的进入；

- 地漏部位低于整体地坪 3～5mm，下水应畅通，并有"咕咕"声。
- 安装平整、水平、牢固、不渗水、开启灵活。

2.13　住宅装修施工的共性要求

住宅装修施工过程中，起居室、卧室、书房、过道走廊、门厅等有共性的要求，它们是：室内环境、保温和隔热、住宅装修材料的选用、暖通、电气、防火、智能化、给水排水。

2.13.1　室内环境的共性要求

室内环境的共性要求有：套内各空间的地面、门槛石的标高；噪声和隔声；日照、天然采光、照明和自然通风；防水、防潮；空气质量。

1）套内各空间的地面、门槛石的标高

套内各空间的地面、门槛石的标高应符合表 2-32 的规定。

2）噪声和隔声

住宅应给居住者提供一个安静的室内生活环境，但是在现代城镇中，尤其是大中城市中，当住宅毗邻城市交通干道、体育场馆、中小学校、商业中心等人员密集的建筑空间以及有噪声污染的设备用房时，室外噪声容易通过窗户传入室内。同时住宅的内部各种设备机房动力设备的振动会传递到住宅房间，动力设备振动所产生的低频噪声也会传递到住宅房间，这都会严重影响居住质量。特别是动力设备的振动产生的低频噪声往往难以完全消除。因此，住宅不仅针对室外环境噪声要采取有

套内空间装修地面标高（m）　　　　表 2-32

位置	建议标高	备注
入户门槛顶面	0.010～0.015	防渗水
套内前厅地面	±0.000～0.005	套内前厅地面材料与相邻空间地面材料不同时
起居室、餐厅、卧室走道地面	±0.000	以起居室（厅）、地面装修完成面为标高 ±0.000
厨房地面	−0.015～−0.005	当厨房地面材料与相邻地面材料不同时，与相邻空间地面材料过渡
卫生间门槛石顶面	±0.000～0.005	防渗水
卫生间地面	−0.015～−0.005	防渗水
阳台地面	−0.015～−0.005	开敞阳台或当阳台地面材料与相邻地面材料不相同时，防止水渗至相邻空间

注：以套内起居室（厅）地面装修完成面标高为 ±0.000。

效的隔声和防噪声措施，而且卧室、起居室（厅）也要布置在远离可能产生噪声的设备机房（如水泵房、冷热机房等）的位置，且做到结构相互独立也是十分必要的。

（1）住宅应在平面布置和建筑构造上采取防噪声措施（对朝向噪声源的窗户和窗户内侧墙体采取隔声、吸声等构造措施，通常可以在现有窗户外再加一面能密闭的真空双层窗，或在窗户上挂置能遮盖整个窗户并有较好吸声效果的厚重窗帘，也可调整家具的方位，使一定高度的家具起到隔声作用）。卧室、起居室（厅）在关窗状态下的白天允许噪声级为 50dB（A 声级），夜间允许噪声级为 40dB（A 声级）。

（2）楼板的撞击声压级不应大于 75dB。

（3）墙、外窗、户门的空气声隔声性能，楼板不应小于 40dB（分隔住宅和非居住用途空间的楼板不应小于 55dB），住宅的墙不应小于 40dB、外窗不应小于 30dB、户门不应小于 25dB。

（4）水、暖、电、气管线穿过楼板和墙体时，孔洞周边应采取密封隔声措施。

（5）电梯不应与卧室、起居室（厅）紧邻布置。受条件限制需要紧邻布置时，必须采取有效的隔声和减振措施。

（6）住宅室内装饰装修设计应改善住宅室内的声环境，降低室外噪声对室内环境的影响，并应符合下列规定：

● 当室外噪声对室内有较大影响时，朝向噪声源的门窗宜采取隔声构造措施；

● 有振动噪声的部位应采取隔声降噪构造措施；当套内房间紧邻电梯井时，装饰装修应采取隔声和减振构造措施；

● 对声学要求较高的房间，宜对墙面、顶棚、门窗等采取隔声、吸声等构造措施。

（7）轻质隔墙应选用隔声性能好的墙体材料和吸声性能好的饰面材料，并应将隔墙做到楼盖的底面，且隔墙与地面、墙面的连接处不应留有缝隙。

（8）起居室（厅）不宜紧邻电梯布置。受条件限制起居室（厅）紧邻电梯布置时，必须采取有效的隔声和减振措施。

3）日照、天然采光、遮阳、照明和自然通风

（1）日照

日照对人的生理和心理健康都非常重要，但是住宅的日照又受地理位置、朝向、外部遮挡等许多外部条件的限制，难以达到比较理想的状态。尤其是在冬季，太阳的高度角较小，在楼与楼之间间距不足的情况下更加难以满足要求。

①住宅应充分利用外部环境提供的日照条件，每套住宅至少应有一个居住空间能获得日照。当一套住宅中居住空间总数超过四个时，其中宜有两个获得日照。

②每套住宅应至少有一个居住空间能获得冬季日照。

③对于日间需要人工照明的房间，照明光源宜采用接近天然光色温的光源。

④需要获得冬季日照的居住空间的窗洞开口宽度不应小于0.6m。

（2）天然采光

阳光是人类生存和保障人体健康的基本要素之一。在居室内部环境中能获得充足的日照是保证居住者尤其是行动不便的老、弱、病、残者及婴儿身心健康的重要条件，同时也是保证居室卫生、改善居室气候、提高舒适度等居住环境质量的重要因素。因此，在不同套型的住宅中，冬天应有一定数量的居住空间获得日照。应尽量选择好朝向、好的建筑面积布置以创造具有良好日照条件的居住空间。

卧室和起居室（厅）具有天然采光条件是居住者生理和心理健康的基本要求，也有利于降低人工照明能耗。厨房具有天然采光条件可保证基本的炊事操作的照明需求，也有利于降低人工照明能耗。由于居住者对于卧室、起居室（厅）、厨房、楼梯间等不同空间的采光需求不同，对住宅中不同的空间有不同的要求。

①住宅室内装修不应在天然采光处设置遮挡采光的吊柜、装饰物等固定设施。

②卧室、起居室（厅）、厨房应有直接天然采光。

③卧室、起居室（厅）、厨房的采光系数不应低于1%；当楼梯间设置采光窗时，采光系数不应低于0.5%。

④卧室、起居室（厅）、厨房的采光窗洞口的窗地面积比不应低于1/7。

⑤当楼梯间设置采光窗时，采光窗洞口的窗地面积比不应低于1/12。

采光窗下沿离楼面或地面高度低于0.50m的窗洞口面

积不应计入采光面积内，窗洞口上沿距地面高度不宜低于2.00m。

⑥住宅居住空间西向或东向的外窗侧面采光要求应符合表2-33的规定。

住宅采光标准表　　　　　　　　　　表 2-33

房间名称	侧面采光 1 采用系数最低值（%）	侧面采光 2 窗地面积比值（Ac/Ad）
卧室、起居室（厅）、厨房	1	1/7
楼梯间	0.5	1/12

注：①窗地面积比值为直接天然采光房间的侧窗洞口面积 Ac 与该房间地面面积 Ad 之比。②本表系按Ⅲ类光气候区单层普通玻璃钢窗计算，当用于其他光气候区时或采用其他类型窗时，应按现行国家标准《建筑采光设计标准》的有关规定进行调整。③离地面高度低于 0.50m 的窗洞口面积不计入采光面积内。窗洞口上沿距地面高度不宜低于 2m。

（3）遮阳

"我国位于北半球，南面、西面是阳光照射的主要位置，朝西的房间由于下午阳光直射容易导致室内炎热，故需设置遮挡阳光的装置。"

①朝东、朝南的房间尽管可以避免下午阳光直射，但考虑到夏季高温，即使是早上的阳光，同样容易造成室内高温，故所有朝阳的房间都可用遮阳的装置。

②住宅采用侧窗采光时，西向或东向外窗采取外遮阳措施能有效减少夏季射入室内的太阳辐射对夏季空调负荷的影响和避免眩光。除严寒地区外，居住空间朝西，外窗应采取外遮阳措施。

③当采用天窗、斜屋顶窗采光时，应采取活动遮阳措施。住宅采用天窗，斜屋顶窗采光时，太阳辐射更为强烈，夏季空调负荷也将更大，同时兼顾采光和遮阳要求，活动的遮阳装置

效果会比较好。

（4）照明

①住宅室内需要有均匀照亮整个空间的一般照明，也需要有均匀照亮某个工作区域的分区一般照明。对有特定要求的视觉工作区域，如厨房、卫生间、书桌等局部需有局部照明。

②住宅室内功能空间应设置一般照明、分区一般照明；对照度要求较高和有特殊照明要求的空间宜采用局部照明；提供与其使用功能相适应的照度水平。

③住宅室内照明应合理选择灯具、布置灯光，灯光设计应避免产生眩光，并应符合下列规定：

● 应选用国家推荐使用的 LED 灯和荧光灯、节能灯，不应用白炽灯和卤钨灯；

● 大面积高反射装饰装修材料易造成视觉混乱，产生不适感，应避免使用大面积高反射度的装饰装修材料；

● 家具和灯光布置后，宜使光线从阅读、书写者的左侧前方射入，并应避免灯光直射使用者的眼睛。

④住宅室内各功能空间照明光源的显色指数（Ra）不宜小于 80。

⑤住宅室内照明标准值应符合现行国家标准《建筑照明设计标准》GB 50034 的相关规定。

⑥《建筑照明设计标准》GB 50034—2013 对住宅室内的照度和显色指数标准作了规定，见表 2-34。

（5）自然通风

室外室内之间进行自然通风，既可以是相对外墙窗之间形成的对流穿堂风，也可以是相邻外墙窗之间形成的流通的转角风。将室外风引入室内，同时将室内空气引导至室外，有效改善室内空气质量，有助于健康。自然通风是居住者的基本需求，当室外温度不高于28℃时，室内良好的自然通风，能保证室内人员的热舒适性，减少房间空调设备的运行时间，节约能源。

①住宅应能自然通风，每套住宅的通风开口面积不应小于地面面积的 5%。

居住建筑照明标准值　　　　　　　　表 2-34

房间或场所		参考平面及其高度	照度标准值（lx）	Ra
起居室	一般活动	750mm 水平面	100	80
	书写、阅读		300*	
卧室	一般活动	750mm 水平面	75	80
	床头、阅读		150*	
餐厅		750mm 餐桌面	150	80
厨房	一般活动	750mm 水平面	100	80
	操作台	台面	150*	
卫生间		750mm 水平面	100	80

注：* 宜用混合照明。

②住宅卧室、起居室（厅）应有良好的自然通风。住宅应合理布置房间外墙开窗位置、方向，有效组织与室外空气直接流通的自然风。房间的通风开口大小不等于窗户的面积，现实中许多房间的窗户采用推拉窗、固定亮子等形式，大大缩小了可开启的通风口面积。要求保证通风口的面积。

③卧室、起居室（厅）、厨房应有自然通风。

④卧室、起居室（厅）、厨房应设置外窗，有自然通风，窗地面积比不应小于 1/7。

⑤单朝向住宅的卧室、起居室（厅）、厨房应采取门上方通风窗，下方通风百叶或机械通风装置等有效措施，以保证卧室、起居室（厅）内良好的通风条件。

⑥采用自然通风的房间，其通风开口面积应符合下列规定：

● 装修不应减少窗洞开口的有效面积或改变窗洞开口的位置。

● 住宅室内装饰装修不应在自然通风处设置遮挡通风的隔断、家具、装饰物或其他固定设施。

● 当住宅的自然通风不能满足要求时，可采用机械通风的方式改善空气质量。

● 卧室、起居室（厅）、明卫生间的通风开口面积不应小于该房间地板面积的 1/20。

● 当采用自然通风的房间外设置阳台时，阳台的自然通风开口面积不应小于采用自然通风的房间和阳台地板面积总和的 1/20。

● 厨房的通风开口面积不应小于该房间地板面积的 1/10，并不得小于 $0.60m^2$。

● 当厨房外设置阳台时，阳台的自然通风开口面积不应小于厨房和阳台地板面积总和的 1/10，并不得小于 0.60m。

⑦严寒地区住宅的卧室、起居室（厅）应设通风换气设施，厨房、卫生间应设自然通风道。

⑧排油烟机的排气管道可通过竖向排气道或外墙排向室外。当通过外墙直接排至室外时，应在室外排气口设置避风、防雨和防止污染墙面的构件。

⑨无外窗的暗卫生间，应设置防止回流的机械通风设施或预留机械通风设置条件。

⑩以煤、薪柴、燃油为燃料进行分散式采暖的住宅，以及以煤、薪柴为燃料的厨房，应设烟囱；上下层或相邻房间合用一个烟囱时，必须采取防止串烟的措施。

4）防水、防潮

（1）住宅的屋面、外墙、外窗应能防止雨水和冰雪融化水侵入室内的措施。

（2）住宅室内表面（屋面和外墙的内表面）长时间的结露会滋生霉菌，对居住者的健康造成有害的影响。在南方的雨季，空气非常潮湿，空气所含的水蒸气接近饱和，短时间的结露现象是不可避免的，因此，住宅屋面和外墙的内表面在室内温、湿度设计条件下不应出现结露。

5）空气质量

室内空气污染物中主要的有毒有害气体，一般是装修材料及其辅料和家具等释放出的，其中，板材、涂料、油漆以及各种胶粘剂均释放出甲醛气体、非甲烷类挥发性有机气体，污染室内空气，对居住者的健康危害大。现行国家标准《民用建筑工程室内环境污染控制规范》对氡、甲醛、苯、氨、总挥发性有机化合物等有害气体的限量及检测方法作了规定，应作为住宅室内装饰装修中对空气污染控制的依据。氨气主要来源于混凝土外加剂中，其次源于室内装修材料中的添加剂和增白剂。同时由于使用的建筑材料、施工辅助材料以及施工工艺不合规范，也会使建筑室内环境的污染长期难以消除。室内装修时，即使使用的各种装修材料均满足各自的污染物环保标准，但是如果过度装修使装修材料中的污染大量累积时，室内空气污染物浓度依然会超标。

（1）住宅室内装修材料应控制有害物质的含量，并应符合现行国家标准《民用建筑工程室内环境污染控制规范》GB 50325—2010 中的相关规定。

（2）住宅室内装饰装修不宜大面积采用人造木板及人造木饰面板。

（3）住宅室内装饰装修不宜大面积采用固定地毯，局部可采用既能防腐蚀、防虫蛀，又能起阻燃作用的环保地毯。

（4）住宅室内的空气污染源主要有甲醛、氨、苯以及天然石材的放射性元素等，而这些元素基本上来自装修材料。对人体危害最大的为甲醛和放射性元素，甲醛主要存在于板材类、胶粘剂类材料中，其挥发性慢，会长时间积存在室内空气中，危害居住者健康；而放射性元素主要存在于各种天然石材中，无色无味，不易觉察，同样容易对健康产生不良影响。住宅室内空气污染物的活度和浓度应符合表 2-35 的规定。

住宅室内空气污染物限值 表 2-35

序号	室内空气污染物项目	活度和浓度限值
1	氡	$\leqslant 200Bq/m^3$
2	游离甲醛	$\leqslant 0.08mg/m^3$
3	苯	$\leqslant 0.09mg/m^3$
4	氨	$\leqslant 0.2mg/m^3$
5	总挥发性有机化合物	$\leqslant 0.5mg/m^3$

2.13.2 保温采暖和隔热的共性要求

1）保温采暖

（1）住宅应保证室内基本的热环境质量，采取冬季保温和夏季隔热、防热以及节约采暖和空调能耗的措施。

（2）严寒和寒冷地区以城市热网、区域供热厂、小区锅炉房或单幢建筑物锅炉房为热源的住宅宜设集中采暖系统。随着经济发展，人民生活水平的不断提高，对采暖的需求逐年上升，夏热冬冷地区住宅采暖方式应根据当地能源情况确定，该地区的居民采暖所需设备及运行费用全部由居民自行支付，所以，还应考虑用户对设备及运行费用的承担能力。夏热冬冷地区在主要房间预留设置分体式空调器的位置和条件，空调器一般具有制热供暖功能，较适合用于夏热冬冷地区供暖。

（3）除电力充足和供电政策支持，或建筑所在地无法利用其他形式的能源外，严寒和寒冷地区、夏热冬冷地区的住宅不应设计直接电热作为室内采暖主体热源。

（4）住宅采暖系统应采用不高于95℃的热水作为热媒，并应有可靠的水质保证措施。热水温度和系统压力应根据管材、室内散热设备等因素确定。

（5）住宅集中采暖的设计，应进行每一个房间的热负荷计算。

（6）住宅集中采暖的设计应进行室内采暖系统的水力平衡计算，并应通过调整环路布置和管径，使并联管路（不包括共同段）的阻力相对差额不大于15%；当不满足要求时，应采取水力平衡措施。

（7）设置采暖系统的普通住宅的室内采暖计算温度，不应低于表2-36的规定。

室内采暖计算温度　　　　　表2-36

用房	温度（℃）
卧室、起居室（厅）和卫生间	18
厨房	15
设采暖的楼梯间和走廊	14
有洗浴器并有集中热水供应系统的卫生间	25

（8）当住宅采用集中采暖、集中空调时，不应擅自改变总管道及计量器具位置，不宜擅自改变房间内管道、散热器位置。

（9）散热器的安装位置应能使室内温度均匀分布，且不宜安装在影响家具布置的位置。

（10）对于设有采暖、空调设备的住宅，当设置机械换气装置时，宜采用带余热或显热回收功能的双向换气装置。

（11）设有洗浴器并有热水供应设施的卫生间宜按沐浴时室温为25℃设计。

（12）套内采暖设施应配置室温自动调控装置。

（13）室内采用散热器采暖时，室内采暖系统的制式宜采用双管式；如采用单管式，应在每组散热器的进出水支管之间设置跨越管。

（14）设计地面辐射采暖系统时，宜按主要房间划分采暖环路。

（15）应采用体型紧凑、便于清扫、使用寿命不低于钢管的散热器，并宜明装，散热器的外表面应刷非金属性涂料。

（16）采用户式燃气采暖热水炉作为采暖热源时，一级能效热效率值最大值为98%，较小值不能低于94%；二级能效值最大值为89%，较小值不能低于85%；而三级能效的最大值为86%，较小值不能低于82%。其热效率应符合现行国家标准《家用燃气快速热水器和燃气采暖热水炉能效限定值及能效等级》GB 20665中能效等级3级的规定值。热水器和燃气采暖热水炉能效限定值及能效等级应符合表2-37的规定。

热水器和燃气采暖热水炉能效限定值及能效等级　表2-37

类型		最低热效率值（%）		
		能效等级		
		1级	2级	3级
热水器		98	89	86
		94	85	82
采暖炉	热水	96	89	86
		92	85	82
	采暖	99	89	86
		95	85	82

2）隔热

（1）严寒、寒冷地区住宅的起居室的节能设计应符合现行行业标准《民用建筑节能设计标准（采暖居住建筑部分）》JGJ

26 的有关规定，其中建筑体形系数宜控制在 0.30 及以下。

（2）寒冷、夏热冬冷和夏热冬暖地区，住宅建筑的西向居住空间朝西外窗均应采取遮阳措施；屋顶和西向外墙应采取隔热措施。

（3）设有空调的住宅应采取保温隔热措施。

（4）空调区的送、回风方式及送、回风口选型及安装位置应满足使室内温度均匀分布的要求。

2.13.3 住宅装修材料的选用的共性要求

（1）全装修住宅室内材料的选用宜符合表 2-38 的要求。

住宅装修材料的选用   表 2-38

部位	功能空间	材料性能	材料列举
楼（地）面	卧室	防滑、易清洁	防滑地砖、木地板（复合木地板）
	起居室（厅）、餐厅	防滑、易清洁	防滑地砖、石材、木地板（复合木地板）等
	厨房、卫生间	防滑、防水、易清洁	防滑地砖、石材等
	阳台	防滑、防水、易清洁	防滑地砖、石材等
	公共部位	防滑、耐磨、防水、易清洁	防滑地砖、石材等
顶面	卧室、起居室（厅）、餐厅	易清洁	涂料等
	厨房、卫生间	防水、易清洁	防水涂料、扣板等
	阳台	防水、易清洁	室外涂料等
	公共部位	易清洁	涂料等
墙面	卧室、起居室（厅）、餐厅	防潮、易清洁	涂料、壁纸等
	厨房	防水、防火、耐热、易清洁	墙砖、石材等

部位	功能空间	材料性能	材料列举
墙面	卫生间	防水、易清洁	墙砖、石材、马赛克、防水涂料等
	阳台	防晒、防水、易清洁	防水涂料、墙砖等
	公共部位	防潮、易清洁	涂料、墙砖、石材等
踢脚	卧室、起居室（厅）、餐厅、阳台	耐磨、易清洁	瓷砖、木质、PVC、石材等
窗台	卧室、起居室（厅）、餐厅	坚固、易清洁	石材、人造石、木质材料等
	厨房、卫生间	坚固、易清洁	同墙面材质相同的墙砖、石材等
操作台面	厨房	防水、防腐、耐磨、易清洁	人造石、石材等

（2）住宅套内装修采用玻璃隔断、玻璃栏板等玻璃板材时，应采用安全玻璃并采用防自爆坠落措施和安全耐久的安装方式；安全玻璃应符合《建筑玻璃应用技术规程》JGJ 113 的相关规定。

2.13.4 暖通的共性要求

（1）位于寒冷（B区）、夏热冬冷和夏热冬暖地区的住宅，当不采用集中空调系统时，主要房间应设置空调设施或预留安装空调设施的位置和条件。

（2）空调设备应符合《夏热冬暖地区居住建筑节能设计标准》的相关要求。

（3）室内空调设备的冷凝水应有组织地间接排放，不应出现倒坡。

（4）住宅套内的居住空间应安装空调设施或预留空调设施

安装条件，并应设置分室或分户温度控制设施。

（5）住宅套内空调室内机的位置设置应合理，不宜直接吹向人体。

（6）住宅的空调室内外机进出风口的位置及遮挡性装饰应设置合理，不应出现由于阻力过大导致风量不足的情况。

（7）空调室外机位净尺寸（宽 × 深 × 高）：1000mm × 600mm × 800mm；双机平行摆放时为 2000mm × 600mm × 800mm；应避免雨水管穿空调板，当不可避免时空调板应加大。

（8）当空调板旁有雨水管时，冷凝水立管与雨水管合用，独立设置时，为 Φ50PVC 管，一般情况下不预埋。

（9）空调搁板的设计应考虑通风散热，搁板外应安装装饰栏杆。

（10）室内空调机尽量缩短室内机和室外机的连接长度。

（11）室内空调机冷媒管避免遮挡门窗。

（12）室内空调机室内机应避免直吹。

（13）室内空调机室内机位不应妨碍布置衣柜、书架等高大家具。

2.13.5 电气的共性要求

（1）住宅室内装修设计，其电气负荷大多大于原建筑的设计值，在需要增容的情况下，必须得到当地供电部门的许可并应由供电部门到户施工。

（2）住宅的用电负荷容量应符合现行行业标准《住宅建筑电气设计规范》JGJ 242 的规定；每套住宅的用电负荷应根据套内建筑面积和用电负荷计算确定，且不应小于 2.5kW。当用电负荷超过 12kW 时，宜采用 380V 电压配电。

（3）住宅供电系统应符合下列规定：

①应采用 TT、TN-C-S 或 TN-S 接地方式，并应进行总等电位联结；

②电气线路应采用符合安全和防火要求的敷设方式配线，套内的电气管线应采用穿管暗敷设方式配线，导线应采用铜芯绝缘线，每套住宅进户线截面不应小于 10mm，分支回路截面不应小于 2.5mm；

③套内的空调电源插座、一般电源插座与照明应分路设计，厨房插座应设置独立回路，卫生间插座宜设置独立回路；

④除壁挂式分体空调电源插座外，电源插座回路应设置剩余电流保护装置；

⑤设有洗浴设备的卫生间应作局部等电位联结；

⑥每幢住宅的总电源进线应设剩余电流动作保护或剩余电流动作报警。

（4）每套住宅应设置户配电箱，其电源总开关装置应采用可同时断开相线和中性线的开关电器。

（5）套内安装在 1.80m 及以下的插座均应采用安全型插座。

（6）共用部位应设置人工照明，应采用高效节能的照明装置和节能控制措施。当应急照明采用节能自熄开关时，必须采取消防时应急点亮的措施。

（7）电源插座的设置应满足家用电器的使用要求，尽量减少移动插座的使用。但住宅家用电器的种类和数量很多，因套内空间、面积等因素不同，电源插座的设置数量和种类差别也很大，为方便居住者安全用电，住宅套内电源插座安装位置、数量应结合室内墙面装修设计及家具布置设置，并应符合表2-39 的规定。

（8）为了住户的用电方便和安全，电梯的井壁一般为剪力墙结构，不易开孔、开槽，且电梯运行产生的振动会影响安装

套内电源插座基本配置标准　　　　表 2-39

套内空间	插座类型	数量（个）	安装位置及用途	安装高度（m）
双人卧室	单相 3 孔	1	空调专用	2.2
	单相 5 孔	2	电视背景墙	—
		2	床头柜	0.3
单人卧室	单相 3 孔	1	空调专用	2.2
	单相 5 孔	1	电视背景墙	—
		2	床头柜	0.3
起居室（厅）	单相 3 孔	1	空调专用	0.3/2.2
	单相 3 孔	1	套内入口，可视对讲	1.3
	单相 5 孔	2	电视背景墙	—
		2	沙发两侧	0.3
厨房	IP54 型带开关单相 5 孔	3	电饭煲、电热水壶、微波炉等	1.1
	IP54 型单相 3 孔	1	排油烟机专用	2.0
	IP54 型单相 3 孔	1	冰箱专用	0.3
	IP54 型单相 3 孔	2	洗涤池下方电加热器、净水器	0.5
	IP54 型单相 3 孔		燃气灶专用	
卫生间	IP54 型带开关单相 5 孔	1	化妆镜侧墙	1.5
	IP54 型带开关单相 3 孔	1	洗衣机专用	1.3
	IP54 型带开关单相 3 孔	1	电热水器专用	2.3
	IP54 型带开关单相 3 孔	1	排风机专用	2.3
	IP54 型带开关单相 3 孔	1	坐便器预留	0.5
阳台	单相 5 孔	1	备用	1.3
储藏空间	单相 5 孔	1	备用	1.3
书房	单相 5 孔	1	备用	1.3
收藏室	单相 5 孔	1	备用	1.3

注：①分体空调壁挂式室内机插座安装高度为 2.2m，柜式室内机插座安装高度为 0.3m；②当采用中央空调时，可不设空调插座；③电视背景墙插座安装高度，应根据电视机设计位置确定；④电源插座安装高度在 1.8m 及以下时，应采用安全型插座；⑤卫生间排气扇直接接入照明回路或采用带排气功能的浴霸时，可不设排气扇专用插座。

第 2 章　住宅装修施工总体要求

在井壁上的配电箱内的断电器，使之产生误动作；卫生间潮气大，且隔墙一般较薄，配电箱安装在卫生间隔墙上难以保证箱体的防水绝缘；配电箱安装在分户隔墙上会影响邻居的生活，且无法保证户间墙体隔声。无顶棚的阳台无法安装吸顶灯，故应采用防水壁灯。另外，距地 2.40m 的高度能让大部分人在正常情况下难以接触到灯具。

（9）家居配电箱宜暗装在套内入口或起居室（厅）等便于维修处，箱底应距地 1.6m 安装；箱内供电回路应按照明、一般插座、厨房插座、卫生间插座、空调插座等分别设置。

（10）照明设计应符合现行国家标准《建筑照明设计标准》GB 50034 的规定；光源、灯具及附件等应选用符合节能、绿色、环保要求的产品。

（11）住宅套内的用电负荷计算功率不应超过其建筑设计相应配电箱的计算容量。

（12）装修住宅室内装修设计的低压配电系统接地形式，应与建筑设计的低压配电系统接地形式一致。

（13）选用的电气设备，应与配电箱进线电源电压等级（220V、380V）匹配。当采用三相电源入户时，户内配电箱各相负荷应均衡分配。

（14）住宅套内的空调电源插座、一般电源插座与照明应分路设计，厨房插座应设置独立回路，卫生间插座宜设置独立回路。

（15）套内空间的电气管线应采用穿管暗敷设配线；导线应采用铜芯绝缘线，进户线截面不应小于 $10mm^2$，分支线截面不应小于 $2.5mm^2$。

（16）设有洗浴设备的卫生间应设局部等电位联结装置，其位置应设在洗面器下方或附近。

（17）全装修住宅电源插座应选用安全型。洗衣机、分体式空调、电热水器及厨房的电源插座宜选用带开关控制的电源插座。厨房、卫生间、未封闭阳台及洗衣机应选用防护等级为 IP54 型电源插座。

（18）露天或无避雨措施的室外场所，不宜设置灯开关、门铃按钮、电源插座；必须设置时，灯开关、门铃按钮、电源插座防护等级不应低于 IP54，材质为塑料时应为防紫外线型。

（19）露天或无避雨措施的室外场所不应设置洗衣机等只允许在室内场所使用的家用电器。

（20）照明设计不应采用普通照明白炽灯。照明光源的其他要求、照明灯具的防护等级、照明灯具其附属装置、照明质量、照度值、照明功率密度值等设计，应符合《建筑照明设计标准》GB 50034 的相关要求。

（21）除特低电压照明系统外，配电箱至灯具的照明配电线路应敷设 PE 线。特低电压照明系统仅应采用安全特低电压（SELV）。

2.13.6 防火的共性要求

（1）住宅室内装修设计应符合《建筑设计防火规范》GB 50016 及《建筑内部装修设计防火规范》GB 50222 的相关要求。

（2）住宅室内各部位装修材料的燃烧性能等级不应低于表 2-40 的规定。

（3）胶合板应按现行国家标准《建筑内部装修设计防火规范》GB 50222 的相关规定进行阻燃处理。

（4）厨房、卫生间等空间内靠近热源部位应采用不燃、耐高温的材料。灶具与燃气管道、液化石油气瓶应有不小于 1.0m 的安全距离。

（5）无自然采光楼梯间、封闭楼梯间、防烟楼梯间及其前室的顶面、墙面和地面均应采用 A 级装修材料。

住宅室内各部位装修材料的燃烧性能等级（摘要）表 2-40

部位	顶面	墙面	（楼）地面	隔断	固定家具	家居软包	其他装饰材料
套内低层、多层住宅	B1	B2*	B2*	B2*	B2	B2	B2
套内高层住宅	B1*	B1	B2	B2*	B2	B2	B2*
公共部位	A	B1	B1	B1	B1	—	—

注：①A、B1、B2 为装修材料燃烧性能等级。②住宅套内的厨房，其顶面、墙面、地面均应采用燃烧性能等级为 A 级的装修材料；厨房内固定家具应采用燃烧性能等级不低于 B1 级的装修材料。③表中带 * 号的各部位燃烧性能等级在住宅等级为高级住宅的情况下应在其等级的基础上提升一级。

（6）全装修住宅室内装修设计中墙面面层厚度不应影响建筑疏散走道净宽要求。

（7）配电线路的敷设应符合下列要求：

①建筑物顶面、吊顶、装饰面板、水泥石灰粉饰层内严禁采用明线直接敷设，导线必须采用钢导管、绝缘导管或线槽敷设。电线的敷设应符合国家现行有关规范、标准的规定。

②配电线路敷设用的塑料导管、槽盒燃烧性能不应低于 B1 级。

③电气线路不应穿越或敷设在燃烧性能为 B1 或 B2 级的保温材料中；确需穿越或敷设时，应采取穿金属管并在金属管周围采用不燃隔热材料进行防火隔离等防火保护措施。设置开关、插座等电器配件的部位周围应采取不燃隔热材料进行防火隔离等防火保护措施。

④配电线路敷设在有可燃物的闷顶、吊顶内时，应采取穿金属导管、采用封闭式金属槽盒等防火保护措施。

⑤当开关、插座、照明灯具等电器的高温部位靠近可燃性装饰装修材料时，应采取隔热、散热的构造措施。

⑥管道穿墙时，应采用不燃材料封堵穿孔处缝隙。采暖管

道通过可燃材料时，其距离应大于 50mm 或采用不燃材料将两者隔离。

2.13.7 智能化的共性要求

（1）有线电视系统、电话系统、信息网络系统三网融合是今后的发展方向，设置家居配线箱以适应家居智能化发展需要。

（2）每套住宅应设有线电视系统、电话系统和信息网络系统，宜设置家居配线箱。有线电视、电话、信息网络等线路宜集中布线，并应符合下列规定：

①有线电视系统的线路应预埋到住宅套内。每套住宅的有线电视进户线不应少于 1 根，起居室、主卧室、兼起居的卧室应设置电视插座。

②电话通信系统的线路应预埋到住宅套内。每套住宅的电话通信进户线不应少于 1 根，起居室、主卧室、兼起居的卧室应设置电话插座。

③信息网络系统的线路宜预埋到住宅套内。每套住宅的进户线不应少于 1 根，起居室、卧室或兼起居室的卧室应设置信息网络插座。

（3）家居配线箱的安装高度、位置和与户内配电箱的距离。从安装和使用的角度考虑，家居配线箱安装高度低于 0.5m 或高于 1.8m 都很不方便。规定其与配电箱的距离是为了避免不同的进出线之间的互相干扰。

（4）智能化家居设备的电视、电话、网络、报警、监控、紧急呼救、电源设置可参照表 2-41 的规定进行设置。

（5）家居电话进户线，可一带八分机。

（6）当弱电工程增加新的内容时，不应影响原有功能，不得影响与整幢建筑或整个小区的联动。

智能化家居设备的设置表   表 2-41

部位	电视	电话	网络	报警	监控	紧急呼救	电源
起居室（厅）	●	●	●	△	—	△	●
主卧室	●	●	△	△	—	△	●
次卧室	●	△	△	△	—	△	●
老人卧室	△	△	△	●	—	●	●
书房	—	●	●	—	—	△	●
收藏室	—	—	—	●	●	△	●
储存室	—	—	—	—	—	—	●
厨房	—	—	—	●	—	—	●
独立餐厅	△	△	△	—	—	—	●
阳台	—	—	—	△	△	—	●
卫生间	—	—	—	△	—	△	●

注：●为应设，△为可设，—为不设。

（7）每套住宅应设置信息配线箱，当箱内安装集线器（HUB）、无线路由器或其他电源设备时，箱内应预留电源插座。

（8）信息配线箱宜嵌墙安装，安装高度宜为 0.5m，当与分户配电箱等高度安装时，其间距不应小于 500mm。

（9）当电话插口和网络插口并存时，宜采用双孔信息插座。

（10）套内各功能空间宜合理设置各类弱电插座及配套线路，且各类弱电插座及线路的数量应满足现行国家标准《住宅设计规范》GB 50096 的相关规定。

（11）家居配线箱宜暗装在套内入口或起居室（厅）等便于维修处，箱底应距地 0.5m 安装。

（12）套内空间有线电视及信息插口应根据室内装饰装修设计及家具位置配置，且不宜低于表 2-42 的规定。

（13）套内安全防范系统设计应符合现行行业标准《住宅

住宅套内空间有线电视插口及信息插口配置　　　表 2-42

套内空间	设备类型	数量（个）	安装位置	安装高度（m）
双人卧室	双孔信息插口	1	电视机背景墙	0.3
	有线电视插口	1	电视机背景墙	—
单人卧室	有线电视插口	1	电视机背景墙	—
	网络插口	1	写字台处	0.3
起居室（厅）	双孔信息插口	1	电视机背景墙	0.3
	有线电视插口	1	电视机背景墙	—

注：①电话、电视插口采用双孔信息插口，网络插口采用单孔信息插口；②有线电视插口安装高度，应根据电视机设计位置确定。

建筑电气设计规范》JGJ 242 的规定；系统配置不宜低于表 2-43 的规定。

（14）套内的弱电线路应采用由家居配线箱放射方式敷设，每个回路所接设备不宜超过 2 个；网络系统宜采用当地相关业务经营商提供的运营方式。

（15）智能化住宅选配的家居控制器，应符合现行行业标准《住宅建筑电气设计规范》JGJ 242 的规定。

住宅套内安防系统配置　　　表 2-43

系统	设备类型	安装位置	安装高度
访客对讲系统	室内分机	起居室（厅）	底边距地 1.3m
紧急求助报警系统*	紧急求助按钮	起居室（厅）和主卧室	底边距地 0.8m
防盗报警系统*	门防盗报警器	户门	门上安装
	窗防盗报警器	底层（首层）及顶层	窗侧安装
电视监控系统*	摄像机	监视被控场所	被控场所内安装

注：①表中带 * 号的为高级住宅实际需要情况下提出的。②随着人们生活水平的不断提高，带 * 号的，普通住宅可做适当选用。

（16）火灾探测与报警装置的设置应符合现行国家标准《建筑设计防火规范》GB 50016 和《火灾自动报警系统设计规范》GB 50116 的规定。

2.13.8 给水排水的共性要求

（1）入户水管的供水压力不应大于 0.35MPa。

（2）套内用水点供水压力不宜大于 0.20MPa，且不应小于用水器具要求的最低压力。

（3）住宅室内装修中给水应符合下列规定：

①当给水管暗敷时，应避免破坏建筑结构和其他设备管线，水平给水管宜在顶棚内暗敷；

②当塑料给水管明设在容易受撞击处时，装饰装修应采取防撞击的构造；

③新设置的燃气或电热水器的给水可与原有太阳能热水器共用一路管道；塑料给水管不得与水加热器或热水出水管口直接连接，应设置长度不小于 400mm 的金属管过渡；

④当明设的塑料给水立管距灶台边缘小于 400mm、距燃气热水器小于 200mm 时，装饰装修应采取隔热、散热的构造措施；

⑤严寒及寒冷地区明设室内给水管道或装修要求较高的吊顶内给水管道，应有防结露保温层。

（4）住宅室内装修中排水应符合下列规定：

①除独立式低层住宅外，不得改变原有干管的排水系统；

②不得将厨房排水与卫生间排污合并排放；

③应缩短卫生洁具至排水主管的距离，减少管道转弯次数，且转弯次数不宜多于 3 次；宜将排水量最大的排水点靠近排水立管；

④排水管道不应穿过卧室、排气道、风道和壁柜，不应在

厨房操作台上部敷设；

⑤不应封闭暗装排污管、废水管的检修孔和顶棚位置的冷热水阀门的检修孔；

⑥同层排水系统应采取防止填充层内渗漏的防水构造措施；

⑦塑料排水管明设在容易受撞击处，装饰装修应有防撞击构造措施；

⑧塑料排水管应避免布置在热源附近；当不能避免，并导致管道表面受热温度大于60℃时，应采取隔热措施；塑料排水立管与家用灶具边净距不得小于400mm。

（5）住宅计量装置的设置应符合下列规定：

①各类生活供水系统应设置分户水表；

②设有集中采暖（集中空调）系统时，应设置分户热计量装置；

③设有燃气系统时，应设置分户燃气表；

④设有供电系统时，应设置分户电能表。

（6）住宅应设置热水供应设施或预留安装热水供应设施的条件。生活热水的设计应符合下列规定：

①集中生活热水系统配水点的供水水温不应低于45℃；

②集中生活热水系统应在套内热水表前设置循环回水管；

③集中生活热水系统热水表后或户内热水器不循环的热水供水支管，长度不宜超过8m。

（7）下列设施不应设置在住宅套内，应设置在共用空间内：

①公共功能的管道，包括给水总立管、消防立管、雨水立管、采暖（空调）供回水总立管和配电和弱电干线（管）等，设置在开敞式阳台的雨水立管除外；

②公共的管道阀门、电气设备和用于总体调节和检修的部件，户内排水立管检修口除外；

③采暖管沟和电缆沟的检查孔。

（8）套内宜设置热水供应设施，热源宜采用太阳能或其他环保热源。

（9）当改变卫生间内设施位置时，不应影响结构安全和下层或相邻住户使用，并应重做防水构造。

（10）住宅应采用节水型便器、淋浴器等卫生洁具。

（11）采用中水冲洗便器时，中水管道和预留接口应设明显标识。坐便器安装洁身器时，洁身器应与自来水管连接，严禁与中水管连接。

（12）卫生器具和配件应采用节水型产品。管道、阀门和配件应采用不易锈蚀的材质。

（13）厨房和卫生间的排水立管应分别设置。

（14）排水立管不应设置在卧室内，排水管道不得穿越卧室，且不宜设置在靠近与卧室相邻的内墙；当必须靠近与卧室相邻的内墙时，应采用低噪声管材。

（15）污废水排水横管宜设置在本层套内；当敷设于下一层的套内空间时，其清扫口应设置在本层，并应进行夏季管道外壁结露验算和采取相应的防止结露的措施。污废水排水立管的检查口宜每层设置。

（16）设置淋浴器和洗衣机的部位应设置地漏，设置洗衣机的部位宜采用能防止溢流和干涸的专用地漏。洗衣机设置在阳台上时，其排水不应排入雨水管。

（17）无存水弯的卫生器具和无水封的地漏与生活排水管道连接时，在排水口以下应设存水弯；存水弯和有水封地漏的水封高度不应小于50mm。

（18）地下室、半地下室中低于室外地面的卫生器具和地漏的排水管，不应与上部排水管连接，应设置集水设施用污水泵排出。

2.14 收房验收的要求和验收的要素

住宅装修验收可分为：老房改造装修验收、毛坯房装修验收、二次装修验收和精装修房验收。装修验收的过程分为阶段验收和收房验收，根据装修的内容由业主选择。本部分讨论的验收是收房验收。

老房改造、毛坯房、二次装修的收房验收要考虑的要素基本上是一样的，是业主自己找装修公司装修的。精装修房是房地产开发商装修的，精装修房收房验收考虑的要素有变化。

2.14.1 收房验收的共性要求

收房验收的共性要求有 6 大点。

（1）收房验收是住宅装修的最后一道程序，主要是从整体上、外观上作最后一次验收。

（2）收房验收时要准备的工具。

准备的工具有：笔、纸、水桶、毛巾布、计算器、强光手电筒、梯子、扫帚、空鼓验房锤、钢卷尺、红外线水平仪、垂直水平尺、直角尺、2m 靠尺、塞尺、万用表、测电笔、电源极性检测器、电源空气断路器、摇表、多功能垂直校正器、游标塞尺、对角检测尺、伸缩杆、钢针小锤（10g）等。

①笔、纸：用于书面记录，收房验房时，一定要有书面相关的记录问题，便于整改。

②水桶、毛巾布：用于验收下水管道，一般物业会提供。

③计算器：用于计算数据。

④强光手电筒：用于在照明光源不佳情况下的检查，一般物业会提供。

⑤梯子：一般物业会提供。

⑥扫帚：用于打扫室内卫生。

⑦空鼓验房锤：用于验收瓷砖地砖墙砖检测的工具，一般物业会提供。

⑧钢卷尺、红外线水平仪、垂直水平尺、直角尺、2m靠尺、塞尺（用于观察、尺量检查），一般物业会提供。

⑨万用表、测电笔、电源极性检测器、电源空气断路器、摇表（用于电气开关、插座检查），一般物业会提供。

⑩多功能垂直校正器、游标塞尺、对角检测尺、伸缩杆、钢针小锤（10g）等。一般物业会提供。

（3）收房验收时房主要仔细检查，有些细节问题很容易疏忽。收房验收时不着急，要多看、多查、多记录。

（4）检查墙面细节是否处理好？是否存在缺陷？要站在墙面1.5m左右，以45°角观看，不要直面观看。观看是否刷过油漆？如果是卫生间的门，顶部和底部的油漆有没有刷全。

（5）收房验电检查。

①电箱安装标准规定。电箱、开关箱应安装端正、牢固，不得倒置、歪斜。

②在断电的情况下，用手拨动各开关与漏电保护器，检查起运作是否灵活。

③打开电箱前盖，检查电箱的布线是否整齐，回路标记是否清晰等。

④检查开关箱内的各分路开关应有明显的标示。

⑤检查开关箱内开关应安装牢固，每个都要用力左右晃动检查，如果发现松动，应紧固或更换。电表安装符合规范，在关闭总闸后无电表空转现象。

⑥用电源极性检测器、电源空气断路器分别检查电压220V和电压380V的电路的通电情况。插座的左侧应接零线（N），右侧应接相线（L），中间上方应接保护地线（PE）；单

相两孔、单相三孔插座的相、零、地接线正确。

⑦用摇表测试对地绝缘情况是否良好。

⑧用电源极性检测器检查墙壁插座的通电情况。

⑨检查每个插座，要轻摇一下看是否有松脱。插座面板安装要端正，紧贴墙面，四周无空隙，同一室内的电源、电话、电视等插座面板应在同一水平标高上，高差应小于2mm；开关、插座面板表面清洁、无损坏；开关控制范围正确；厨房、卫生间统一安装防溅插座，开关宜安装在门外开启侧的墙体上；暗开关、插座的盖板安装牢固、紧贴墙面，四周无缝隙；导线接线符合国家规范要求。

⑩检查空调机位及电源（主要指立式空调）的预留位置是否合理。

（6）检查弱电插座。

①检查有线电视插座、电话、宽带插座，有无松动或插不进现象。

②检查电视插座、电话、宽带插座的数目是否符合要求。

③检查可视对讲、紧急呼叫报警按钮是否工作正常。对讲声音是否清晰、图像是否完整、不抖动等。

④检查入户门门铃是否不响或有其他问题。

⑤检查猫眼，入户后观察猫眼，是否松动、不清晰、视野不全或因有异物无法看清楚等现象。

2.14.2 老房改造装修、毛坯房装修、二次装修收房验收的要求

老房改造、毛坯房、二次装修是业主自己找装修公司装修的，台面、吊柜等是业主订购厂家的，由厂家负责安装，基本满足了用户的要求，在装修施工过程中已通过阶段验收。业主收房验收时要重点注意15大点。

1）准备收房验收的工具

收房验收的工具按 2.14.1 收房验收的共性要求的收房验收的工具准备。

2）电路收房验收

（1）检查空调、洗衣机、电冰箱、燃气灶、热水器等设备的插座安装是否牢固，接触是否良好，安装位置是否正确。

（2）检查照明插座安装是否牢固，接触是否良好，安装位置是否正确。

（3）按 2.14.1 收房验收的共性要求的验电检查验收。

（4）按 2.14.1 收房验收的共性要求的检查弱电插座。

3）墙面收房验收

住宅收房验收的墙面验收可分为墙体验收、墙纸验收、墙漆验收、软包墙面验收和内墙面保温验收。

（1）墙体收房验收

墙体收房验收要重点注意的有 10 点。

①观察房屋内墙体的颜色是否均匀、光滑，是否存在颜色不均、不光滑的现象。除了白色的涂料外，其他颜色的涂料容易出现色度不均的情况，尤其是墙体立面与顶棚的衔接处，最容易出现问题。

②检查墙体是否有空鼓和开裂。在检查墙面是否有裂痕或油漆剥落现象，用安全锤或用金属棒轻敲墙面，若声音响亮空洞，则说明墙身是空心的。此外，还要检查空鼓等现象。

③检查墙体表面是否平整。检查表面是否平整，用 2m 靠尺检查墙身，看有无缝隙。

④检查墙角地面是否水平。在检查时，要查看墙角地面是否有倾斜，用水平尺测量数字，若倾斜超过 3mm，就需要重新做。

⑤大白墙要站在墙面 1.5m 左右，以 45° 角观看，检查看

有无砂眼、咬色、流坠、色差、透底、掉粉、起波、漏刷等现象。

⑥检查墙体表面光滑度。墙体表面越光滑越好。

⑦检查墙角的阳角和阴角。检查阳角和阴角的成角度是否为90°；检查房顶四角和地面四角。

⑧检查观察墙壁是否有划痕裂纹，墙面是否有爆点（生石灰在发成熟石灰时因搅拌不匀未发好，抹在墙上就会形成爆点）。

⑨验收双色墙（包括墙、顶不同色的情况）时，要注意看两种颜色交界处：分界线直不直、颜色有没有相互渗透（咬色）等。

⑩检查踢脚线，验收踢脚线。

● 踢脚线的接缝严密，表面光滑，高度、出墙厚度一致；

● 踢脚线与门框间隙不大于2mm；踢脚线拼缝之间间距不大于1mm；踢脚线与地板表面的间隙应该在3～5mm范围内；踢脚线扣口的高度差应不大于1mm。

（2）墙纸收房验收

墙纸收房验收要重点注意4点。

①目测或者用强光手电筒检查墙纸拼缝是否准确、贴服，无起泡、无扯裂现象；

②墙面乳胶漆是否平整，没有空鼓、起泡、开裂现象；

③墙面没有污染，没有脏迹存在；

④顶棚角接驳线是否顺畅，无变形。

（3）墙漆收房验收

墙漆收房验收要重点注意4点。

①检查墙面漆涂料无明显色差、泛碱、返色、刷纹；

②站在距墙1.5m处观察，检查看有无砂眼、咬色、流坠、色差、透底等；

③墙面越光滑越好，但是对滚涂施工来说，一般滚涂的墙面都会留有滚筒印，应看墙面留的滚花印是否均匀细致；

④每个墙角的地方是否都刷到。

（4）软包墙面收房验收

软包墙面收房验收要重点注意8点。

①表面面料平整，经纬线顺直，色泽一致，无污染。压条无错台、错位。同一房间同种面料花纹图案位置相同。

②单元尺寸正确，松紧适度，面层挺秀，棱角方正，周边弧度一致，填充饱满，平整，无皱折、无污染，接缝严密，图案拼花端正、完整、连续、对称。

③单块软包面料不应有接缝，四周应绷压严密。

④软包的边框应安装牢固，无翘曲，拼缝应平直。

⑤人造革软包，要求基层牢固，构造合理。

⑥单块软包面料不应有接缝，四周应绷压严密。

⑦软包表面应平整、洁净，无凹凸不平及皱褶；图案应清晰、无色差，整体应协调美观。

⑧清漆涂饰木制边框的颜色、木纹应协调一致。

（5）内墙面保温收房验收

内墙面保温收房验收要重点注意两点。

①表面平整、洁净、接槎平整、无明显抹纹，线脚应顺直、清晰，面层无分化、起皮、爆灰现象。

②墙面埋设暗线、管道后，墙面用网格布和抗裂砂浆加强，表面抹灰平整。

4）地面收房验收

住宅收房验收的地面验收可分为大理石和花岗石地面验收、地面瓷砖验收、木地板验收、塑料地板验收、地毯验收和水泥地面验收。

（1）大理石和花岗石地面收房验收

大理石和花岗石地面收房验收要重点注意 11 点。

①大理石、花岗石面层采用的天然大理石、花岗石（或碎拼大理石、碎拼花岗石）板材应在结合层上铺设。

②大理石、花岗石面层所用板块的品种、规格、级别、形状、光泽度、颜色、图案、质量应符合设计要求。主要检查材质合格记录。

③大理石、花岗石等天然石材应符合现行行业标准《天然石材产品放射防护分类控制标准》中有害物质的限量规定。检查产品合格证、性能检测报告、花岗石复试报告。

④面层与下一层应结合牢固，无空鼓。不倒泛水、无积水；与地漏、管道结合处应严密牢固，无渗漏。检验方法：观察、用小锤轻击检查，泼水或坡度尺及蓄水检查。

⑤板块镶贴的质量应符合：石板接缝与石板颜色协调，擦缝饱满、洁净、美观。

⑥大理石、花岗石面层的表面应洁净、平整、无磨痕，且应图案清晰、色泽一致、接缝均匀、周边顺直、镶嵌正确，板块无裂纹、掉角、缺棱等缺陷。

⑦踢脚线表面应洁净，高度一致、结合牢固、出墙厚度一致、无空鼓，排列有序拼缝严密、接缝平整，上口平直。检验方法：观察、尺量、用小锤轻击检查。

⑧地面镶边铺设用料尺寸准确、边角整齐、拼接严密、接缝顺直。检验方法：观察、尺量检查。

⑨有排水要求的面层表面的坡度应符合设计要求，不倒坡、不积水；地漏与地面结合处应美观、管根等出地面物体结合处应美观、严密牢固，无渗漏。检验方法：观察、泼水或坡度尺及蓄水检查。

⑩楼梯踏步和台阶板块的缝隙宽度应一致、齿角整齐，楼

层梯段相邻踏步高度差不应大于 10mm，防滑条应顺直、牢固。检验方法：观察和用钢尺检查。

⑪大理石、花岗石地面打蜡均匀，色泽一致，表面洁净。做石材表面结晶硬化处理的，应符合《建筑装饰工程石材应用技术规程》的要求。

（2）地面瓷砖收房验收

地面瓷砖包含釉面砖、抛光砖、玻化砖、陶瓷锦砖等，收房验收要重点注意 9 点。

①面层材料的品种、规格、颜色、质量应符合设计要求。检验方法：观察检查和检查材质合格证明文件及检测报告。

②面层与下一层的结合（粘结）应牢固，无空鼓。检验方法：用小锤轻击检查。

③砖面层的表面应洁净、图案清晰，色泽一致，接缝平整、深浅一致，周边顺直。板块无裂纹、掉角和缺棱等缺陷。检验方法：观察检查。

④地砖留缝宽度、深度、勾缝材料颜色符合设计要求及规范有关规定。检验方法：观察、尺量检查；检查材料合格证。

⑤地砖接缝应平直、光滑、宽窄一致，纵横交接处无明显错台、错位，填嵌应连续、密实。检验方法：观察、尺量检查。

⑥地漏处排水坡度应符合设计要求。不倒坡、不积水，与地漏（管道）结合处严密牢固，无渗漏。检验方法：观察，泼水或坡度尺检查。

⑦面层邻接处的镶边用料及尺寸应符合设计要求，边角整齐、光滑。检验方法：观察和用钢尺检查。

⑧踢脚线表面应洁净、高度一致、结合牢固、出墙厚度一致。检验方法：观察和用小锤轻击及钢尺检查。

⑨地砖面层铺设允许偏差要符合允许偏差，要求控制在

5mm 之内。

（3）木地板收房验收

木地板收房验收要重点注意 7 点。

①木地板面层表面质量应符合：板面铺设的方向正确，地板面层图案清晰、颜色一致，板面平整光滑无刨痕、戗槎和毛刺，无翘曲、无磨损。检验方法：观察、手摸和脚踩检查。

②木地板面层接缝严密，接头位置错开，表面洁净，拼缝平直。拼花木地板面层板面排列及镶边宽度符合设计要求，达到合理美观，周边一致。地板外观整体平整，走动无异响。周边收口平整，遮盖严密。扣条、踢脚线同地板及墙面等相关面贴靠平紧。检验方法：观察、手摸和脚踩检查。

③板块的排列应符合设计要求，板面铺设方向正确，整齐美观、门口处宜用整板（块）。非整板（块）位置应安排在不明显处。检验方法：观察。

④踢脚线表面光滑，接缝严密，上口线顺直，高度及出墙厚度一致。检验方法：观察和尺量检查。

⑤木地板面层打蜡均匀，光滑明亮，不花不漏，色泽一致，木纹清晰，表面洁净。

⑥中密度（强化）复合地板：

● 面层的接头应错开、缝隙严密、表面洁净。检验方法：观察检查。

● 踢脚线表面应光滑，接缝严密，高度一致。检验方法：观察和钢尺检查。

⑦木地板面层铺设允许偏差要符合允许偏差，要求误差控制在 3mm。

（4）塑料地板验收

塑料地板收房验收要重点注意 5 点。

①塑料板面层洁净、图案清晰、色泽一致、接缝严密、顺

直美观。拼缝处的图案、花纹吻合、无胶痕，与墙边交接严密，阴阳角收边方正。检验方法：观察。

②板块的焊接，焊缝应平整、光洁，无焦化变色、斑点、焊瘤和起鳞等缺陷，其凹凸允许偏差为 ±0.6mm，焊缝的抗压强度不得小于塑料板强度的75%。检验方法：观察；检查检验报告。

③镶边用料应尺寸准确、边角整齐、拼缝严、接缝顺直。检验方法：尺量检查、观察检查。

④踢脚线表面光滑，接缝严密，高度一致，出墙厚度一致。检验方法：观察和尺量检查。

⑤塑料地板面层的允许偏差要符合允许偏差。

（5）地毯验收

地毯包含方块地毯、卷材地毯。在水泥类面层（或基层）上铺设，铺设的方法有：活动式地毯铺设和固定式地毯铺设。要重点注意9点。

①水泥类面层（或基层）表面应坚硬、平整、光洁、干燥，无凹坑、麻面、裂缝，并应清除油污、钉头和其他突出物。

②海绵衬垫应满铺平整，地毯拼缝处不露底衬。

③固定式地毯铺设应符合下列规定：

• 固定地毯用的金属卡条（倒刺板）、金属压条、专用双面胶带等必须符合设计要求；

• 铺设的地毯张拉应适宜，四周卡条固定牢；门口处应用金属压条等固定；

• 地毯周边应塞入卡条和踢脚线之间的缝中；

• 粘贴地毯应用胶粘剂与基层粘贴牢固。

④活动式地毯铺设应符合下列规定：

• 地毯拼成整块后直接铺在洁净的地上，地毯周边应塞入踢脚线下；

● 与不同类型的建筑地面连接处，应按设计要求收口；

● 小方块地毯铺设，块与块之间应挤紧服帖。

⑤楼梯地毯铺设，每梯段顶级地毯应用压条固定于平台上，每级阴角处应用卡条固定牢固。

⑥地毯的品种、规格、颜色、花色、胶料和辅料及其材质必须符合设计要求和国家现行地毯产品标准的规定。检验方法：观察检查和检查材质合格记录。

⑦地毯表面应平服、拼缝处粘贴牢固、严密平整、图案吻合。检验方法：观察检查。

⑧地毯固定牢固，地毯表面不应起鼓、起皱、翘边、卷边、显拼缝、露线，无毛边，拼缝处对花对线拼接密实平整、不显露拼缝、绒面顺光一致、异型房间花纹顺直端正、裁割合理、收边平整、无毛边。绒面毛顺光一致，毯面干净，无污染和损伤。检验方法：观察、脚踩检查。

⑨地毯同其他面层连接处、收口处和墙边、柱子周围应顺直、压紧、压实，接口应和相邻部位地面齐平，脚感舒适。检验方法：观察、脚踩检查。

（6）水泥地面验收

业主应当针对地面以下方面进行检查：

①地面与下一层结合牢固，不得有空鼓、脱皮、麻面等质量缺点。

②地面表面应密实，不得有起砂、蜂窝和裂缝等质量缺点。

③有防水要求的地面的立管、套管、地漏处严禁渗漏，坡向应正确，无积水。

④地面是否存在倒返水和积水现象。

⑤地面表面的允许偏差为：表面平整度允许偏差为 5mm，标高允许偏差为 ±8mm，厚度允许偏差为不大于设计厚度的 1/10。

5）顶棚收房验收

住宅的顶装修分吊顶装修和无吊顶装修。

吊顶装修施工验收分金属板吊顶、暗龙骨吊顶、明龙骨吊顶、玻璃吊顶、罩面板吊顶、整体面层吊顶、板块面层吊顶、格栅吊顶。

（1）金属板吊顶收房验收

金属板吊顶收房验收要重点注意6点。

①金属板的材质、品种、规格、图案及颜色，必须符合设计要求和国家规范、标准的规定。检验方法：观察及尺量检查；检查产品合格证及性能检测报告。

②吊顶的标高造型尺寸必须符合设计要求。检验方法：观察及尺量检查。

③金属板安装必须牢固。检验方法：观察及手扳检查，检查产品合格证和隐蔽工程检查记录。

④金属板条、块分格方式应符合设计要求，无设计要求时应对称、美观；套割尺寸应准确，边缘应整齐，不得露缝；条、块排列应顺直、方正。检验方法：观察及尺量检查。

⑤金属板的表面应洁净、美观，色泽一致，无翘曲、凹坑和划痕。

检验方法：观察。

⑥板面起拱高度准确；表面平整；接缝、接口严密；条形板接口位置排列错开、有序，板缝顺直、无错台错位现象，宽窄一致；阴阳角方正；装饰线流畅美观，肩角压向正确、美观，割角交接严密、平整。检验方法：观察、拉线、尺量检查。

（2）暗龙骨吊顶收房验收

暗龙骨吊顶收房验收要重点注意10点。

①吊顶标高尺寸、起拱和造型应符合设计要求。检验方

法：观察；尺量检查。

②饰面材料的材质、品种、规格、图案和颜色应符合设计要求。检验方法：观察；检查产品合格证书、性能检测报告、进场验收记录和复验报告。

③暗龙骨吊顶的吊杆、龙骨和饰面材料的安装必须牢固。检验方法：观察；手扳检查；检查隐蔽工程验收记录和施工记录。

④吊杆龙骨的材质、规格、安装间距及连接方式应符合设计要求，金属吊杆、龙骨应经过表面防腐处理，木吊杆龙骨应进行防腐防火处理。检验方法：观察；尺量检查；检查产品合格证书、性能检测报告、进场验收记录和隐蔽工程验收记录。

⑤石膏板的接缝应按其施工工艺标准进行，板缝防裂处理、安装双层石膏板时面层板与基层板的接缝应错开，并不得在同一根龙骨上接缝。

⑥纵横向板缝顺直、方正，无错台错位，收口收边应顺直，板缝宽窄应均匀一致。检验方法：观察及尺量检查。

⑦饰面材料表面应洁净、色泽一致，不得有翘曲、裂缝及缺损，压条应平直宽窄一致。检验方法：观察；尺量检查。

⑧饰面板上的灯具、烟感器、喷淋头、风口篦子等设备的位置，应合理、美观，与饰面板的交接应吻合严密。检验方法：观察。

⑨金属吊杆、龙骨的接缝应均匀一致、角缝应吻合，表面应平整、无翘曲、锤印。木质吊杆龙骨应顺直、无劈裂、无变形。检验方法：检查；检查隐蔽工程验收记录和施工记录。

⑩吊顶内填充吸声材料的品种和铺设厚度应符合设计要求，并应有防散落措施。检验方法：检查；检查隐蔽工程验收记录和施工记录。

（3）明龙骨吊顶收房验收

明龙骨吊顶收房验收要重点注意9点。

①吊顶标高尺寸、起拱和造型应符合设计要求。检验方法：观察；尺量检查。

②饰面材料的材质、品种、规格、图案和颜色应符合设计要求，当饰面材料为玻璃板时应使用安全玻璃或采取可靠的安全措施。检验方法：观察；检查产品合格证书、性能检测报告和进场验收记录。

③饰面材料的安装应稳固、严密。饰面材料与龙骨的搭接宽度应大于龙骨受力面。检验方法：观察；手扳检查；尺量检查。

④吊杆龙骨的材质、规格、安装间距及连接方式应符合设计要求，金属吊杆龙骨应进行表面防腐处理，木龙骨应进行防腐防火处理。检验方法：观察；尺量检查；检查产品合格证书、进场验收记录和隐蔽工程验收。

⑤明龙骨吊顶工程的吊杆和龙骨安装必须牢固。检验方法：手扳检查；检查隐蔽工程验收记录和施工记录。

⑥饰面材料表面应洁净、色泽一致，不得有翘曲、裂缝及缺损。饰面板与明龙骨的搭接应平整、吻合，压条应平直、宽窄一致。检验方法：观察；尺量检查。

⑦饰面板上的灯具、烟感器、喷淋头、风口篦子等设备的位置应合理美观，与饰面板的交接应吻合、严密。重量大于3kg的灯具或电扇以及其他重量较大的设备，严禁安装在龙骨上，应另设吊挂件与结构连接。检验方法：观察。

⑧金属龙骨的接缝应平整、吻合、颜色一致，不得有划伤、擦伤等表面缺陷。木质龙骨应平整、顺直，无劈裂。检验方法：观察。

⑨吊顶内填充吸声材料的品种和铺设厚度应符合设计要

求，并应有防散落措施。检验方法：检查；检查隐蔽工程验收记录和施工记录。

（4）玻璃吊顶收房验收

玻璃吊顶收房验收要重点注意 6 点。

①玻璃的品种、规格、色彩、图案、固定方法等必须符合设计要求和国家规范、标准的规定。检验方法：观察、尺量检查；检查产品合格证及性能检测报告。

②密封膏的耐候性、粘结性必须符合国家规范、标准的规定。检验方法：检查产品合格证、性能检测报告。

③玻璃安装应做软连接，安装必须牢固；玻璃与槽口搭接尺寸合理，应能满足安全要求；槽口处的嵌条和玻璃及框应粘接牢固，填充应密实。检验方法：观察。

④玻璃表面的色彩、花纹应符合设计要求；镀膜面朝向应正确；表面花纹应整齐，图案排列应美观；镀膜应完整、无划痕、无污染、周边无损伤，表面应洁净光亮。检验方法：观察。

⑤玻璃嵌缝缝隙应均匀一致，填充应密实饱满，无外溢污染；槽口的压条、垫层、嵌条与玻璃应结合严密，宽窄均匀；裁口割向应准确，边缘应齐平；接口应吻合、严密、平整；金属压条镀膜应完整、无划痕，木压条漆膜应平滑、洁净、美观。检验方法：观察。

⑥压花玻璃、图案玻璃的拼装颜色应均匀一致；图案应通顺、吻合、美观，接缝应严密。检验方法：观察。

（5）罩面板吊顶收房验收

罩面板吊顶收房验收要重点注意 4 点。

①钢筋吊杆之间距不得大于 1000mm。

②轻钢龙骨石膏板吊顶按施工规范要求，吊杆距主龙骨端部距离不得超过 300mm。

③石膏板必须按垂直于次龙骨的方向铺设，并使板材宽度方向的接缝交错排列。板钻凹孔以让螺钉沉头。

④两块相邻的石膏板之间不留缝隙，螺钉上在距板边15mm，距板角50mm的位置上，螺钉之间中心距为250mm。

（6）整体面层吊顶收房验收

整体面层吊顶收房验收要重点注意8点。

①吊顶标高、尺寸、起拱和造型应符合设计要求。检验方法：观察；尺量检查。

②饰面材料的材质、品种、规格、图案、颜色和性能应符合设计要求及国家现行标准、规范的有关规定。检验方法：观察；检查产品合格证书、性能检验报告、进场验收记录和复验报告。

③整体面层吊顶工程的吊杆、龙骨和饰面材料的安装必须牢固。检验方法：观察；手扳检查；检查隐蔽工程验收记录和施工记录。

④吊杆、龙骨的材质、规格、安装间距及连接方式应符合设计要求。金属吊杆、龙骨应经过表面防腐处理；木吊杆、龙骨应进行防腐、防火处理。检验方法：观察；尺量检查；检查产品合格证书、性能检测报告、进场验收记录和隐蔽工程验收记录。

⑤石膏板、水泥纤维板的接缝应按其施工工艺标准进行板缝防裂处理。安装双层饰面板时，面层板与基层板的接缝应错开，并不得在同一根龙骨上接缝。检验方法：观察。

⑥饰面材料表面应洁净、色泽一致，不得有翘曲、裂缝及缺损。压条应平直、宽窄一致。检验方法：观察；尺量检查。

⑦饰面板上的灯具、烟感器、喷淋头、风口箅子、检修口等设备设施的位置应合理、美观，与饰面板的交接应吻合、严密。检验方法：观察。

⑧吊顶龙骨的接缝应均匀一致，角缝应吻合，表面应平整，无翘曲、锤印。木质吊杆、龙骨应顺直，无劈裂、变形。检验方法：检查隐蔽工程验收记录和施工记录。

（7）板块面层吊顶收房验收

板块面层吊顶收房验收要重点注意8点。

①吊顶标高、尺寸、起拱和造型应符合设计要求。检验方法：观察；尺量检查。

②饰面材料的材质、品种、规格、图案和颜色应符合设计要求及国家现行标准、规范的有关规定。当饰面材料为玻璃板时，应使用安全玻璃或采取可靠的安全措施。检验方法：观察；检查产品合格证书、性能检验报告、进场验收记录和复验报告。

③饰面材料的安装应稳固严密。饰面材料与龙骨的搭接宽度应大于龙骨受力面宽度的2/3。检验方法：观察；手扳检查；尺量检查。

④吊杆、龙骨的材质、规格、安装间距及连接方式应符合设计要求。金属吊杆、龙骨应进行表面防腐处理；木龙骨应进行防腐、防火处理。检验方法：观察；尺量检查；检查产品合格证书、进场验收记录和隐蔽工程验收记录。

⑤板块面层吊顶工程的吊杆和龙骨安装必须牢固。检验方法：手扳检查；检查隐蔽工程验收记录和施工记录。

⑥饰面材料表面应洁净、色泽一致，不得有翘曲、裂缝及缺损。饰面板与龙骨的搭接应平整、吻合，压条应平直、宽窄一致。检验方法：观察；尺量检查。

⑦饰面板上的灯具、烟感器、喷淋头、风口箅子、检修口等设备设施的位置应合理、美观，与饰面板的交接应吻合、严密。检验方法：观察。

⑧金属龙骨的接缝应平整、吻合、颜色一致，不得有划

伤、擦伤等表面缺陷。木质龙骨应平整、顺直，无劈裂。检验方法：观察。

（8）格栅吊顶收房验收

格栅吊顶收房验收要重点注意9点。

①吊顶标高、尺寸、起拱和造型应符合设计要求。检验方法：观察；尺量检查。

②格栅的材质、品种、规格、图案和颜色应符合设计要求及国家现行标准、规范的有关规定。检验方法：观察；检查产品合格证书、性能检验报告、进场验收记录和复验报告。

③吊杆、龙骨的材质、规格、安装间距及连接方式应符合设计要求。金属吊杆、龙骨应进行表面防腐处理；木龙骨应进行防腐、防火处理。检验方法：观察；尺量检查；检查产品合格证书、进场验收记录和隐蔽工程验收记录。

④格栅吊顶工程的吊杆、龙骨和格栅的安装必须牢固。检验方法：观察；手扳检查；检查隐蔽工程验收记录和施工记录。

⑤格栅表面应洁净、色泽一致，不得有翘曲、裂缝及缺损。栅条角度应一致，边缘整齐，接口无错位。压条应平直、宽窄一致。检验方法：观察；尺量检查。

⑥吊顶的灯具、烟感器、喷淋头、风口箅子、检修口等设备设施的位置应合理、美观，与格栅的套割交接处应吻合、严密。检验方法：观察。

⑦金属龙骨的接缝应平整、吻合、颜色一致，不得有划伤、擦伤等表面缺陷。木质龙骨应平整、顺直，无劈裂。检验方法：观察。

⑧吊顶内填充吸声材料的品种和铺设厚度应符合设计要求，并应有防散落措施。检验方法：检查隐蔽工程验收记录和施工记录。

⑨格栅吊顶内楼板、管线设备等饰面处理应符合设计要求，吊顶内各种设备管线布置应合理、美观。检验方法：观察。

（9）无吊顶收房验收

①基层清洁，和底子灰结合牢固，无空鼓。

②表面平整光滑，看不到铁抹子痕迹，无起泡、掉皮、裂缝。

③如表面刷乳胶漆，则质量要求可参照墙柱面乳液型涂料质量检查要求进行检查。

6）厨房收房验收

厨房收房验收时房主要仔细检查，有些细节问题不疏忽，也是最难"讲清楚"的收房验收。业主应重点检查以下 17 点内容。

（1）厨房墙面收房验收

厨房墙面大多是瓷砖墙，瓷砖是贴到顶的，收房验收要重点检查 6 点。

①阴角和阳角是否为 90°（房顶四角和地面四角）。

②瓷砖是否出现色差。

③铺设间隙是否过大或不匀。

④转角处瓷砖是否开裂。

⑤瓷砖与墙体之间是否存在空鼓。

⑥其验收技术和其他验收技术同墙体收房验收技术。

（2）厨房吊顶收房验收

厨房吊顶主要观察是否出现接缝不均、平整度欠佳、吊顶起拱、四角不平、位移变形等问题。厨房吊顶收房验收同顶棚收房验收技术。

（3）厨房地面收房验收

厨房地面瓷砖收房验收同地面瓷砖收房验收技术。

（4）水路收房验收

水路收房验收要重点检查 9 点。

①进水管材料及配件要符合国家规定的标准，要有产品合格证、质保书、生产厂家、品牌、规格等。

②进水管道是否固定牢固，打开水龙头检查其是否会抖动，安装是否平直整齐，管道有无破损，接头要紧密牢固、畅通不漏水。

③明水管出水应是上冷下热、左热右冷。

④掩盖水管的涂料要涂抹均匀、平整，不能有空鼓、翘曲、开裂等问题。

⑤排水管流水畅通，无漏水、泛水现象。

⑥应对地漏和面盆的下水是否顺畅进行试水检验。

⑦检查阀门、龙头位置是否合理；开启、关闭是否正常；水路是否通畅；无破损、锈迹，无滑扣失效、滴水现象。

⑧排水管道有无直角、死角，接头是否紧密完好，接口处有无渗漏，管道是否畅通，管线是否固定、安装整齐、无破损。

⑨排水口、地漏口是否有地漏，地漏位置是否合理，排水口、地漏口是否完整，是否封口严密。

（5）厨房电路收房验收

厨房电路收房验收要重点检查 3 点。

①厨房内电饭煲、微波炉、烧水壶等各类电器使用较频繁，验房时，注意看电源的数量是否够用，电源的位置设置是否合理。

②厨房电源线盒距地面 1300mm，油烟机线盒距地面 2350mm，水盆下方电源线盒距地面 400～500mm；洗菜盆、灶具台面垂直上方左右 200mm 内不得有电源。

③厨房电路收房验收的其他验收按 2.14.1 收房验收的共性要求的验电检查验收。

（6）厨房烟道收房验收

厨房烟道收房验收要重点检查4点。

①检查验收油烟机烟管与烟道结合是否紧密、无缝隙，否则以后有可能出现"倒烟"现象。

②检查验收同用一个公共烟道，要注意止逆阀开启的方向，打开位置要与烟机管相反。

③检查验收注意止逆阀与公共烟道或分户烟道安装后结合点的密封，如有条件选用较黏稠腻子封堵。

④检查竖向烟道的横截面积有没有达到设计标准。共用排气管道防油烟倒灌，造成厨房串味和串火，造成消防安全隐患。

（7）厨房煤气管道的收房验收

厨房煤气管道收房验收要重点检查4点。

①煤气管道是否有损坏，燃气灶下方的橱柜是否有排气孔，是否能够排出气体。

②查看煤气的管道和接头，尤其是计量表的外表有无破损。

③一般情况下煤气管道应走明管，这样一旦有煤气泄漏能及时发现，便于维修，不留安全隐患。

④用冒烟的纸卷放到报警装置附近，看装置是否灵敏；报警声提示的同时应会关闭进气电磁阀，如果不能，要及时修复。

（8）厨房热水器收房验收

厨房热水器收房验收要重点检查20点。

①热型热水器（大于7000W）电源线的截面积须用6mm^{2}的电源线，电源线达不到使用要求的必须进行更换。

②检查安装使用场所的电源电压、接地线要求、导线规格、插座、熔断器或空气开关等是否能满足所用电热水器电压的要求；电热水器要使用单独三相插座。

③电、气接头尽量接至电热水器安装位置1m以内，设置

单独使用的三相插座，2000W 及以下的功率一般需选配 10A 插座，2500W 以上的需选配 16A 插座。使用工具"三相测位插头"。

④检查插座的火线和零线位置。使用相位仪或试电笔、万用表检查热水器将要使用的插座，确保火线和零线正确安装。

⑤接地检查通过视检和使用有效或专用接地测量装置（接地电阻仪、相位仪、电源检测仪等），对安装固定好的热水器和用户电源的接地进行检查，并对其接地可靠性进行判定。接地装置的接地电阻值一般不宜超过 10Ω。

⑥检查热水器的产品必须符合国家及使用相关的安全标准。

⑦检查进出水管，管口要求平整光滑，丝牙无损伤，无明显歪斜。

⑧检查热水器外连接配件连接系统，在使用时不得有任何连接部位出现渗漏现象。

⑨检查所有裸露电线和端子与金属部件之间的距离应超过安全规定的最小距离，所有连接线和配件应固定牢靠，在晃动和微力作用下，与金属配件之间的距离仍然要超过最小安全距离。

⑩地线安全性连接检查。地线连接线应采用标准黄绿线连接，连接配件应采用铜制配件，连接应牢固可靠不可以松动。地线标志、L、N 等标志必须正确、清晰。

⑪电路接插件安全性检测。用手摇动端子、连线，端子、连线、螺钉不应有松动、脱落现象。

⑫功能检查。检查开关、指示灯、温控是否可以正常工作和指示。

⑬操控性检查。旋钮旋转必须灵活、流畅，指向正确；开关、按键正确、可靠。

⑭配件稳定性检查。用一只手扶住电源线进线位处外壳，用另一只手拿住电源线，用力往里推拉两次，电源线进去或出来的幅度不能超过 2mm，且电源线不能被挂破或被拉断，同时固定线夹的螺钉不能有松动的现象。

⑮接地电阻测试。把热水器插头插进接地电阻测试仪的插座里，然后把地线夹夹到电热水器水嘴或无喷涂的挂架上，启动接地电阻测试仪，读出电阻值不大于 0.1Ω（100mΩ）为合格，否则为不合格。接地电阻的标准为 25A 5S 不大于 0.1Ω（100mΩ）。

⑯耐压测试。把接地电阻合格的电热水器插头插进耐压测试仪的插座里，按下漏电保护开关的复位键，将开关、温控器调节到开启状态，启动耐压测试仪，应无击穿无闪烁为合格，有击穿、闪烁、闪弧、冒烟为不合格。耐压的标准是 1800VAC 5S 无击穿无闪烁。注意：耐压测试时，严禁触摸热水器的金属部分。

⑰泄漏电流测试。按下耐压测试合格的电热水器漏电保护开关的复位键，将开关、温控器调节到开启状态，把电热水器插头插进泄漏电流测试仪的插座里，拨动泄漏电流测试仪的 L、N 开关，读出在 L 和 N 状态下的泄漏电流值，每千瓦泄漏电流小于 0.75mA 为合格，否则为不合格。

泄漏电流的标准是 233VAC 5S，泄漏值＜ 0.75mA/kW。在测试泄漏电流时，要检查开关、指示灯是否能点亮、正确。注意：在测试泄漏电流时，热水器金属部分带电！

⑱功率测试。把泄漏电流测试合格的热水器插头插到电参数测试仪的插座里，逐一打开各开关，读出相应的功率，实测功率在 0.9～1.05 倍额定功率为合格，否则为不合格。

500W：450～525W；700W：630～735W；800W：720～840W；1000W：900～1050W；1200W：

1080～1260W；1300W：1170～1365W；1500W：1350～1575W；2000W：1800～2100W；2500W：2250～2625W。

⑲加温测试。按照正常使用状态进行加温使用，检测温控器是否正常、开关是否正常、指示灯是否正常指示、内胆水是否正常加温，把温控器短路，检查限温器是否可以正常工作。一切正常为合格，否则为不合格。

⑳安装热水器的房间内应有排烟道。

（9）厨房油烟机收房验收

厨房油烟机收房验收要重点检查9点。

①顶吸式烟机灶具距离灶台的高度一般在65～75cm之间。

②侧吸式烟机灶具底部距离灶台距离可以更近，一般在35～45cm之间。

顶吸式和侧吸式烟机都是水平安装在灶具正上方，烟机与灶具中心位置重合时吸烟效果最好。

③烟机灶具插座位置应该在水电改造时就规划好，烟机灶具的电源线普遍只有1.5m，所以插座常安装在烟机灶具的上方80cm的位置。

④烟机灶具排风口的大小应根据产品排风管大小来开。

⑤排烟口应该是外口直径大，内口直径小，防止雨水倒灌。

⑥油烟机在安装时一定要注意机体水平，避免倾斜。确保油烟机无晃动或脱钩现象。

⑦若排烟到共用烟道，勿将排烟管插入过深从而导致排烟阻力增大。若是通向室外，则务必使排烟管口伸出3cm。排烟管不宜太长，最好不要超过2m，而且尽量减少折弯，避免多个90°折弯，否则会影响吸油烟效果。

⑧调试油烟机，一般是通过功能键的开关，看是否运作正常。反复使用开关，看它的灵活效果，用手触摸外表是否感觉

到有轻微的漏电，运行烟机，静听其是否有杂声。

⑨确认无误后注意填写好油烟机的保修卡，这是日后维修需要用到的重要资料。

（10）厨房台面灶具的收房验收

厨房台面灶具是按使用的气种选用的（气种分为天然气灶、人工煤气灶、液化石油气灶、电磁灶），安装方式分为台式灶、嵌入式灶。在选择灶具时，应知道自己所要的灶具，看懂灶具的说明书。收房验收要重点检查 14 点。

①检验灶具的外壳，应平整、匀称、容易清洗、无明显缺陷。灶具外观检验标准：应平整光亮、色泽均匀、图层牢固，不得有明显的斑痕、划痕等缺陷。灶具面板的翘曲度应在 5mm 以下。

②检验灶具的各部件，应易于清扫和维修；于可触及的部件表面应光滑，在维修、保养时必须拆卸的部件应能使用一般工具装卸。

③检验灶具的进气管应设在不易受腐蚀和过热的位置，灶体与供气管连接，连接气源，一定要确保接气口不漏气，应符合国家相关标准的要求。

④检验燃烧器、点火燃烧器、火焰监控装置等部件的相互位置应准确固定，在正常使用中不应松动和脱落；旋钮操作不能紧贴灶面板，并且操作灵活，风门调节可靠。

⑤检验调风装置应坚固耐用，操作简便，易于调节，在使用中不应有自行滑动的现象。

⑥检验燃烧器火焰的开关着火率是否百分百。开关回旋是否灵活。火焰是否呈蓝色，如果是红色的火焰是否可调理。

⑦检验安全型阀体必须在点燃火苗之后 5 秒内开阀，不发生松手熄火现象。

⑧检验气密性：从燃气入口到燃气阀门在 4.2kPa 压力下，

泄漏量不大于 0.07L/h。

⑨检验 CO 含量：不大于 0.05%（理论空气系数 =1）。

⑩检验熄火保护。《家用燃气灶具》GB 16410—2007 规定，所有灶具都要加装熄火保护装置。

⑪点火装置。熄火保护装置是在燃气灶由于意外熄火时（比如煮饭时开水溢出将火打灭之类），燃气灶自动关闭气源，现在国家已经强制性要求燃气灶带熄火保护。

⑫检验燃气灶面板主要有钢化玻璃、不锈钢、陶瓷三种材质。要求燃气灶面板美观、耐用、易清洁、方便擦洗。

⑬检验点火时的舒适、便捷（电磁灶常使用触摸式开关，大部分灶具都是旋钮式点火）、快速、准确；连续点火 10 次，应有 8 次以上点着，不得连续 2 次失效，且无爆燃。

⑭检验煤气泄漏报警。一旦发生煤气泄漏，灶具可自动发出轰鸣。

（11）厨房台面收房验收

厨房台面收房验收要重点检查 4 点。

①厨房台面应光滑、光亮，无明显划痕、拼接缝不明显。

②台面交接处不能看到有明显的胶结痕迹。

③厨房台面没有刮花、损伤、生锈的现象。

④厨房台面高低一致，缝宽度应一致；拉手应处于同一水平线上。

（12）厨房通风收房验收

厨房通风窗户面积为使用面积的 1/10，达不到者为不合格。厨房排烟孔直径为 15cm。

（13）厨房橱柜收房验收

厨房橱柜是整体橱柜，维修困难，业主收房验收时要重点注意 12 点。

①吊柜安装时要根据业主自身的身高情况进行调整，方便

业主日后使用。

②看柜体是否存在变形、气泡等现象。

③橱柜石材切割是否精细平直、无破损。

④厨房的五金，开合顺滑、噪声低、无锈迹，是否有合格证。

⑤安装橱柜门板的时候，要保证它们相互对应，高低一致，所有的中缝宽度也要一致。

⑥拉手要在同一水平线之上。

⑦橱柜的台面要保持光滑、光亮，而且没有明显的划痕。

⑧上下水的连接要保持通畅。

⑨橱柜的拉开抽屉是 20mm 左右，可以自动关上。

⑩橱柜的门是否安装坚固，门是否能圆满开闭。

⑪铰链品牌是否是合同约定品牌，开合上是否顺滑，有无异响。门是否可以闭合紧密，这些都是铰链的问题。

⑫橱柜通常设计有抽屉，这时记得检查滑轨是否顺滑，多拉几次，有问题就可以发现。

（14）厨房预留冰箱位收房验收

看预留冰箱位的大小是否合理，旁边有没有预留冰箱的插座。如果买的冰箱太大或者太小，都会造成空间的浪费，如果插座的设置不合理，也会给使用者带来麻烦。

（15）厨房洗菜盆收房验收

厨房洗菜盆收房验收要重点检查 6 点。

①厨房洗菜盆水槽尺寸大小不同，一般根据业主的厨房和橱柜情况进行选择。

②验收龙头的进水管。注意接头的牢固度，并注意一个细节，不要混淆冷热水管的位置。

③验收过滤篮的下水管。滤篮下水管主要注意水管与罐体的连接，既要牢固，又要密封。

④溢水孔的下水管。溢流孔是防止水箱溢流的保护孔。

⑤放水测试洗菜盆的排水管的排水情况是否通畅，水管是否有渗水的情况，要注意水管各个连接处的牢固和密封性，防止下水管出现渗水和漏水的情况。排水试验时，水箱应充满水，同时对两个滤篮和溢流孔下方的排水进行试验。排水过程中，如发现渗水现象，应立即返工，以保证以后的使用。

⑥洗菜盆封边。我们可以使用玻璃胶给洗菜盆和厨房台面的缝隙封边，注意缝隙要均匀，以防止渗水的发生。用硅胶封边时，要保证水槽与台面接缝间隙均匀，不渗水。确保无问题。

（16）厨房地漏口收房验收

①厨房安装地漏的优点

● 厨房的潮湿程度不低于卫生间。安装地漏可以预防爆水管、忘记关水龙头的情况。

● 如果厨房水槽的水溅到外面，也能预防积水。

②厨房安装地漏的缺点

● 地漏是细菌滋生的温床，同时也是蚊虫、蟑螂等的聚集地。

● 地漏风干后便会返臭，地下的恶臭就会传到厨房。

● 夏天会有异味，会引来蚊子和飞虫。

● 一般来说厨房地漏的使用率不高，除非漏水较多，否则基本上不用。

● 影响厨房地面的美观，时间长了还会变黑。

③老房子一般情况下厨房有地漏。现在房建设计基本都取消了厨房地漏。

● 装修施工的时候，需要保留老房原有的下水道，可装地漏或不装地漏。不装地漏可把下水道口封住。因为厨房常年不积水，地面上没有水，所以，地漏也起不到太大的作用。如果要装地漏，那就需要装一个防臭的地漏。

● 现在房建设计基本都取消了厨房地漏，主要是没有什么实际用途，且因地漏和厨房排水管相连，若水槽放水过急或过大很容易造成地漏返水。

④厨房地漏口收房验收

厨房地漏口收房验收要重点检查 4 点。

● 厨房装地漏的话，应把厨房的地面修成坡面；

● 厨房地漏应防地漏反味，保持干净、无味，使用磁悬浮地漏或"T"形或"M"形的自动密封防臭地漏，都能做到防反臭、防蚊虫，且具有很好的排污和排水能力。

● 厨房地漏安装位置要远离厨房门，不要在厨房门附近；厨房地漏安装在容易打扫的位置，不要放在死角位；不要放在厨房中间。

● 验收地漏安装时的铺贴方法：可用对角线切割法或十字铺贴法等预防积水。

（17）厨房煤气表、水表收房验收

厨房煤气表、水表收房验收要重点检查 3 点。

①检查燃气表是否符合规范，燃气报警器是否安装，查煤气表是否方便读数。

②检查水表安装是否符合规范，水表接头是否紧密完好，有无空转现象，查煤气表是否方便。

③水表安装位置应方便读数，水表、阀门离墙面的距离要适当，要方便使用和维修。

7）卫生间收房验收

卫生间收房验收要重点检查 12 大点。

（1）卫生间的要求

①卫生间的室内净高不应低于 2.20m。

②卫生间内排水横管下表面与楼面、地面净距不应低于

1.90m，且不得影响门、窗扇开启。

③卫生间门洞最小尺寸为 0.70m（洞口宽度）、2.00m（洞口高度），门洞口高度不包括门上亮子高度，洞口两侧地面有高低差时，以高地面为起算高度。

④卫生间宜有直接采光、自然通风，其侧面采光窗洞口面积不应小于地面面积的 1/10，通风开口面积不应小于地面面积的 1/20。卫生间窗台高 1300～1500mm，窗扇上悬，保证卫生间的采光通风效果，不影响私密性。

⑤卫生间地面应有防水，并设置地漏等排水措施，门口处应防止积水外溢（地面标高应低于门口外地面标高 15～20mm，或做低门槛）。

⑥卫生间内产生噪声的设备（如水箱、水管等）不宜安装在与卧室相邻的墙面上。

⑦卫生间的厕、洗面台要打磨修饰、光洁平滑。

⑧卫生间的上下水管道排水顺畅。

（2）卫生间的门窗要求

①无前室的卫生间的门不应直接开向起居室（厅）或厨房。

②卫生间外窗。由于卫生间有较强的私密性和较高的采光通风要求，卫生间窗若采用常规的距地 900mm、宽 600～900mm、高 1500mm 外窗，会导致对外面积太大，不利于私密性，倘若拉上窗帘，则又对采光通风不利。因此卫生间设计中窗台高一般 1300～1500mm，窗扇上悬，这样窗可常开，既保证了卫生间的采光通风效果，又不影响私密性。（立面有特殊造型要求的窗、景观卫生间除外。）

③卫生间的门，应在下部设有效截面积不小于 $0.02m^2$ 的固定百叶，或距地面留出不小于 30mm 的缝隙。（目的在于当卫生间的外窗关闭或暗卫生间无外窗时所需的门进风，这种能保证有效的排气，应有足够的进风通道。）

（3）卫生间的其他要求

①地面排水宜采用具有防臭、防虫、防倒灌等功能的重力式或磁力式等新型地漏。

②洗手盆侧预留带防溅盖板的电吹风插座，距地1.30m。

③任何开关的插座，必须至少距淋浴间的门边0.6m以上，并应有防水、防潮措施。

④洗浴设备的卫生间应作等电位联结。

（4）卫生间的墙面收房验收

①洗浴设备的局部墙面必须有防水构造。

②与改为室内相邻墙面的防水层应至少延伸至浴室吊顶高度以上50mm，或全墙面防水。

③墙面的其他收房验收同于厨房墙面收房验收。

（5）卫生间的地面收房验收

①卫生间地面、门嵌石与地面的结合层和局部墙面必须有防水构造。

②卫生间地面的收房验收同厨房墙面收房验收。

（6）卫生间的吊顶收房验收同厨房吊顶收房验收。

（7）卫生间的水路收房验收同厨房水路收房验收。

（8）卫生间电路收房验收

①卫生间内的电源插座应是防潮插座并有防溅措施。

②卫生间的照明灯座必须是磁口安全灯座，洗手盆的上方不应有插座。

③卫生间内的电源插座收房验收按2.14.1收房验收的共性要求的验电检查验收。

（9）卫生间通风收房验收

①卫生间通风应在吊顶下留通风口。

②通风口中用手电查看是否存有建筑垃圾，是否有堵塞现象。

（10）卫生间地漏收房验收

①卫生间的最低点是地漏，不能有积水，各下水处应该流水通畅。倒清水试验一下，查验下水是否通畅。

②检查有地漏的房间是否存在"泛水"和"倒坡"现象。

③应对地漏、马桶和面盆的下水是否顺畅进行试水检验。

（11）卫生间浴缸收房验收

①在浴缸里放半缸水浸过夜，隔天可以查出浴缸是否渗水、出水是否顺畅。

②淋浴花洒安装水平，误差不超过2mm，淋浴花洒内外丝弯头高度距地面1.1m。

③卫生间挂件安装水平、垂直，误差不超过2mm。

（12）卫生间坐便器、蹲便收房验收

①检查坐便器的下水情况时，最好反复多次进行排水试验。

②坐便器与地面应有膨胀螺栓固定并用硅酮胶密封（不得用水泥密封）。

③蹲便要多次反复测试排水。

④马桶水路弯头距马桶下水250mm、智能马桶预留线盒距马桶下水350～400mm，高度距地面250～300mm。

⑤智能坐便必须留电源且位置合理。

8）门的收房验收

门的收房验收要重点检查7点。

（1）验收门框

①检查门框：门框安装是否牢固平整。

②门框与墙体连接是否密闭严实。

③门框表面有无异常毛刺、开裂、破损等情况。

（2）验收门扇

①检查门扇有无变形、开裂问题。

②面漆外观是否完好、表面是否平整。

③有无明显划痕，磕撞。门表面应洁净，不得有划痕、碰伤。

④门的割角、拼缝应严密平整。

⑤门与墙体间缝隙的填嵌应饱满。

⑥查看门缝是否合理。木门上方和左右的门缝不能超过3mm，下缝一般为 5～8mm。

（3）验收门的开启

①门开闭是否平稳，门锁紧后是否有晃动。

②开启时是否灵活，是否有阻滞和反弹的现象。

③门的开启方向是否合理。

④玻璃门和推拉门是否导轨正常，是否有被损坏。

⑤玻璃门的玻璃胶是否都打得很好。

（4）验收防盗门

①查看门体等级，是否和合同签订的门体一致。结构是否相同。

②查看门和门框是否有凹陷、掉漆、变形等。

③密封条有无掉落，开合是否顺畅，有无异响，锁开关是否灵活，有无撞痕等。

（5）验收门锁

①门锁安装是否牢固。

②钥匙插拔是否平滑、锁芯转动是否自如。

③锁舌伸缩、锁孔位置是否正常。

（6）验收门把手

①门把手安装是否牢固。

②旋转时有无异常阻力。

③表面有无缺损、变形。

（7）验收门扇密封

①门扇掩缝是否在 2.5mm 以内。

②入户门与地面的留缝宽度是否满足要求（小于3.5cm）。

③门框与墙体之间的缝隙应填嵌饱满，并用密封胶密封。密封胶表面应光滑、顺直、无裂纹。

9）窗的收房验收

窗的收房验收要重点检查6点。

（1）验收窗框

①窗框是否安装牢固端正。

②窗框是否有划痕、磕碰、变形等。

③窗框表面涂层要求颜色和光泽均匀、手感光滑以及是否有划痕、磕碰、变形等。

④窗框与墙体的缝隙是否使用发泡胶进行缝隙填充。

（2）验收窗框五金件

五金件应齐全，位置正确、安装牢固、使用灵活。

（3）验收窗框开启

要求开关自如平稳，推拉自如，轨道件安装牢固，关窗后不漏气。

（4）验收窗密封

①窗扇与窗框、窗扇与玻璃的密封条是否到位、严密，有无破损、断续等问题。

②窗框与墙体间的密封胶条是否完整，有无脱落、破损、裂缝等问题，有无渗漏现象。

③窗扇的橡胶密封条是否安装完好，是否脱槽。设置的排水孔应通畅。

④纱扇推拉是否灵活。

（5）验收窗玻璃

①窗玻璃安装牢固、完整、无裂纹及明显划痕。玻璃表面应洁净，不得有腻子、密封胶、涂料等污渍，中空玻璃内外表面应洁净，玻璃中空层内不得有灰尘和水蒸气。

②玻璃和窗扇安装后，应检查配件是否漏装，安装是否牢固，窗扇启闭是否灵活，开、关是否符合设计要求，防止疾风暴雨造成窗扇的损坏。

（6）验收窗的窗护栏

①护栏表面应光滑，不得有锈迹，色泽一致，不得有裂缝、翘曲及损坏，接缝应严密。

②护栏安装的垂直度允许偏差为3mm，栏杆间距允许偏差为3mm，护栏安装必须牢固端正。

③住宅的窗护栏净高，六层及六层以下的不应低于1.05m；七层及七层以上的不应低于1.10m。栏杆的垂直杆间距净距不应大于0.11m。

10）阳台收房验收

阳台的收房验收要重点检查9点。

（1）阳台地面与相邻地面的相对标高是否符合要求，不能出现积水、倒泛水和渗漏问题。所有地面都要平整牢固、接缝密合。地面瓷砖铺设是否合格。

（2）阳台地面应平整、无鼓泡、折皱等缺点，刚性防水层无酥松、开裂、起砂等弊端，防水层排水坡度符合设计要求。

（3）阳台的推拉门、防水、地面、顶部、阳台门窗等检验方法和要求同本章的有关内容。

（4）阳台栏杆、窗护栏验收同窗的窗护栏验收。

（5）应检查阳台是否向室内漏水，阳台漏水很大一部分是由于室内硅胶未打、有漏打、劣质硅胶造成的。不仅室内需要打硅胶，室外也需要。

（6）窗台是否合缝。应检查窗台是否合缝，因为有些楼盘的窗台不合缝。

（7）应检查阳台焊接处是否出现裂缝，检查四个角的焊接处是否出现裂缝。对于焊接部位，尤其是窗户的四个角，很容易出现裂缝。

（8）检查阳台等部位是否有开裂现象。

（9）阳台地漏与泛水坡度符合设计要求，结合处严密平顺，无渗漏。

11）飘窗的收房验收

飘窗的收房验收要重点检查 2 点。

（1）飘窗的要求

①飘窗可分为内飘和外飘两大类型。

②窗台的材料要能防晒。

③出于安全考虑不要把飘窗开在儿童房里，低矮的窗台儿童很容易攀爬，防止小孩意外坠楼。低窗台飘窗，特别是多层、高层住宅更应注意安全。

④国家标准《住宅设计规范》GB 50096 明确规定：外窗窗台距楼面、地面的高度低于 0.90m 时，应有防护设施。

⑤检查飘窗的密闭性、隔声性能是否良好，并注意看飘窗与墙体连接的部位是否紧密合缝。检查窗户的开合、推拉是否顺畅无噪声。

⑥飘窗面积越大，对冬季保温越不利。

⑦高层住宅的飘窗除了要设置护栏外，还需使用安全玻璃。

（2）飘窗的验收

①住房城乡建设部文件规定：对倾斜弧状等非垂直墙体的房屋、层高 2.2m 以上的部位，要计算面积；而房屋墙体向外倾斜、超出底线外沿的，以底板投影计算建筑面积。也就是说，有台阶的飘窗，只要高度不超过 2.2m，都不计入销售面积，因此业主也就不需要为飘窗买单。超过 2.2m 的落地飘窗有效地扩大了房屋的实际使用面积，所以应纳入房屋产权面积，并按照最终实测面积计算房价。

②飘窗台的台面要方正。

③两个侧面内外的净空尺寸要一致，同时两个侧面要垂直。

④底面与顶面要水平，且净空尺寸要一致。

⑤窗边内外所打的胶厚度要保证最厚点不少于10mm，宽度不少于30mm，要求胶要打得饱满、平直、无凹陷、无不平整的接头等问题。

12）空调口的收房验收

空调口的收房验收要重点检查3点。

（1）空调机室外机在各主要厅室外侧应当预留机位，空调机应当预留管线孔，全包的空间应当预留空调管线通道。

（2）检查各个房间是否预留有空调管道口。

（3）注意空调口，要外低内高，否则容易造成空调水回流，或者雨水倒灌。

13）暖气的收房验收

装修过程中涉及两次暖气管道验收，一般在主体改造以后、水电施工以前要进行暖气工程一期的验收。第二次验收是在暖气片完全安装好后进行。收房验收要重点检查8点。

（1）检查暖气管道有无漏、滴、外观锈蚀的现象。检查穿墙及地面穿过楼板供暖管道是否有套管，在管道与墙面或楼板交接处，供暖管道再套上一小截管子，地面的套管应高出地面5mm，其作用是防止供暖管道热胀冷缩后拱裂墙面和楼板。

（2）检测暖气供、回水支管，供水支管主管一端应高于连接散热器一端，回水支管的两端高度正好相反，供、回水支管不是水平而是有坡度的，其坡度与支管的长度成正比，一般每米相差1%。

（3）检查暖气片和相关水管安装是否牢固，有没有渗漏现象。

（4）暖气片上方应有排气孔，使用时应拧动将气体排掉。如果拧不动就需要修理解决，否则气排不出来，暖气片不热。

（5）当住宅采用集中采暖、集中空调时，不应擅自改变总管道及计量器具位置，不宜擅自改变房间内管道、散热器位置。

（6）住宅集中采暖的设计应进行室内采暖系统的水力平衡计算，并应通过调整环路布置管径，使并联管路（不包括共同段）的阻力相对差额不大于15%；当不满足要求时，应采取水力平衡措施。

（7）散热器的安装位置应能使室内温度均匀分布，且不宜安装在影响家具布置的位置。

（8）室内采用散热器采暖时，室内采暖系统的制式宜采用双管式；如采用单管式，应在每组散热器的进出水支管之间设置跨越管。

14）灯具收房验收

灯具的收房验收要重点检查5点。

（1）灯具安装的要求

①照明灯具安装位置正确，能正常使用。

②灯具安装最基本的要求是必须牢固。

③室内安装壁灯、床头灯、台灯、落地灯、镜前灯等灯具时，高度低于2.4m及以下的，灯具的金属外壳均应接地可靠，以保证使用安全。

④卫生间及厨房装矮脚灯头时，宜采用瓷螺口矮脚灯头。螺口灯头的接线、相线（开关线）应接在中心触点端子上，零线接在螺纹端子上。

⑤台灯等带开关的灯头，为了安全，开头手柄不应有裸露的金属部分。

⑥装饰吊平顶安装各类灯具时，应按灯具安装说明的要求进行安装。灯具重量大于3kg时，应采用预埋吊钩或从屋顶用膨胀螺栓直接固定支吊架安装（不能用吊平顶吊龙骨支架安装

灯具）。从灯头箱盒引出的导线应用软管保护至灯位，防止导线裸露在平顶内。

⑦吊顶或护墙板内的暗线必须有阻燃套管保护。

⑧灯具是否能够正常使用，是否有破损、损坏的情况，收边是否平齐、平滑。

⑨要用吊灯的时候，必须在楼板里面先有预埋件，才能够承受吊灯的重量。

⑩吊灯离顶棚、墙面不能太近，时间长容易让墙面变黑。

（2）客厅灯具的验收

客厅空间较大，灯具是很重要的。客厅的灯具根据实际的装修风格，然后根据房子的高度，选择吊灯、吸顶灯等不同类型的灯具。如果层高低于2.8m，就不适合安装吊灯。检查灯具的牢固程度，如果装的是吊灯，那么要检查吊线的受力情况，确保灯具稳定。

（3）卧室灯具验收

卧室内除了安装照明灯，还会安装壁灯和台灯等装饰用的灯具。在灯具安装验收的时候，需要一一进行检查。检查灯具的型号、额定电压等，如果选择了错误的灯具，则需要更换。灯具的防触电保护措施是检查卧室灯具的重点。装有台灯或者是落地灯需要查看连接的电源线入口是否已经固定。

（4）餐厅灯具验收

餐厅灯具要安装稳固。灯具的照明程度要好，灯具重量如过重，安装的预埋吊钩嵌入必须坚固。

（5）卫生间灯具验收

使用卫生间的时候，水汽聚集的较多，所以验收灯具时，应检查灯具安装是否稳定，灯具灯饰带电部位是否安装了绝缘材料进行保护，灯线头有无外露，电压是否稳定，灯具的防潮措施是否过关。

15）水压的收房验收

对于水压的收房验收，目前行业内没有对此验收进行具体明文规定。

水管安装完成之后，都需要进行水压测试，水压测试就是希望能发现水管的质量问题和安装问题。收房的时候测试水压是每个业主都要做的事情，防止家中无人出现跑水、漏水事故。给水必须进行加压测试，测试压力 0.4～0.6MPa（4～6个压）30min 水压下降小于 0.05 个压为合格。原建筑如是 PB、PRP 管材，打压时不能超过 5 个压。水压测试时要注意的事项有 5 点。

（1）试压时应关闭户控制总给水阀开关，必须关严实，避免打压时损伤水表。

（2）打压时主要堵头处和各接头处有无渗水现象。

（3）打压时由于水表阀或者分户总阀泄漏，可能出现掉压现象。

（4）测试压力超过工作压力 1.5 倍，一般情况下为 0.6MPa，30min 之内掉压不超过 0.05MPa，同时检查各连接处不得渗漏为合格。

（5）水压不能超过管道承受的极限，管道超过其承受的极限，反而会导致将来出现漏水的危险，并非加的压力越大越好。

2.14.3 精装修房收房验收的要求

精装修房也是人们常说的"成品房"。住房城乡建设部经测算发现，由开发商统一组织装修一次到位比市民自己装修要节省至少 30% 的费用，因此在《商品住宅装修一次到位实施导则》中要求，在交房屋钥匙前，所有功能空间的固定面全部铺装或粉刷完成，厨房和卫生间的基本设备全部安装完成。

精装修房的优点是：

（1）因为开发商统一装修统一采购，使用的装修材料节省了仓储、运输等很多中间环节而减少了成本，费用大大降低。从实际情况看，开发商在与供应商谈判时具有更强的议价能力，比业主自己单独装修划算，有利于降低成本。

（2）精装修省时省力。购房者生活、工作节奏快，多数对房子的装修和装饰没有太多的经验，如果有实力的发展商能提供有品质保证的精装修成品房，可以减少在装修过程中受骗的可能性。

（3）选择精装修可以不必长期受左邻右舍装修污染的影响。由于各家装修的时间不一致，买毛坯房时就得做好长期忍受装修干扰，而购买精装修房就免去了这一麻烦。

（4）经济实惠。发展商统一装修，可以节省30%的材料费，质量也可以得到保证。其低功耗、低造价、规范化的装修，其后期服务、管理易到位，可以使住户获得较大的实惠。

（5）精装修给消费者带来明显的时间成本降低，业主在收楼后只要购置家具便可以入住。

（6）精装修的小区风格统一，避免了不同业主装修时风格的参差不齐，也避免了交房后持续多年都有业主装修，提高了小区的档次。

精装修房的缺点是：

（1）选择模式和风格比较少，没有体现业主自己的风格。

（2）开发商选择的装修公司工艺良莠不齐，很可能在装修中埋下隐患，表面华丽却质量不过关。开发商在选择装修队伍时就必须抓紧质量管理。

（3）没有针对买房者需要的一些个性化装修，没有提供装修项目的"套餐"供业主选择，避免买房者"砸新换新"。

（4）没有在房屋预售时向买房者征询合理的装修意见，对于装修用的品牌、器具的招标没有让业主代表共同参与。

精装修房是"建筑与装修设计一体化""住宅产业化""避免二次装修的浪费"的必由之路。根据国家规定,2018 年起推行成品房,现在很多的新楼盘都是精装房。精装房虽然为人们省去了很多装修麻烦,很多业主对精装房的验收都不是很了解,精装房的验收更难一些,因为房子已经装修好了,有很多隐蔽工程的问题没有及时发现处理,精装修房使用的材料都是开发商购买的,业主对材料的质量无法把控。精装修房收房验收考虑的要素比自己装修的要素要多。

精装修房的收房验收是和房产开发商共同对所购房屋进行交接的收房验收,验收是件辛苦而复杂的工程。收房前的准备宜细不宜漏。首先应看清开发商约定的收房时间,确定具体收房日期;然后是要找出购房合同,仔细研究合同中的交楼约定,充分了解哪些标的物是开发商必须交付的,交房时你的权益有哪些;要准备齐各种相关资料,包括申办产权证需要的原购房合同(契约),各期还款单据(发票或用于换发票的收据),如属按揭购房的要带上银行贷款合同,还有业主本人的身份证、常住人员的相片,收房通知书;装修材料确认;材料的品牌、款式和型号需要核对等。

精装修房收房验收考虑的要素有 33 点。

1)收房验收的基础设施要"七通一平"

基础设施的"七通一平"是:通水、通电、通路、通邮、通信、通暖气、通天然气或煤气、土地平整。基础设施是市政配套与公共配套完备状况,没有"七通一平",购房者可以拒绝收房。开发商收取的垃圾清运费需要物价部门核准,无物价部门核准的收费,皆为非法,否则业主拒绝收房。

2)查看"两书一表一面积"实测数据

(1)《住宅质量保证书》是为保障住房消费者的权益,加强商品住宅售后服务管理，住房城乡建设部决定在房地产开发企业的商品房销售中对房屋质量进行约束。共有四条内容：

- 工程质量监督部门核验的质量等级；
- 地基基础和主体结构在合理使用寿命年限内承担保修；
- 正常使用情况下各部位、部件保修内容与保养期；
- 用房保修的单位，答复和处理的时限。

（2）《住宅使用说明书》是对住宅的结构性能和各部分的类型、性能、标准等作出说明。同时指出，如因住房使用不当或擅自改动结构、设备位置和不当装修造成的质量问题，开发商不承担保修责任。这是住房城乡建设部为保障消费者权益作出的规定。

（3）《工程竣工验收备案表》是房屋竣工验收备案登记制度，只有在取得房屋竣工验收后才能办理房产证。商品房竣工验收备案表上应加盖有施工单位、建设单位、监理单位、设计单位及勘查单位的公章，由市建委核发。入住通知书不能代替房屋竣工验收，严格地说，具备《工程竣工验收备案表》和两书的房屋才能交付使用。

（4）面积实测数据对照购房合同上的面积（自己可实测套内面积）。

- 房屋面积是否经过房地产部门实际测量，与合同签订面积是否有差异；
- 核查房屋总面积：超出或减少3%以内的情况很普遍（多退少补）；
- 套内面积不变、公摊面积增加的情况更多（实得面积减少，业主吃亏）；
- 测绘部门的实测面积文件（即房管局勘丈科出具的"勘丈报告"以确认房屋面积）；
- 如面积误差比绝对值在 ±0.06%（含0.06%）的购销双

方不作任何补偿；

- 0.06%（含0.06%）至3%以内（含3%）的，据实结算房价款，超出3%的，买房人有权退房。买家如对房屋面积有疑问，可先自行测定房内面积，确有问题，再请房地产测绘机构测绘，以其认定的房屋建筑平面图为准。

开发商在交房时向业主提供的《竣工验收备案表》《住宅质量保证书》和《住宅使用说明书》必须为原件而不是复印件。以上证书缺一不可，如开发商不能提供上述文件，则构成违约，可根据合同约定及法律规定追究违约责任。

3）检验住房是否与所买的户型一致

有无规划设计变更（如层高、窗户位置、管道布线），确认售楼合同附图与现实是否一致，结构是否和原设计图相同。

4）验房有专人进行同步记录

专人进行同步记录是为日后必要时举证（即通过录音机、摄像机或照相机调好日期记录证据）奠定基础，要保存好。自己留存交房代表签字的验房问题备案单。填写一式四份验房单，业主留好交房代表签字的一份。

5）收房验收先验房，后交费签字

先验房：依原合同约定标准验房，如有不满意的地方，可提出意见并将意见填写在《楼宇验收记录表》中作为书面依据，如开发商未准备有关表格，买家应另以书面形式将意见送交开发商。发现问题后更不能交费、签字。如对楼房基本满意，确定该房已验收合格，并且与购房合同一致，只有证件齐全了，才能签字认可收房。大多数开发商采取先交钱填表、签文件，再验房的伎俩，目的是让消费者先签了收房认可书再验房，等发现问题时购房者后悔已不及，而商家的主动性更大责任更小。根据契约自由、自治的原则，一旦签了字，就视为对楼宇质量的认可，打起官司来业主难以得到法律的支持。

6）检查核实建材型号

精装修房屋工程使用的各种主要材料在合同当中应该准确无误地标明，特别是品牌含金量较高的设备，如卫生洁具、灯具、厨房设备、家具五金、洁具五金，以及具备防盗、防火、隔声功能的多功能门等。洁具质量差别大，业主验房时一是要看其品牌是否跟约定的一致；需要明确设备的型号，有些与产地有关的设备还应该明确产地。业主在验房时要与配置单一一对应检查。避免被劣质产品调包，降低装修的档次。由于很多工程问题与建材质量有关，必须确认开发商购买的材料符合国家标准，有害物质不超标。

7）核对买卖合同上的品牌、数量

一些精装修房屋在验收的时候业主发现品牌、数量等出现与原来合同约定的品牌、数量不符的问题。品牌、数量被更换意味着住宅品质的改变。

8）检查核实精装修房的水路

有的精装修房的水路分为三种，自来水管、热水管和中水管。中水是非饮用水，一般是收集利用的雨水，常用来冲马桶或浇花。在验收精装新房时，购房者一定要明确房屋内是否有热水和中水，并打开各水管判断管道是否存在接错的现象。

9）检查核实精装修房的设备保修单

如果安装了空调、洗衣机、电冰箱、燃气灶、热水器等设备，要有保修单。应检查所配设备是否可以正常运行、管线是否安全，管线质保书和质保年限。目前国家规定的住宅装修保修期是两年，厨卫防水工程保修期是五年。建议业主多多留心。

10）收房验收检验住宅外部

（1）阳台是否与事先承诺及设计图相符，楼宇标识、门牌标识、层位标识、房屋标识是否与实际相符，是否有邮政接收箱，电话线是否进户，给水情况、水质如何，供电是否正常。

（2）外立面、外墙瓷砖和涂料（注意腰线部位的内墙渗漏）、单元门（外观和试用）、楼道（宽度、扶手、踏步、纱窗）。

11）检查隐蔽工程记录

隐蔽工程记录是施工阶段的验收记录。隐蔽工程包括水路改造、电路改造、吊顶结构和卫生间防水工程这些项目。业主对隐蔽工程使用的材料、水路的布管、电路的走向，还有功能性插座的位置等是不了解的，因为交房之后这些工程都埋在墙体里了。但业主必须要了解隐蔽工程和隐蔽工程验收记录。

12）检查房屋的层高

一般来说，在2.65m左右是可接受的范围，如果房屋低于2.65m，日后有一种压抑的感觉。测量房屋的层高方法很简单，把尺顺着墙的阴角测量，高均为2.7m（或者2.65m）说明房屋的层高是合格的。

13）收房验收公共区域

● 合同约定的公共区域是否按照约定来装修。

● 检测单元门禁、对讲功能是否能够正常使用。

● 走廊和电梯间的消防设施是否齐全。

14）验收管线分布竣工图（水、强电、弱电、结构）

开发商不能提供管线分布竣工图文件，可拒绝收房。

15）检验空气质量不超标

在交房时，业主要确认空气质量达标。根据国家标准，工程竣工以后，开发商要请权威机构进行室内环境检测，并且必须向购房者出具检测报告。现行的空气质量检测标准对甲醛、苯、总挥发性有机化合物、氡以及氨5种主要的有害物质在空气中的限量进行了严格的规定。需要注意的是，只有带有

"CMA"标识的报告才是国家认可的检测报告，否则是无效的。若开发商或物业不能提供合格的报告，视为房屋质量不合格。

16）精装修房内收房验收的工具

精装修房收房验收工具的内容同 2.14.2 的收房验收工具的内容。

17）精装修房收房验收的电路收房验收

精装修房电路收房验收的内容同 2.14.2 的电路验收的内容。

18）精装修房收房验收的墙面收房验收

精装修房墙面收房验收的内容同 2.14.2 的墙面验收的内容。

19）精装修房收房验收的地面收房验收

精装修房地面收房验收的内容同 2.14.2 的地面验收的内容。

20）精装修房收房验收的顶棚收房验收

精装修房顶棚收房验收的内容同 2.14.2 的顶棚验收的内容。

21）精装修房收房验收的厨房收房验收

精装修房厨房收房验收的内容同 2.14.2 的厨房验收的内容。

22）精装修房收房验收的卫生间收房验收

精装修房卫生间收房验收的内容同 2.14.2 的卫生间验收的内容。

23）精装修房收房验收的门的收房验收

精装修房门的收房验收的内容同 2.14.2 的门的验收的内容。

24）精装修房收房验收的窗的收房验收

精装修房窗的收房验收的内容同 2.14.2 的窗的验收的内容。

25）精装修房收房验收的阳台收房验收

精装修房阳台收房验收的内容同 2.14.2 的阳台验收的内容。

26）精装修房收房验收的飘窗的收房验收

精装修房飘窗的收房验收的内容同 2.14.2 的飘窗验收的内容。

27）精装修房收房验收的空调口的收房验收

精装修房空调口的收房验收的内容同 2.14.2 的空调口验收的内容。

28）精装修房收房验收的暖气的收房验收

精装修房暖气收房验收的内容同 2.14.2 的暖气验收的内容。

29）精装修房收房验收的灯具收房验收

精装修房灯具收房验收的内容同 2.14.2 的灯具验收的内容。

30）精装修房收房验收的水压的收房验收

精装修房水压收房验收的内容同 2.14.2 的水压验收的内容。

31）精装修房验厨卫的防水

精装修房验收防水的办法是：用水泥砂浆做一个槛，堵着厨卫的门口，然后再拿一胶袋罩着排水口，捆实，在厨卫放水，水约高 12mm。然后约好楼下的业主在 24h 后查看其家厨卫的顶棚。主要的漏水位置是：楼板直接渗漏，管道与地板的接触处渗漏。

32）收房验收交房时业主交合理费用

（1）合理费用包括物业管理费、垃圾清运费。

（2）契税。

（3）公共维修基金：在交房通知中公共维修基金缴费通知单中有具体金额。

（4）房本工本费。

（5）暖气费。

（6）面积差额款：根据商品房面积实测技术报告书确定。

33）验收房屋发现问题时，一定要开发商盖章确认，约定处理方案。

第3章

住宅厨房设计、施工、质量 检验验收技术

厨房虽然空间不大，但它是住宅环境最易"脏、乱、差"的地方，是装修的重点之一。厨房装修接触很多琐事，如厨房水电改造、厨房吊顶、厨房墙面、厨房台面、厨房地面、厨房水路、厨房电路、厨房的橱柜（台柜、吊柜）、厨房燃气、厨房烟道、厨房灶具、厨房电器、厨房的照明和灯具、厨房的窗台等。如何让厨房美观整洁，是厨房装修的重要内容。厨房要充分利用空间，利用台柜、吊柜等，给锅、碗、瓢、盆等找一个相对妥善的收放空间。把明管道隐藏起来，使厨房变得井然有序，是住宅厨房装修者重点关心的问题。

3.1 住宅厨房装修设计的要求

厨房宜明亮，干净，整齐。厨房装修需要考虑的是整体布局：

（1）灶台、厨具、电路、橱柜、厨房电器之间的关系。

（2）厨房电器的相互关系。

（3）电路插座。要有合理的插座，并根据使用频率适当增加插座。

（4）收纳区的使用。收纳区包括调料品（油、盐、醋、酱油、大料等）、干货（米、面等）、厨具的收纳（刀具、锅具、碗、盆）、清洗用品（铁丝球、洗洁精等），每一个区域都应该独立分开，且便于使用。

厨房的使用面积要适中，过大是一种浪费，而过小则拥挤不堪，合理面积一般为 $8m^2$ 左右。要保证厨房空间的自然采光和合理通风。

1）厨房水电改造

厨房装修水电路改造是最先上的一个项目，是厨房装修过程中至关重要的点。厨房的水、电很重要，并与橱柜的使用息息相关。水电改造时就要想好橱柜布局和电器需求，一定要留足插座，要实用，也要兼顾美观。厨房要用电的电器有抽油烟机、燃气热水器、电冰箱、微波炉、电饭锅、电磁炉、榨汁机、电水壶、电饼锅、消毒柜、洗碗机等。厨房用多少电器，在安装开关插座时要预留位置。

（1）厨房电路改造

厨房电路一般是强电，供照明和厨房电器用，电路改造的重点是强电器材的布置和插座的位置。

（2）厨房水路改造

水路改造的对象主要是水管，是厨房的生活饮用水路系统。厨房的水路改造主要包括上水管、下水管、水龙头和热水器。一般家庭都是厨房和卫生间共用一个热水器，所以在进行水路改造的时候一定要想好热水器安装的位置，这样才能确定冷热水管安装的位置，进行水路改造。

①确定水路，应先确定水槽（清洗盆或洗菜盆）、净水器、热水器、洗碗机等用水物品的位置。水槽是厨房内的主要用水地方，水槽位置下，要预留家里的总阀，建议总阀不要留在墙上，那样不利于后期检修及日常使用。

②水路改造一般走顶不走地，冷、热水出水的水口必须水

平，一般左热右冷，管路铺设需横平竖直，管卡位置、管道坡度等均应符合规范要求。各类阀门安装位置应正确且平正，便于使用和维修。

③进水应设有室内总阀，安装前必须检查水管及连接配件是否有破损、砂眼、裂纹等现象。

④水表安装位置应方便读数，水表、阀门离墙面的距离要适当，要方便使用和维修。

（3）水路改造注意事项

①水管尽可能走墙。

②水管要用 PPR 管，红色 PPR 管为热水管，蓝色 PPR 管为冷水管。

③ PPR 水管的规格。水管按照内径大小可以分为 20mm、25mm 和 32mm，其中 20mm 的比较细，称为 4 分管；25mm 的称为 6 分管（家装水管用 6 分管）；32mm 的一般是进户水管。

④冷热水管应左热右冷，冷热水接头间距为 15cm，距地 1～1.20m。上翻盖洗衣机水口高度为 1.2m。水盆、菜盆给水口高度 45～55cm。

⑤如果有燃气热水器，可供厨房或淋浴用水。

⑥水改走顶必须用金属管卡固定，间距不能大于 60cm，管材的走向以及铺设装修施工关系到日后水路的耐用程度，需要多加注意。看清走向是否合理，铺设是否牢固。

⑦水路改造时，给以后安装电热水器、分水龙头等预留的冷、热水上水管应该注意 4 点：

● 保证间距 15cm（现在大部分电热水器、分水龙头冷热水上水间距都是 15cm，也有个别的是 10cm）；

● 冷、热水上水管口高度一致；

● 冷、热水上水管口垂直墙面；

● 冷、热水上水管口应该高出墙面 2cm，铺墙砖时还应该要求瓦工铺完墙砖后，保证墙砖与水管管口同一水平。尺寸若不合适，以后安装电热水器、分水龙头等，很可能需要另外购买管箍、内丝等连接件才能完成安装。

⑧生活给水系统和生活热水系统的水质均应符合国家规范的使用要求。

⑨生活给水系应充分利用城镇给水管网的水压直接供水。

⑩供水管道、阀门和配件应符合国家相关规范的要求。

⑪套内分户用水点的给水压力不应小于0.05MPa，入户管的给水压力不应大于0.35MPa。

⑫采用集中热水供应系统的住宅，配水点的水温不应低于45℃。

厨房水电改造请参见本书第2章2.2节住宅装修的流程的水电路的改造内容。

2）厨房吊顶

厨房吊顶是厨房的顶面，要选用防火、防水、抗热、易于清洗的材料，如铝板吊顶。厨房比较容易受油污的污染，所以选择吊顶材料时要慎重，要选择抗油污的材料，比如说常见的铝扣板或塑钢板，以便于擦洗，还要注意选用抗老化等材料，因为厨房装修材料老化得快。

厨房吊顶的其他方面请参见本书第2章的有关内容。

3）厨房墙面

厨房墙面是厨房装修的重点之一，厨房墙面一般要贴瓷砖。厨房墙面用的瓷砖花色众多，它不怕酸碱，好保养，因此受到人们的喜爱。贴瓷砖要重点注意：

（1）墙面瓷砖的选择应考虑室内光线的照射度，太亮与太暗的空间应采用亚光且色彩淡雅的瓷砖，避免造成光污染，形成视觉疲劳。

（2）厨房的墙面要贴瓷砖，瓷砖要贴到房顶为宜，以方便清洗。

（3）墙面选用易清洁、不易粘油烟、耐热耐变形的墙壁材料，图案颜色应简单。

（4）瓷砖的勾缝，容易积攒污垢。建议厨房墙面选择光滑釉面的材料，较方便清理。目前市面上已出现抗菌瓷砖，强调瓷砖表层具有抗菌效果，让细菌、臭味、结垢、黏液无法滋生，适合家庭使用。

厨房墙面的其他方面请参见本书第2章的有关内容。

4）厨房台面

厨房台面（橱柜台面）材料有石英石、人造石、亚克力、不锈钢等，石材特性不能接受局部的温差过大，这样会导致开裂现象的发生。

石英石：通常是一种由90%以上的石英晶体加上树脂及其他微量元素人工合成的一种新型石材。它是通过特殊的机器在一定的物理、化学条件下压制而成的大规格板材，主要材料是石英。

石英石硬度高，加工成型制造工艺方式不同，不吸色；高档，有晶体闪亮；色彩丰富，品种多；可粘接、磨边。

石英石硬度高，有接缝是没办法的，安装工艺可以让接缝接近于看不出来，局部的温差过大就会发生开裂现象。石英石橱柜台面的缺点：价格较高，即使是无缝人造石，因其加工工艺的不同，质量也分三六九等，很容易买到质地不好的石英石台面。

人造石：人造石又称"人造大理石"，是一种新型的复合材料，是用不饱和聚酯树脂与填料、颜料混合，加入少量引发剂经一定的加工程序制成的。在制造过程中配以不同的色料可制成具有色彩艳丽、光泽如玉酷似天然大理石的制品。因其具有无毒性、无放射性、阻燃性、不粘油、不渗污、抗菌防霉、耐磨、耐酸、耐冲击、易保养、拼接无缝、任意造型等优点。

亚克力是一种开发较早的重要可塑性高分子材料，继陶瓷之后能够制造卫生洁具的新型材料。与传统的陶瓷材料相比，亚克力除了无与伦比的高光亮度外，还有下列优点：韧性好，不易破损；修复性强；质地柔和，冬季没有冰凉刺骨之感；色彩鲜艳，可满足不同品位的个性追求。

亚克力台面这个词听起来很陌生，因为它是一个近几年来才出现在大陆的新型词语。

不锈钢：不锈钢是不锈耐酸钢的简称，耐空气、蒸汽、水等弱腐蚀介质或具有不锈性的钢种称为不锈钢，它方便清洁、坚固耐造，不锈钢台面是工业化的产物，饭店后厨用的很多。相对于橱柜台面，不锈钢台面就要更加实用些，不锈钢耐污，耐用，方便清洁。

厨房台面要重点注意：

（1）要有足够的台面操作空间。

（2）厨房台面要做挡水条。

厨房台面挡水条分为前挡水条和后挡水条（靠墙的那一边为后挡水条）。挡水条的设计，主要是为了防止水槽的水溅出来，或者是防止厨房台面的积水流到下面木质的橱柜上，引起发霉。

挡水条可以填补橱柜和墙面之间的缝隙，不做的话，水会渗进橱柜和墙面的缝隙里，不仅会导致发霉，还会损坏橱柜的柜体。有人不用挡水条用玻璃胶填起来，玻璃胶时间一长缝隙就会发黑，藏污纳垢，而且防水性能一般。

（3）厨房台面一般使用成品。台面应该根据家里经常做饭的人的身高来量身定制。通常操作高度应该为 80～85cm。

5）厨房地面

厨房地面是不可忽视的，重点要注意两点：防滑、易清洁。

地砖一定要选择防滑的材质，因为在厨房洗菜做菜时，会溢出水来，有时候地面上会沾上水，不注意就会摔倒，所以厨房地面装修做好防滑不可忽视。

厨房地面如果选择瓷砖，应该选择防滑且地缝比较小的瓷砖。

厨房地砖，市面上常见的瓷砖产品有玻化砖、釉面砖、毛面砖、马赛克等。其中玻化砖和釉面砖是比较适合厨房装修使用的。接缝要小，以减少污垢的积藏，便于清扫。

厨房地面有地漏的，可方便日后对厨房地面进行清洁（注意厨房地面应留有一定坡度）。

厨房地面的其他方面请参见本书第 2 章的有关内容。

6）厨房水路

厨房水路分给水和排水或上水和下水。给水走的是干净的自来水，排水走的是生活污水。一般进户给水阀开发商都会预留在厨房，用三通分出水槽和其他地方用水管道，左热右冷间距 200mm，排水（UPVC 管）在公共排水管道利用弯头和水管接出到水槽下方。

给水：厨房内有饮水机、净水器、热水器、洗碗机、水槽等。

排水：生活清洗的污水、洗菜的污水通过水槽的排水管道排出。

（1）厨房水路安装

①厨房水路安装的时候要注意冷、热水上水管口高度一致，管口应该高出墙面 2cm，冷热水管间距是 15cm，这是标准，要严格执行。

②厨房内如有饮水机、净水机等应考虑预先留好上、下水的位置及电源位置。

③冷、热水管均为入墙做法，开槽时需检查槽的深度，冷

热水管不能同槽。

④电热水器一般需固定在承重墙上，如情况特殊，固定在非承重墙上要做固定支架，且顶层要有足够位置做固定支架，需提前与热水器厂家进行沟通，以便确定热水器出水口的位置。安装热水器进出水口时，进水的阀门和进气的阀门一定要考虑并应安装在相应的位置。

⑤安装厨、卫管道时，管道在出墙时的尺寸应考虑到墙砖贴好后的最后尺寸，即预先考虑墙砖的厚度。

⑥墙体内、地面下，尽可能少用或不用连接配件，以减少渗漏隐患点。连接配件的安装要保证牢固、无渗漏。

⑦墙面上给水预留口（弯头）的高度要适当，既要方便维修，又要尽可能少让软管暴露在外，并且不另加接软管，给人以简洁、美观的感觉。对下方没有柜子的立柱盆一类的洁具，预留口高度一般应设在地面上 $500 \sim 600\text{mm}$。立柱盆下水口应设置在立柱底部中心或立柱背后，尽可能用立柱遮挡。壁挂式洗脸盆（无立柱、无柜子）的排水管一定要采用从墙面引出弯头的横排方式设置下水管（即下水管入墙）。

⑧水改后出水口与洁具、热水器等连接，建议加装三角阀。

⑨水路改造完毕要做管道压力实验，实验压力不应该小于 0.6MPa，时间为 $20 \sim 30\text{min}$。

（2）厨房水槽下水的安装

①厨房水槽尽可能靠近主排水管，降低堵塞概率。

②水槽下水尽量避免弯路太多，同时保证下水管的坡度，避免堵塞。

③水槽一定要有提篮，防止下水管被清洗后的废物堵塞，而且清洗起来也方便。

④水槽下水一定要做出"S"形的弯，否则容易返味。

⑤下水管要有坡度，平接的容易堵，容易反味。

（3）厨房水槽的安装

①厨房水槽要用台下盆，清洁卫生、排水都方便。

②台下盆有单盆和双盆，单盆大，双盆一大一小（一个洗餐具一个洗菜）。如果家里人口多，单盆更方便。

③水槽上配套的龙头把手一定要大且易清洗。

④水槽边上需要设置前后挡水条，防止台面上的水流到地上。

⑤水盆、龙头、软管和水盆的连接处、下水道等需要用密封条或是玻璃胶进行密封。

⑥厨房墙面的防水高度最低需要做到50cm，最好做两层。水槽和地漏的防水是关键，水槽和地漏需要设置一定的排水坡度，保证水能够快速排出，不产生积水。

（4）厨房地面防水

①厨房较为潮湿，地面应当有严格的防水标准，一旦地面渗水，会造成安全隐患，厨房应当做防水层。

②水暖管道在安装好后一定要进行打压试验，合格后再做下一道工序，防止管道漏水造成损坏。

③厨房需要做防水的部位，做完防水后一定要做闭水试验，合格后再贴砖。

④厨房电线接头要做防水处理，接头可用高压自粘带和黑胶布进行包扎。

厨房水路的其他方面请参见本书第2章的有关内容。

7）厨房电路

（1）厨房电路需要注意的事

①厨房的电路是强电，不能在地面布强电线，要沿着吊顶和墙壁走线。

②厨房天天用水用火，所以不能有明线外露，一定要走暗线以防范火灾发生。

③插座位置尽可能远离水源和灶台，防止发生漏电事故。

④大功率电器需要单独使用一个线路。

⑤插座要实用，也要美观。

⑥厨房设置单独的配电箱，避免短路而牵连到整个房屋的用电。

⑦插座应为三孔插座。接线应为右火线、左零线、上地线，最好是五孔插座，距地面1.2m左右。

⑧为安全起见，电器插座要远离水槽。

⑨插座要多留，省得拔来拔去。

⑩插座尽量不留在柜子里。

⑪重量超过3kg的灯具，一定要固定在螺栓或预埋吊钩上，禁止使用木楔固定。

⑫安装高度小于2.4m的灯具金属外壳必须做保护接地。

⑬水槽下面放插座要加防水罩。

⑭厨房的门框、门要用铝和玻璃这类以防水，禁止使用木板材。

（2）厨房电器的设置

厨房是电器集中的地方，要给厨房各种电器预留出位置，并在适当的位置设置电源插座，方便使用。

①消毒柜应该选定在靠近水源、远离灶台的地方。

②厨房电器要远离灶台和水槽。

③冰箱放在厨房里面，厨房门的开启不要与冰箱门开启冲突。

④冰箱位置不要太靠近灶台，会影响冰箱制冷。也不能太接近洗菜池，避免因溅出来的水导致冰箱漏电。

⑤冰箱不要同其他电器共用一个插座。

⑥燃气热水器一般在窗户边，距地面1.5m左右，因为燃气热水器通常安装在通风良好的高处，插座通常在机器一侧方

便够到的地方。

厨房电路的其他方面请参见本书第 2 章的有关内容。

8）厨房的橱柜（台柜、吊柜）

厨房的橱柜分柜体、门板、台面、橱柜五金件。

（1）柜体

柜体的材料分刨花板和中密度板。刨花板是天然木材粉碎成颗粒状后，经压制成板，其防水性能优于中密度板，是目前橱柜柜体的主要材料。

①刨花板

刨花板根据用途分为 A 类刨花板和 B 类刨花板。

刨花板根据结构分单层结构刨花板、三层结构刨花板、渐变结构刨花板、定向刨花板、华夫刨花板、模压刨花板。

刨花板根据表面状况分未饰面刨花板和饰面刨花板。

未饰面刨花板分砂光刨花板和未砂光刨花板。

饰面刨花板分浸渍纸饰面刨花板、装饰层压板饰面刨花板、单板饰面刨花板、表面涂饰刨花板、PVC 饰面刨花板等。

②中密度板

中密度板是以木质纤维或其他植物纤维为原料，施加脲醛树脂或其他适用的胶粘剂制成的人造板材，密度板由于质软耐冲击，容易再加工。耐潮湿性能较差。平整度较好，通常用于板式家具、办公家具较多的地方。由于中密度板紧固后容易松动，松动后再紧固强度会不足。中密度板平整度好，用于门板和台面板比较合适，用于箱体板时，在组装紧固过程中，受到一定的局限。

（2）门板

门板厚度一般为 18mm，材料也有很多种。有实木板、金属板、耐火板、烤漆板、树脂门板、吸塑板、木单板、玻璃门板等。

①实木板

实木板并非整体均为实木，其门框为实木，门芯为中密度板贴实木皮，一般在实木表面做凹凸造型，外喷漆，从而保持了原木色且造型优美。这样可以保证实木的特殊视觉效果，边框与芯板组合又可以保证门板强度。

优点：耐刮、耐高温。质感较好、纹理自然，环保性相对较好。与其他材质相比，导热系数小。

缺点：颜色由树种决定，可选择的颜色少。耐酸碱性差，不适合过于干燥或潮湿的环境，保养麻烦。价格高。

②金属板

金属板是最新流行色，其结构为中密度板上贴经特殊氧化处理、精细拉丝打磨、表面形成致密保护层的金属板。

优点：耐磨、耐高温、抗腐蚀。金属可塑性强，纹理细腻，极易清理，不会散发异味。线条简洁，使用寿命长，经久耐用。

缺点：容易变形，稍微碰撞后就容易留下凹槽状的坑点，划伤较难修复。色彩以冷色调为主，有"冰"的感觉，缺乏家庭温馨感。

③耐火板

耐火板，是目前整体橱柜的主流用材。基材为刨花板或密度板，表面饰以防火板。其特点符合橱柜使用要求，适应厨房内特殊环境，更迎合橱柜"美观实用"相结合的发展趋势。

优点：耐磨、耐高温、耐刮。抗渗透、易清洁。色泽鲜艳，不易褪色，触感细腻，价格实惠。

缺点：防水性能差。与烤漆、树脂材质相比，色彩和时尚感稍差。可塑性差，无法创造凹凸等立体效果。

④烤漆板

烤漆板基材为密度板，表面经过六次喷烤进口漆（三底、二面、一光）高温烤制而成。烤漆板的特点是色泽鲜艳易于造型，具有很强的视觉冲击力，非常美观时尚。

优点：表面烤漆能够有效防水。色泽鲜亮，表面平整。抗污能力强，易清理。

缺点：怕磕碰和划痕，损坏就很难修补。易出现色差。工艺先进，使用进口漆的产品价格偏高。

⑤树脂门板

树脂门板是指门板包覆镜面或磨砂树脂材质的门板，通常硬度比烤漆要高，分镜面和磨砂两种材质效果。

树脂板多采用着色喷漆处理，光泽细腻，色彩柔和，表面光滑易清洁，不易变色，但耐高温性不是很好。

优点：安全环保，重量轻。颜色丰富，透光时尚，可无限加厚。防潮性能突显，不易变形。抗冲击力及承重性远高于玻璃200多倍，不易碎。

缺点：耐高温性能较差，耐磨性较差。

⑥吸塑板

吸塑板基材为密度板，表面经真空吸塑而成或采用一次无缝PVC膜压成型工艺，是最成熟的橱柜材料，是最方便、最适宜百姓生活的。这种橱柜门板分亮光和亚光两种效果。既有烤漆的亮丽色泽和华丽品质，又比烤漆更坚韧、耐磨。门板在常规尺寸下无须封边，防水、防潮、硬度及柔韧性好。

优点：色彩丰富，木纹逼真，单色色度纯艳。不易开裂变形，耐划、耐污、防褪色。无缝PVC膜压成型工艺不需封边，不存在开胶问题。日常维护简单，不需要特殊保养。

缺点：由于表面是PVC膜，所以耐高温的性能较差，使用寿命相对较短。

⑦木单板

木单板是指采用包覆技术对板材表面进行实木贴皮，能够突出木材纹理，质感柔和，环保性能好，同时能具有古典或现代的风格。一般为里外双贴 0.6mm。

优点：造型新颖，质感好，门板无须封边，防水、防潮好，不变形，表面光滑不渗油，易清洁，造价比实木低，对于喜欢天然木纹又不愿出高价的人群很适合。

缺点：表面耐划性差，木材原本的自然瑕疵会自然显露。

⑧玻璃门板

玻璃门板是吊柜柜门中常用的材料，不仅让厨房更具通透感，同时也为整体橱柜增添一抹亮色。

优点：透光性好，颜色丰富，不会散发异味。防潮、防火性能好，不存在变形问题。

缺点：材质脆、易碎，使用时需特别注意。表面的可塑性较差，花样较少。此外，污渍看起来比较明显。

（3）台面

台面有石英石、人造石、亚克力、不锈钢等。

（4）橱柜五金件

橱柜五金件是配件，是现代厨房家具的重要组成部分之一，橱柜的大部分功能实现需要五金的支持。通常所说的五金配件主要有铰链、滑轨、阻尼、气撑、吊码、调整脚、踢脚板等七种。虽然使用少，但它决定橱柜的使用寿命。

①铰链

铰链是橱柜最重要的五金配件。铰链的质量对柜门的正常开合十分重要。衡量铰链质量的优劣有两个指标，一个是结构强度，标准是能否在 75 磅的门负载下开合十万次。另一个是表面耐腐蚀性，指标是能否做到盐水喷雾后耐腐蚀 48h。

②滑轨

滑轨是抽屉滑轨，在橱柜中的重要性仅次于铰链，主要应用于抽屉和拉篮。用于橱柜的滑轨主要有普通托底型、金属侧板型和豪华全包型三种，三者外观、性能、价格相差均极为明显。普通托底型滑轨结构简单、价格低廉，抽屉侧板需用木质板材来制作，制作时抽屉宽度不宜超过600mm。

③阻尼

阻尼产品的设计主要目的是减少门板与柜体的冲击力，延长门板的使用寿命，同时降低厨房操作过程中的噪声，营造安静舒适的室内环境。

④气撑

橱柜气撑根据上翻的形式分为上翻式、平移上掀式、垂直平移上掀式、折叠上翻式等。

⑤吊码

吊码是橱柜安装吊柜使用的配件，它直接影响的产品的安全性能。吊码经历了三代，第一代为明装ABS工程塑料吊码，通过自攻螺钉与侧板进行固定，影响吊柜的外观，承重性能较差，大多数橱柜已被提供商淘汰；第二代为隐藏式钢制吊码，主要特征为安装隐藏在吊柜背板与墙体之间，不影响吊柜的外观，承重性能有所提升，单支承重65kg；第三代为钢制隐藏式吊码，在第二代产品的基础上，与固体侧板连接与固定、吊片安装进行了工艺革新，并在受力的部位进行了加强处理，单支承重70kg。

⑥调整脚

调整脚有PVC和ABS两种。PVC成本低廉，常常用回收塑料制成，承重性能较差。调整脚坚固耐用，承重性能好，能更有效地支撑整体橱柜的重量。

⑦踢脚板

踢脚板分为木质踢脚板、PVC踢脚板和铝质踢脚板三种。

厨房的橱柜可根据每个人的喜好、观点、使用价值不同而选择。

选择橱柜面板时：

● 不能只注重其外观和表层性能，不能只看外表面是否防水、防火、无划痕。要辨别板材密度，要求销售人员拿出面板模型，观察其横断面的颗粒之间是否紧密。

● 柜门面板最耐用是防火板的，寿命最短是吸塑的，最怕划是烤漆的，最贵是实木的，最便宜是双饰面的。

● 橱柜门封边最好用 ABS 或铝的，比较耐用。

● 橱柜顶柜不能放太沉的东西，不方便拿取。

厨房橱柜的其他方面请参见本书第 2 章的有关内容。

9）厨房燃气

厨房燃气要做好三个方面：抄表方便、不做暗管、严禁移动燃气表。

（1）厨房里的燃气管道不能做暗管、包死。必须露在外面，燃气表也严禁移动，同时考虑抄表、检查和检修的方便。

（2）除了总阀外，对于燃气灶、燃气热水器等要分别设阀门，这样即便出现问题也方便关闭。

（3）如果燃气管道大部分都包进了橱柜里，那么建议安装燃气报警器，同时要为报警器留个插座。

（4）厨房燃气管道不同于家中的其他管线，目前有关部门对燃气管线的改造和安装有强制性规定，各种改造和安装不得由业主私自进行，并且家装公司在各种情况下也不能随意改动。业主要在经物业和天然气公司等方面的专业人员批准后，再进行改造安装。

（5）如果燃气热水器离燃气表比较远，要预埋一个 32 的 PVC 管，留着以后穿燃气管。

（6）住宅应使用符合城镇燃气质量标准的可燃气体。

（7）住宅内管道燃气的供气压力不应高于 0.2MPa。

（8）住宅内各类用气设备应使用低压燃气，其人口压力必须控制在设备的允许压力波动范围内。

（9）套内的燃气设备应设置在厨房或与厨房相连的阳台内。

（10）住宅的地下室、半地下室内严禁设置液化石油气用气设备、管道和气瓶。十层及十层以上住宅内不得使用瓶装液化石油气。

（11）住宅的地下室、半地下室内设置人工燃气、天然气用气设备时，必须采取安全措施。

（12）住宅内燃气管道不得敷设在卧室、暖气沟、排烟道、垃圾道和电梯井内。

（13）住宅内设置的燃气设备和管道，应满足与电气设备和相邻管道的净距的国家标准要求。

厨房燃气的其他方面请参见本书第 2 章的有关内容。

10）厨房烟道

厨房一定要注意油烟的处理，原因很简单，烹饪使用豆油、调和油，天然气是明火，还有气味，所以烹饪油烟会特别大，如果处理不好，就会油烟满屋飞，不仅影响厨房、居室的环境卫生，也影响人体健康，这是要充分考虑的。

厨房烟道需要注意：

（1）尽可能不要改变排烟口。原始烟道都是成品，渗漏概率比较低，一旦现场改造烟道，首先要封堵原来的洞口再打新的洞口，工人施工水平是参差不齐的，这两道工序都可能产生泄漏，所以尽可能不要改造。

（2）灶具距离烟道的距离要适中，最近不要小于 20cm，最远不要超过 1m。如果距离过长，不光排烟效果打折扣，而且太长的烟道会震动，造成更大的噪声。

（3）灶具和排烟口中间不能有梁，排烟道不能穿梁，必须要绕梁。绕梁不仅损失吊顶高度，还会让管道打三次弯，排烟效果损失超过 40%。

（4）厨房内各类用气设备排出的烟气必须排至室外。多台设备合用一个烟道时不得相互干扰。厨房燃具排气罩排出的油烟不得与热水器或采暖炉排烟合用一个烟道。

（5）燃气灶最好在公共烟道一侧，缩短管道，利用好进出风口及气流走向。

11）厨房灶具

厨房灶具主要是灶台、抽油烟机和热水器，需要注意：

（1）抽油烟机的有效距离通常是80cm，在此范围内抽烟效果相差无几。抽油烟机可依主人身高来安置。烟机的高度通常是80cm左右，不宜过高或过低。

（2）中式抽油烟机比欧式的吸力更强。中式抽油烟机功率大，抽得干净。

（3）灶具不要紧贴墙面，每边至少要预留20cm的空间，最好两边都预留足够的台面，可以摆放备餐和调味品，这样可以有效提升效率。

（4）灶台和面板间不要打胶，以方便检查。

（5）灶台一定选面上开孔小的，防止汤水溢出后流入灶具。

12）厨房电器

随着人们生活水平的不断提高，厨房除了锅碗瓢盆外，还有厨房电器。厨房电器是指家庭厨房使用的家用电器。

从生活实际出发，根据不同人的需求，现代家庭厨房的电器非常多，按用途分为食物准备、食物制备、食物烹饪、厨房卫生四类。

（1）食物准备类

食物准备类包括洗菜机、果蔬消毒机、搅拌机、和面机、切片机、开罐器、打蛋器、搅拌器、绞肉机、电切刀、刨冰器、电冰箱等。

（2）食物制备类

食物制备类包括榨汁机、豆浆机、面包机、咖啡机、冰激凌机、酸奶机（酸奶生成器）、爆米花器等。

（3）食物烹饪类

食物烹饪类包括微波炉、蒸汽炉、电饭锅、电烤箱（烤肉器）、烤面包片器、电火锅、电高压锅、电炒锅、蒸蛋器等。

（4）厨房卫生类

厨房卫生类包括洗碟机（洗碗机）、电热水器、餐具干燥箱、垃圾压紧器、食物残渣处理器、电开水器（电水壶）、净水器、消毒柜、紫外线消毒器等。

有的厨房电器是经常用的，有的不经常用。厨房区域不大，橱柜和台面都不够用，一些不常用到的家电最好不要设计在厨房工作区内。如果有足够大的厨房，这些电器当然都放进厨房最好。

装修厨房的时候，要考虑冰箱的宽度和厚度，要确保能放下冰箱。200L左右的冰箱一般仅供单身使用，市场上500～600L电冰箱不断增多，同时，冷冻室容积也将增加。

13）厨房的照明和灯具

厨房是用于做饭的，照明基本要求是能够照亮灶台台面、水槽等工作面。照明要避免在工作面上产生阴影，不宜过暗，不然必定在一定程度上影响操作。

厨房的照明分成两个层次：一是对整个厨房的照明，二是对洗涤、准备、操作的局部照明。无论哪一个灯光层次，都要求灯光色度要适中，否则影响颜色判断，避免灯光阴影。厨房的照明与选择光源和灯具有关，灯光色度要适合，灯具方位要适合。

厨房灯具的一般要求是：

（1）灯具要做到防雾、防湿、防水、防尘，能避免水汽、油烟进入灯具影响光效和寿命，避免灰尘和油污的聚集，消除安全隐患，以免长时间做饭产生的油烟沾染在灯上影响到照明效果。

（2）易于清理，高效节能。

（3）亮度高，要满足烹饪和阅读菜谱的需要。

（4）使用吸顶灯作为基础照明，保证房间的亮度。

（5）在安装厨房灯具时，要尽可能地远离炉灶，不要让煤气、水蒸气直接熏染。厨房需要安全、方便的灯具。由于灯头容易被油污、燃气在燃烧时会产生二氧化硫等酸性气体，对金属制品有很严重的腐蚀作用，所以最好用卡口式，在轻度生锈后灯泡容易卸下。

（6）以简洁实用为主。

（7）厨房灯具的光线使用白光照明效果好，白光是冷光，既保证了亮度，也保证了色彩还原度。

（8）厨房灯具安装在顶棚的中间部位，以使整个房间内的光照分布均匀。

（9）灯具方位太高了照明不够，太低了影响操作。

（10）厨房灯具线路的接头应严格用防水的绝缘胶布认真处理，以免水汽结露进入，造成短路，发生火灾。

14）厨房的窗台

厨房是寸土寸金的地方，一般厨房的窗户是作为采光来使用的，而窗台是空着的，把窗台利用起来是有必要的。厨房窗台尽量装得宽些，可放置一些餐具洗涤用品，还可放置一些回香、陈皮、桂皮、生姜、大蒜头、辣椒等各种调料，比较实用。

15）厨房的其他

（1）厨房内的菜刀、刀叉、剪刀等是厨房的最基本工具，各种菜刀或水果刀不应悬挂在墙上，或插在刀架上，应该放入抽屉收好。刀用完后应用干净的布擦拭干净，放在干燥、安全处，以免伤人。

（2）切肉用案板和切菜用案板要放在干燥、安全处。菜板最好用木质的，使用完毕后应刮净，以防止生霉菌。

（3）厨房炒锅、汤锅、小奶锅、碗、筷子、餐具等要经常清洗、消毒，摆放整齐，要给锅、碗、瓢、盆找一个相对妥善的收放空间。

（4）常用的炒勺、汤勺、饭勺等在厨房里安装一个挂杆，把它们挂起来，方便使用。

（5）要经常保持厨房环境卫生和厨具卫生，注意通风换气，及时清扫污物垃圾。

（6）厨房在使用的时候，容易产生油烟，藏污纳垢，所以厨房不可以留下太多的夹缝，像柜子和顶棚之间、抽屉之间，都不要有夹缝，否则清理起来很艰难。厨房家具夹缝多要防蟑螂。

（7）厨房里垃圾量较大，气味也大，是居家"脏、乱、差"的地方，要预留放垃圾桶的空间，兼顾使用的方便。

（8）厨房要给米、面、油、杂粮留下放置的空间。

3.2 住宅厨房施工流程

厨房橱柜一般都是交由专业的装修公司负责设计施工，但也有的人自己进行设计施工。

1）橱柜定做流程

橱柜发展到今天，定做化越来越流行，业主选择橱柜定做流程。

（1）选择厂家，然后确定订单。

（2）签订订单，与设计师上门认真测量，计划好空间，保证橱柜定做质量的可靠性。

（3）根据厨房的设计、布局，以及水电路、电器的位置，绘制橱柜定做图。

（4）准确测量整体橱柜的严丝合缝，确定标准且合理定做橱柜的施工方案。

（5）与商家签订供货合同。

（6）厂家按照规定为消费者按照合约时间送货和安装橱柜。

（7）消费者查收橱柜，验收签字付款。

（8）消费者应该注意的是合约里一定要写清售后保障服务，以便保护消费者权益。

2）橱柜安装流程

橱柜分为三个部分，地柜（下柜）、吊柜（上柜）和台面。

安装橱柜分两种，一种是吊柜和地柜有相连之处，它们的安装步骤为：橱柜安装准备→地柜安装→吊柜安装→台面安装→水槽、龙头安装→燃气灶安装→抽油烟机安装→燃气热水器安装→安装调整橱柜门板→橱柜安装检查→收尾，顺序进行安装。

另一种是吊柜和台面地柜没有相连之处，它的安装步骤为：橱柜安装准备→吊柜安装→地柜安装→台面安装→水槽、龙头安装→燃气灶安装→抽油烟机安装→燃气热水器安装→安装调整橱柜门板→橱柜安装检查→收尾，顺序进行安装。

（1）橱柜安装准备

①橱柜的安装必须在水电改造完成，厨房地砖、墙砖铺贴完毕，吊顶完毕、装好门套后才能进行。

②泡沫墙、空心墙不能安装吊柜。

③应对厨房地面进行清扫，以便准确测量地面水平。

④将墙面水电路改造暗管位置标出来，以免安装时打中管线。

⑤施工队需要提前准备相关的安装工具。

⑥检查台面的材质、颜色等方面与选定的是否有差别；接着检查台面接口的粗细，越细的接口线显得更为美观，而且也更牢固。

⑦电器尺寸一定要先规划好。

⑧对柜体有干涉的管道、地梁、进水管的角阀、下水管等位置都要量好尺寸。能提前开好的孔都尽量开好，以免到时候施工不便。

⑨如果热水器安装在厨房，不要安装在橱柜内，最好预留专门的热水器位置。

⑩材料进场检查。

橱柜板块：包括柜体板和门板，是橱柜最主要的材料。根据设计图纸，橱柜厂商生产出组装一套橱柜所需的各种板块，而且板块上基本都已经打好了连接件的安装孔。

配件：橱柜安装过程中，用到的最多配件有木梢、二合一连接件、塑料膨胀螺栓、各种大小不一的螺钉、吊码、铰链、拉手、地脚以及各种装饰盖（白帽、挂码盖、排孔盖等）。

⑪地柜如果是"L"形或者"U"形，需要先找出基准点。"L"形地柜从直角处向两边延伸；"U"形地柜则是先将中间的一字形柜体码放整齐，然后从两个直角处向两边码放，避免出现缝隙。

⑫安装工具。

在橱柜安装过程中工具有：地毯、锤子、电钻、冲击钻、螺丝刀、水平尺、水平仪、激光水平仪、钢尺、铅笔、墨盒、垫片、圆锯、钻、线锯、螺丝枪、曲线锯、垫片、密封胶、打磨机、夹钳等。

（2）地柜安装

橱柜的基材和工艺是很重要的，安装也是非常重要的，"三分橱柜七分安装"。安装的好坏直接影响整体橱柜的美观度和使用，甚至影响整体橱柜的寿命。

地柜安装一般分为三步：测量尺寸、找出基准点、安装连接地柜。

①测量尺寸

地柜安装时安装工人要先使用水平尺对地面、墙面进行测量后了解地面水平情况，使用激光水平仪，固定地柜在地面的底线和上线，最后调整橱柜水平。

②找出基准点

地柜如果是"L"形或者"U"形，需要先找出基准点。

● "L"形地柜从直角处向两边延伸，如果从两边向中间装，有可能出现缝隙；

● "U"形地柜则是先将中间的一字形柜体码放整齐，然后从两个直角处向两边码放，避免出现缝隙。

③安装连接地柜

● 材料进场后，一般需要先把地柜统一组装好，搬进厨房，按图纸顺序倒置摆放，便于安装地脚。

● 提前开孔。安装所有的柜子之前，把对柜体有涉及的管道、进水管的角阀、下水管等位置都要量好尺寸。

● 地柜板块切割。水槽部位的地柜，由于有进出水管件挡住，不能直接放置下去，因此需要对底板进行切割。切割用到的工具主要是曲线锯。切割前，需要准确测量好各种尺寸数据，然后将地柜翻转过来，在底板的反面对应画出切割尺寸。切割时需注意应从反面开孔，割口从反面进行操作。正面露出钻头尖时，再从正面往里操作，保持两面不崩齿。

● 铺地毯分类放部件。先铺地毯（塑料布），以防在拆箱安装过程中损坏或划伤地面；把不同的类别区分开来，比如柜身板、侧板、橱柜门板等放在地毯上，分完类之后，拿出来组装橱柜柜身的小零件。

● 码放地柜。开好所有所需孔洞后，就要码放地柜，码放地柜要按安装顺序将货物排列好分放到位，必须仔细核对不得出现错分错放现象，尽量现场开封包装；检查柜体的边角有没有任何的质量问题；打开包装的时候注意刀口的伸出长度，避免损伤到包装里面的柜体等。根据现场环境决定柜体中的大件小件的安装操作。组装柜体时应注意轻拿轻放，避免刮伤厨房内的成品同时避免损伤橱柜柜体。码放地柜完毕后，需要对地柜进行找平，通过地柜的调节腿调整地脚的高度使地柜上表面高平齐，然后再固定相邻的地柜柜体。

● 地柜板块连接。地柜板块连接一般有三种连接方法：木梢连接、二合一连接件连接和螺钉连接。

木梢连接：用短小粗圆的木梢，将板块与板块连接。木梢虽然没有钢制钉子牢固，但是能够使得板块之间不会有松动感，连接更加紧密。

二合一连接件连接：二合一连接件由拉杆、偏心件两部分组成。板块之间除了采用木梢连接外，还增加了二合一连接件，确保连接牢固不会松垮。二合一连接件的特点是能够承受更大的拉力。板块上已经预先打上了安装孔，在安装时，先将拉杆装入对应安装孔，然后将板块连接，再装上偏心件，用螺丝刀将偏心件转动固定住。

螺钉连接：在部分板块间，为了确保板块连接万无一失，还会使用电钻打入螺钉固定。使用的螺钉主要是木螺钉，这种钉子比起其他钉子更容易安装。因为地柜不需在墙面钻孔固定，而只需组装好之后，将之摆放到合适的位置。

地柜的板块有靠墙板和底板。靠墙板和底板不同于其他板块，靠墙板属于较薄的防潮板，而底板则贴上了防潮膜。

橱柜框架安装牢固定位后，需要在橱柜背面安装背板。

● 地柜之间的连接。地柜之间为防止移动，需要进行连接。连接的方法是在对应的安装孔钻入钉子固定。固定的时候，注意力度，防止造成板面崩齿。

地柜之间的连接一般需要 4 个连接件进行连接，以保证柜体之间的紧密度。

● 地柜地脚安装。如果橱柜柜体不直接接触地面，而是通过地脚连接地面，那么在地柜柜体组装好之后，翻转过来，底板上已经预先打了安装孔，将地脚配件套上去，然后用螺钉固定住，最后将地脚杆拧紧。利用橱柜调节腿，用水平仪调整地柜的水平度，误差必须保证在 1mm 左右。

安装的过程中，顺着测量好的水平线安装，同时要保证柜体的平稳。安装之后，用力摇一摇看是否有松动的现象，确保柜体已经完全固定在地面或墙面上。

地柜的安装过程：

● 橱柜安装首先要严格按照图纸要求，不得随意变更位置。

● 橱柜安装允许的误差应小于 2mm。

● 吊柜与墙面应接合牢固，拼接式结构的安装部件之间的连接应牢靠不松动。

● 所有抽屉和拉篮应抽拉自如，无阻滞，并有限位保护装置。

（3）吊柜安装

吊柜顾名思义是吊起来的柜子，也就是靠近墙壁的柜体，一般是通过固定件将吊柜固定到墙面上。吊柜安装必须确保安全，保证柜体在后期使用中不会掉下来。

在安装吊柜的时候，要测好底部和顶部的水平面是否平衡，两边是否垂直。如果没有检查到位的话，不仅影响整体美观，还会影响使用。

①测量尺寸

● 吊柜安装之前，安装工人要先使用水平尺对墙面进行测量，了解墙面水平情况，使用激光水平仪，固定吊柜在墙面的底线和上线。

- 吊柜安装之前，业主应对厨房的燃气表或煤气管道、排烟孔、电线、管道分布位置等跟安装工人交流好。
- 为了保证膨胀螺栓的水平，需要在墙面画出水平线，根据使用者身高，调整吊柜高度，画水平线，以方便日后使用。
- 吊柜安装之前，应检查柜体的边角有没有任何的质量问题。

安装的过程中，顺着测量好的水平线安装，同时要保证柜体的平稳。

②安装连接吊柜

- 安装吊柜时同样需要用连接件连接柜体，保证连接的紧密。
- 固定吊柜的方式有两种，一种是吊柜里面左右角上有两只 ABS 件；另一种是后背板由螺钉穿板固定在墙壁上。固定吊柜要在墙面钻孔，安装吊片。
- 吊柜的材料进场、提前开孔、板块切割、分类放部件、码放地柜、板块连接、吊柜之间的连接与地柜安装方式相似。
- 安装吊片和吊码。吊柜安装过程中，需要安装吊片和吊码。安装吊柜之前，要先确定吊柜吊片安装的位置，确定好吊柜预定的位置，画线标注，然后用冲击钻，在水泥墙面上钻孔，在孔中塞入膨胀螺栓，将吊片固定，每片吊片用电钻打入两根长钉固定。吊码是实现吊柜与墙面连接的最重要的五金件，吊码需要用钉子固定到对应的吊柜位置。为保证吊柜、墙面安装牢固度达到承重要求，一般每 9cm 需要安装 2～3 个固定吊码。
- 固定吊柜。将吊柜的吊码扣到吊片上，然后用工具紧固螺钉。

● 吊柜安装完毕后，必须调整吊柜的水平，吊柜的水平与否直接影响橱柜的美观度。

● 吊柜的承载力一般不如地柜，所以吊柜内适合放置轻的物品，重物最好放在地柜里。

安装之后，用力摇一摇吊柜，看是否有松动的现象，确保柜体已经完全固定在地面或墙面上；检查橱柜安装得是否到位，要注意观察各种接缝和边缘，需要观察柜体、台面、门板的边缘，观察柜体、台面与墙体、灶具、水槽之间的接缝等。如果出现了较大的缝隙，它的稳定性会比较弱，这时应该及时要求施工工人进行改善工作。

（4）台面安装

吊柜、地柜柜体安装好后，接下来就开始安装地柜的台面，台面多数为石英石台面、人造石台面、不锈钢台面、天然大理石台面、天然石台面。石材台面是由几块石材粘接而成，粘接时间、用胶量以及打磨程度都会影响台面的美观。一般夏季粘接台面需要 0.5h，冬季需要 1～1.5h，粘接时要使用专业的胶水进行粘接。为了保证台面接缝的美观，安装工人应使用打磨机进行打磨抛光。

在地柜与吊柜安装完成后，会导致原来橱柜平面图的尺寸出现误差，为了减少误差，对台面进一步测量确认，这样便于调整地柜与吊柜安装后可能出现的台面误差。台面安装需要注意台面的水平，水槽（水盆）、灶台的切割是重点。

①台面切割、打孔时，长宽比实物大 3mm 做预留，台面与墙面应保证 3～5mm 的空隙便于粘接。有转角的话，转角处一般做 25mm 圆弧。

②粘接水槽，然后放入垫板上，台面距墙的缝隙保持在 3～5mm。

③台面连接部位用大理石胶粘贴后再打一层蜡。

④打磨及抛光：胶水完全固化需要 $1 \sim 2h$，期间不得随意拿开或搬动。胶水固化后，多余部分的胶水用打磨机打磨平整。

⑤墙壁用玻璃胶粘合严密。

⑥人造石台面应无拼接缝，所有切割部位打上密封胶。

⑦切割水槽开口，在水槽将要放置的位置将水槽倒过来放，用一支铅笔轻轻地标记外部边缘的轮廓，然后在这个线向里 0.8cm 再标记一圈线作为切割线。在切割标记的外面，粘贴胶带，然后用竖锯切出开口。如果无法插入竖锯（从切割线里面开始），可以钻一个 1.2cm 直径的孔，将锯条穿过这个孔，开始用锯切口。

⑧切割燃气灶具开口

● 抽油烟机应与灶台的距离保持在 $75 \sim 80cm$ 之间，与灶具左右对齐。如果过高，会影响抽油烟机效果；过低，会影响美观度。

● 燃气灶具是嵌入式的，它的样式不一样，尺寸也不一样，一般有 $630mm \times 350mm$，$650mm \times 320mm$，老式的为 $780mm \times 380mm$。必须要先选好灶具再开孔。灶具有两个尺寸，一个是外形尺寸，一个是开孔尺寸，各个品牌的开孔尺寸是不一样的，即便是同一品牌，不同型号也有开孔尺寸不一样的情况，应参照自家台面的情况选购适合尺寸的灶具。灶具开孔尺寸（燃气灶开孔尺寸）是灶具安装时的开孔尺寸，比外形尺寸要小得多，是灶体的大小尺寸。开的孔要保证灶体能嵌入其中，不能小，也不能太大，太大了会对面板直接受力造成损坏，一般都附带有挖孔的样板。

（5）水槽、龙头安装

水槽、水龙头安装很简单。水龙头安装大体上有两种形式：一种为螺纹柱形式，一种为马蹄形式，当然要看产品支持哪种形式了。

①安装前的检查

● 一般水龙头在出厂时都附有安装尺寸图和使用说明书。

● 在安装使用前应打开商品包装检查合格证等以免使用三无产品。如果是进口商品，那更要特别注意。

● 应检查五金配件是否齐全，一般五金配件应装有套固定螺栓及固定铜片和垫片。

● 取出龙头时，上、下、左、右扳动手柄的感觉应开合轻盈自如；检查电镀表面，以光亮，没有气泡、斑点和划痕为准。

● 如果水龙头在新建房屋中使用，因供水管网是新铺的，水中肯定会有砂粒等杂质，安装前应长时间放水直到水质变清方可安装。

● 让排水通道畅通无阻。如果排水通道不是畅通无阻时，用通管钢索或螺丝刀把所有的妨碍物移走。

● 水槽造型多样，在设计的时候，需要预留好水槽位。在购买的时候，需要了解到水槽的具体尺寸。

● 水表不允许包起来，以便于日后的检修。

②螺纹柱形式水龙头安装

● 用金属软管（不锈钢编织管）来连接水管，不需要考虑水管的安装位置，但需要注意的是，通常软管的长度是30cm（进口尺寸，个别品牌还是硬管），用金属硬管连接水管的，则应该先买好龙头以后，再根据龙头硬管的长度尺寸来铺设水管。

● 安装时将两只进水管一端安装在龙头上，另一端接两只冷热角阀或接在两个冷热接头上。

● 接管时候，左边是热水，右边是冷水，两管相距100～200mm。

● 安装龙头的进水管。将事先安装在龙头上的进水管一端连接到进水开关处，安装时要注意衔接处的牢固，同时还要注意冷热水管的位置，切勿左右搞错。

● 把买好的水龙头装在水槽上，水龙头的橡胶垫圈要放好，缠上防水胶带，可以防渗水、漏水，用扳手把螺钉拧紧。打开进水阀门，检查有无漏水。

● 如果水龙头是在新建的房屋中使用，因为供水管网是新铺的，所以水中肯定会有沙砾等杂质。因此，在安装之前应该长时间放水，直到水质变清才可以安装。

③马蹄形式水龙头安装

● 准备工作，留出位置，水槽款式有差异，因此台面留出的水槽位置应该和水槽的体积相吻合，在定购台面时应该告知台面供应商水槽的大致尺寸。

● 安装水槽前，应该将水龙头和进水管都安装完毕。安装水龙头时，不仅要求安装牢固，而且连接处不能出现渗水的现象。

● 将水槽的一些功能配件都安装完毕后，便可以将水槽放置到台面中的相应位置。

● 安装龙头的进水管。安装时要注意衔接处的牢固，同时还要注意冷热水管的位置。

● 安装溢水孔的下水管。溢水孔是避免水槽向外溢水的保护孔，因此在安装溢水孔下水管的时候，要注意其与槽体衔接处的密封性，要确保溢水孔的下水管自身不漏水。

● 安装过滤篮下的下水管。过滤篮下的下水管在安装时，注意下水管和槽体之间的衔接，不仅要牢固，而且要密封。

● 安装整体的排水管。通常人们都会买有两个过滤篮的水槽，但两个下水管之间的距离有近有远，工人在安装时，会根据实际情况对配套的排水管进行切割，此时要注意每个接口之间的密封。

● 安装挂片加固槽体。水槽放入台面后，需要在槽体和台面间安装配套的挂片，将水槽安装牢固，避免细小的空隙导致槽体左右摇晃。

● 安装收尾。进行排水试验，待基本安装完毕后，将过滤篮也安装上，开始进行下一步的实验。做排水试验时，需要将水槽放满水，同时测试两个过滤篮下水和溢水孔下水的排水情况。排水时，如果发现哪里有渗水的现象，应马上返工，确保使用无碍。

④水槽安装

● 在预留好的水槽位边上，提前安装好水龙头和进水管道，确保水槽在安装之后能正常使用。

● 取下水槽安装座、橡胶垫圈、三角法兰盘、安装圈、螺钉、卡簧，将橡胶垫放入水槽安装座上，然后从水槽的上端将水槽安装座放入水槽的开口处。

● 槽下端将垫圈放入水槽安装座，贴紧水槽底面，再依次放入三角法兰盘、安装圈，然后将卡簧卡入水槽安装座的凹槽内。

● 最后将三颗螺钉旋入安装圈，调整螺钉，使水槽安装座与水槽紧密结合。不可用铁锤来敲紧。

● 把水槽放到台面上粘好，连接角阀，接上水管，可先测试一下水，然后在水槽里放满水，压24h，让边粘得更牢固一些，没问题就可以封上玻璃胶。

● 为防止水盆或下水出现渗水，软管与水盆的连接应使用密封条或者玻璃胶密封。

⑤下水管安装

● 溢水孔是避免水槽向外溢水的保护孔，因此在安装溢水孔下水管的时候，要注意其与槽体衔接处的密封性，要确保溢水孔的下水管自身不漏水。

● 下水管安装采用现场开孔的方式，用专业的打孔器按照管道的大小进行打孔，打孔的直径应比管道大 3～4mm，并且打孔后要将开孔部分用密封条密封，防止木材边缘渗水膨胀变形，影响橱柜使用寿命。

● 为了防止水槽或下水出现渗水，软管与水槽的连接应使用玻璃胶密封，软管与下水道也要用玻璃胶进行密封。

● 下水道要用玻璃胶进行密封。由于下水管道位于地柜底部，消费者无法检验，一些安装工人为了节约成本不使用玻璃胶密封，从而导致日后下水道出现异味或者漏水。

（6）燃气灶安装

家用燃气灶按燃气的种类可分为：人工燃气灶、天然气灶和液化石油气灶。这三种燃气的灶前压力、热值等区别大，并且各种气源的灶具是不能相互混用的，因此用户家的燃气不同，选择的灶具也不同，否则会发生意外。

采购燃气灶前先要和燃气公司确认提供的燃气类型再去选择相应气源的燃气灶，应是符合国家安全标准规定，通过国家质量检测的合格品。

为了保证燃气灶的安全使用，燃气灶应安放在耐火的灶台上，灶台高度在 600～700mm 为宜；为确保厨房空气流畅，厨房应需要有对外通风口，燃气燃烧时没有充足的氧气就不能充分燃烧，如果火焰呈蓝紫色，表示燃烧充分，呈红黄色，就代表缺氧。

为保证灶具的燃烧热效率和防止火焰被风吹灭而引起事故，灶具要安装在避风的地方。厨房面积不应小于 $2m^2$，室内高度不应小于 2.2m；厨房与相邻房间应很好隔离，防止漏出的煤气相互串通。

燃气灶分台式灶和嵌入灶，台式灶是整个灶体放在支承面上的一种灶具，现在基本不用。

嵌入式灶是把灶具的主体嵌入台面中，与台面平行，上部支架是活动的，可随时取下来进行清理，具有易清理的特点，在新装修的厨房中多使用嵌入灶。

嵌入式灶具安装：

①嵌入式灶具安装时，必须严格按说明书中关于安装位置、开孔尺寸的要求开孔，灶具安装位置四周有易燃材料时，必须采用隔热防火板；开孔尺寸的大小适当，不能造成台面对整机挤压或使面板承受灶体重力，特别是玻璃面板灶具；安装灶具时注意灶具面板四角不应受到硬物碰撞。

②将炉灶倒置平放，进行电池的安装，查看电池盒是否有电池，如没有，需购买电池并安装，一般是1号电池。

③安装燃气管。

开箱后按照装箱清单仔细检查产品配件是否齐全，有无损坏。发现问题请与经销商联系更换。在安装燃气管前，需要先将灶具放进事先开好孔的灶台。

④清理干净灶具进气口，再将胶管接头套入灶具接头处并超过红线，并用管夹或管箍夹紧胶管。

⑤安装灶具。

● 安装灶具最重要的是连接气源，一定要确保不漏气，安装完成可让天然气公司上门检测是否漏气。

● 安装灶具电器要注意电源孔的布置、灶台的尺寸和接气口的安全。

● 灶具与抽油烟机的距离一般在750～800mm之间，与灶具应左右对齐，如果过高，会影响烟机效果。

● 气表不允许包起来，以便于日后的检修。

● 橱柜中嵌入式灶具的安装只需要现场开电源孔，电源孔不能开得过小，以免日后维修时不方便拆卸。

⑥调试燃气灶。调试燃气灶时打开燃气灶旋钮，测试是否有火；火焰正常颜色为蓝紫色，如果火焰颜色偏黄，或者偏

红，需要再对燃气灶进行调试。

如果出现黄焰时要调试灶具的风门调节器，调节进气孔的大小，从而改变火焰的状态，直到变为蓝焰火为止。

（7）抽油烟机安装

①抽油烟机的种类

抽油烟机有顶吸式、侧吸式、下吸式。主流造型分为三种，分别是"塔形"、"T"形、"弧形"，能够与各种风格相搭配。

● 顶吸式抽油烟机

顶吸式抽油烟机安装在灶台的上方，它将风机系统放置在集烟内腔的顶部，进风口直接面对上升的油烟，通过减少油烟在集烟内腔的涡流时间，实现快速排油烟，通过油烟机的排风扇把油烟抽走。目前市场上传统的抽油烟机大多是顶吸式。

顶吸式吸油烟机采用密闭的排烟室，通过过滤油网分离油烟，从而减少了油烟对电机、风叶的侵蚀。与此同时，排风量也大大提升了。相对而言，吸油烟效果比较好。

顶吸式油烟机大多采用不锈钢和钢化玻璃的材质制作而成，清洗方便。

顶吸式抽油烟机的优点是：使用不会损失热能，使燃烧更充分；安装高度均符合国家标准，在使用过程中不会干扰到燃气灶的正常工作；符合空气对流原理，热的烟只会往上升，在空气对流过程中，热气总是向上升的。根据这个道理，抽油烟机应该安装在燃气灶上部，才能使热气和油烟尽快排出，吸油烟更顺畅；双进风口，一般情况下燃气灶为两个炉头，那就需要抽油烟机有两个进风口，才能对应燃气灶的两个炉头，以达到更好的抽油烟效果；双层油网过滤装置，在油烟进入抽油烟机内部之前将油烟分离，并将分离后的烟排出室外。

顶吸式抽油烟机的缺点是：由于安装位置的局限，顶吸式抽油烟机容易碰头；油网容易滴油；吸油烟风口油网清洗需要请专业的工人来进行拆洗。

● 侧吸式抽油烟机

侧吸式抽油烟机，顾名思义就是抽烟口在灶具的侧面，而不是在正上方，又名近吸式抽油烟机。侧吸式抽油烟机采用了敞开式的设计，进风口离油烟源头更近，能第一时间锁定住产生的油烟，并且可以有效地缩短油烟上升的运动距离，排烟效果自然更为理想。在外观上，增大了烹饪空间范围，做饭时不存在压抑感。

侧吸式抽油烟机的优点是：采用油烟分离器使油烟机有效分离，增加风机的使用寿命，并更有效地达到油烟抽净效果；烧菜的时候，头不会碰到油烟机，身体不必后仰；油烟净化率达到了90%。

侧吸式抽油烟机的缺点是：发展还不太成熟、款式少、噪声大，技术还不够强大；侧吸烟机离灶具很近要经常清洗，比较麻烦；工作面距离烹饪区很近（一般是30～45cm），抽吸可能造成煤气或天然气燃烧不充分，增加用户的用气量。

● 下吸式抽油烟机

下吸式抽油烟机是与灶具结合的下排抽油烟机，风柜下置，大大节约了厨房空间，这样可以将油烟机的围板、风柜、烟管等设置在橱柜下部，更好地隐藏起来，不碍眼，不会发生碰头、滴油等。它多用于集成灶，即把油烟机、灶具合为一体形成集成灶。下吸式油烟机直接将主机放在灶台上面，抽油烟的效果好，炒菜所产生的热气、燃烧废气、油烟都可以一并吸走，炒菜不会感觉热，使用时的噪声低，还节能。

由于下吸式抽油烟机在向下排烟的过程中，油污容易堆积，加之清洗不易，容易生成有害物质，油烟无法有效分离也可能影响电机的寿命。因此，业内人士表示，选择下吸式油烟机排烟效果虽然好，但一定要选择售后服务体系健全的大品牌，尤其是清洗要及时。

下吸式抽油烟机的优点是：取消了传统的抽油烟机机箱，灶台上方宽敞，特别适于放在阳台上，因抽油烟机和灶具直接放在窗户下面，灶具上面不用有任何装置，彻底解决了窗户上装抽油烟机的难题。

下吸式抽油烟机的缺点是：这类烟机品种很少，由于价位普遍较高，以及后期的清理和维修问题，构成了消费者选择中的一些局限和障碍。

顶吸式、侧吸式、下吸式抽油烟机对消费者来说，根据自己的需要、喜好和风格来选择。抽油烟机一般是厂家送货到家，并且免费安装。

②顶吸式和侧吸式抽油烟机的安装

● 安装灶具最重要的是连接气源，一定要确保接气口不漏气，气源一般应由天然气公司派人连接，如果是装修工人安装，也需要让天然气公司上门检测是否漏气。

● 拆开包装纸箱，检查机体铭牌和外箱的产品标识是否对应。取出烟机及随机的安装附件，按照装箱单检查有无缺件（一般情况下不会缺件，如果缺件，在不影响安装质量的前提条件下，可以寻找合适的替代品处理）。附件包括螺钉、膨胀胶粒、挂条、油杯、排烟管、止回阀。先检查烟机的性能：将其放在水平台面上，接上电源，依次按下各功能键，照明灯亮，电机运转正常，止回阀叶片转动灵活，就可进行安装。

● 确定安装的位置。抽油烟机应与灶台的距离保持在 75～80cm 之间，与灶具左右对齐。如果过高，会影响烟机效果；过低，会影响美观度。抽油烟机应安装在灶具正上方与灶具同一轴心线上，并保持左、右、前、后位置的水平。务必按照说明书中的"安装方法"操作。

● 安装在灶台的正上方。顶吸式要求高于灶台 75～80cm；

侧吸式高于灶台 30～45cm。

● 要直接安装在能承重的墙面上，不要安装在木质墙面，避免火灾。

● 用卷尺测量安装板的安装孔位置，使用水平仪，以确保抽油烟机水平安装，用笔做好标记；用冲击钻和大小合适的钻头钻出安装孔，装上安装板。

● 量好排风烟管正对墙面的位置，在墙面上画好钻孔范围，用冲击钻钻穿墙壁。在墙壁相应位置钻出 6 个直径为 Φ8mm 深度为 50mm 的孔，将膨胀管压入孔内，再用 6 枚 5×50 的木螺钉将挂条固定在烟机挂板。

● 将吸油烟机挂到挂板上，确保吸油烟机无晃动和脱钩现象并尽量保证水平；将烟管卡扣固定到止回阀出风口上。

● 将机体后部的挂孔对准挂条的挂钩嵌入，然后摇动几次机体确认机体安装水平和牢固，注意检查烟机背部的两个垫脚不可脱落，固定好的烟机应与墙面成 90°。

● 将排烟管的一端与吸油烟机上的出风口连接，另一端则与共用烟道或外墙上的墙孔连接。如果排风到公共烟道，必须在公共烟道的口上安装逆止阀，且要密封好；如果直排到室外，则需要伸出去一些，使排烟管口伸出 30mm，口子朝下，避免雨水灌入；注意烟道与抽烟机的连接要密封和牢固。

● 将油杯拧上或推入到位，固定好。

● 抽油烟机安装完成后，一定要记得调试。

● 安装注意事项。排烟管出口到机体的距离不宜过长，转弯半径尽可能大且少转弯，以免空气阻力太大影响排烟效果；排烟管伸出户外或通进共用吸冷风烟道，接口处要严密，不允许将废气排到热的烟道中。

在安装抽油烟机的时候一定要注意两个距离：一个是抽油烟机进风口和灶具的距离，另一个是抽油烟机与烟道的距离，也就是烟管长度。

（8）燃气热水器安装

燃气热水器安装一般是厂家送货到家，并且免费安装。

①拆包检查要注意无论是在哪里购买热水器，一定要等到安装师傅来后再拆包，因为自己拆包如果出现问题，很多商家是不给予三包的。在拆包之后要检查配件是否完整，说明书、三包证件等是否齐全，要参照说明书检查配件。

②燃气热水器的冷水进水管、热水出水管、燃气进入管，这三个管的相互位置，不同型号的燃气热水器都不一样，所以需要先确定购买的燃气热水器型号，然后根据实际型号来预留这三个管路的位置。

③燃气热水器还需要用电，所以必须预留一个插座。

④现在的燃气热水器都需要往室外排气，这个气体一般都有一定温度，所以排气管都是金属的，日后使用中金属排气管也是有温度的，所以，此排气管的安装应该注意避开同在吊顶中的抽油烟机排气管，因为抽油烟机的排气管都为塑料的，局部长期受热容易老化损坏。

⑤燃气热水器安装必须根据热水器的性能特点安装符合要求的排气烟管、排烟孔（筒），安装空间必须与室外保持对流通风。

⑥有的型号的燃气热水器可以包到橱柜里，但有的包到橱柜里会使其燃烧不充分，甚至会频繁灭火，具体需要咨询专业人士。即便可以包到橱柜里的燃气热水器，也应该尽量增大其通风，比如此处橱柜吊柜应该不做顶底板、安装百叶门。

⑦热水器安装高度由地面至热水器底部 1.2～1.5m。与其他家电安装的距离也要适中，以免出现故障，造成不必要的麻烦。而安装的地点最好是通风条件良好的位置，不可设置在卧室、地下室、客厅、浴室或密闭房间内。

⑧热水器安装位置上方不得有明电线、电器设备，下方不能设置煤气烤炉、煤气灶等。必须为热水器单独安装进水、进气阀门，且开关方便。热水器安装高度要易于观察。

⑨热水器应安装在坚固耐燃的墙面上，挂钩牢固可靠，安装后确保机体垂直，不得倾斜。

⑩热水器安装前打洞。需要详细测量确定热水器安装的位置，然后用笔在墙壁上画出需要打洞的位置，并打孔，上膨胀螺栓钻完孔把热水器先挂上去，再划定出下方孔洞的位置，再钻头打孔。

⑪布管与安装阀门。在预留的位置插入燃气热水器专用的螺纹管，预留的空洞要稍微大一点，以免到时候还要重新打洞返工。孔边在热水器安装完毕之后用盖子盖上，然后用玻璃胶固定好。热水阀安装在左边，冷水阀安装在右边。

⑫安装燃气阀门。将热水器的燃气管道与气表连接时，需要装一个三角阀门，将原来只供灶具的燃气管道变成可同时供灶具和热水器使用的管道。

⑬安装排烟管道。排烟口都是由开发商统一设计，预留好了位置，因此排烟管道最好在热水器上墙前就布置好，否则位置不太好调整。排气管与墙壁之间的盖子最好选用金属材质的，因为热水器在使用时排气管的温度会很高，会把塑料的盖子烤化。要注意内高外低，防止雨水倒灌。

⑭热水器安装后调整。热水器上墙以后，需要做最后的调整。螺纹管外部的黄色软管需要剪掉，这样才能保证美观。一切安装完毕后，再做试机工作。

（9）安装调整橱柜门板

安装橱柜的最后步骤是进行门板调整，保证柜门缝隙均匀与横平竖直，橱柜安装的好坏直接影响使用，甚至影响橱柜的寿命。

①橱柜门板安装

● 橱柜门板与柜体之间需用到铰链来连接，在安装之前，首先要将铰链固定到门板对应的安装孔上。

● 然后将门板对应到柜体，所有门板的高度保持门板下沿与箱体下沿一平。然后用工具将门板的铰链固定到柜体上。门板调平后，所有铰链全部盖上铰链盖。

● 为了降低开合橱柜门板时产生的震动和响声，在最后，在门板和柜体上安装消声的塑料件。

● 门板安装应相互对应，高低一致，所有中缝宽度应一致；拉手应处于同一水平线上。另外还需要检查把手和门扇是否有刮花、损伤、生锈现象。

②橱柜门高低调整

● 门的高低靠铰链来调节，而铰链大体分为两部分，一部分是固定在门板上，一部分是固定在箱体上。门板上的铰链是固定的，只有在箱体上的铰链用来调节，在箱体上铰链的两个钉是调节门高低的。铰链有前后两个螺钉，前边螺钉调节门的左右，而后边螺钉调节门的前后。

● 橱柜门间隙调整。橱柜门板铰链与柜体的连接端有两颗螺钉，拧松或拧紧外面的那颗螺钉即可调整门板间隙。门板间隙变大即拧松外面那颗螺钉，最后要记得里面的螺钉要拧紧，否则门板可能会脱落。

③橱柜抽屉滑轨

滑轨固定在侧板和抽屉上面，因此它承受着抽屉的全部重量，抽屉滑轨是拉动抽屉的。

④橱柜门铰链

铰链不但开合橱柜门，而且还单独承担门的重量。

⑤橱柜拉手

橱柜拉手是重要的，为了方便吊柜地柜门的开合，门板采用竖拉手。

⑥所有门板的高度保持门板下沿与箱体下沿水平，门板调平后，所有铰链全部盖上铰链盖，用螺丝刀进行操作，对开门板缝隙保持在1.5mm，否则会出现变形，导致有的门打不开。

⑦缝隙板条安装

吊柜的柜体与墙面间留有缝隙，已经配备了板条，需要将之安装上。安装前，先将板条和板块用胶水固定住，然后打上密封胶。接着将之插入对应缝隙，然后用工具在柜体另一侧装钉，固定住板条。

⑧安装踢脚板

根据柜体的长度裁割踢脚板并固定，如有转角处必须用转角配件固定。全部安装完成后，打开柜门，通风散味。

（10）橱柜安装后的检查

橱柜安装是厨房装修的重点，它关系到入住后使用厨房的舒适度，那么橱柜安装后需要检查。

①橱柜安装的检查

检查橱柜安装是否合格，可从以下几方面进行检查。

● 橱柜安装要严格按照图纸要求安装，不得随意变更位置。

● 橱柜安装允许的误差应小于2mm。

● 橱柜的封边是否细腻、光滑、手感好，封线平直，接头精细。

● 地柜安装是否牢固，一排地柜是否水平。

● 吊柜与墙面应接合牢固，拼接式结构的安装部件之间的连接应牢靠不松动。

● 所有抽屉和拉篮应抽拉自如，无阻滞，并有限位保护装置。

● 检查橱柜安装是否到位，要观察各种接缝和边缘，需观察柜体、台面、门板的边缘，观察柜体、台面与墙体、灶具、水槽之间的接缝等。如果出现了较大的缝隙，它的稳定性会比较弱，应及时要求施工工人进行改善。

● 所有橱柜的锐角是否磨钝，人能触摸的金属件是否有毛刺、锐角。

②地柜安装后的检查

● 地柜在使用中高度是否舒适。

● 地柜安装是否牢固，一排地柜是否水平，是否横平竖直。

● 地柜的封边是否细腻、光滑、手感好，封线平直，接头精细。

● 装有水槽的柜体底板是否贴的是整张防水铝箔，且三边要上翻1cm。

● 柜内排水管道的接口应密封，防止水外溢。

③吊柜安装后的检查

● 吊柜安装后要水平，横平竖直，板材没有崩边，掉角。

● 安装吊柜前，应对进墙部位、靠墙面和易受潮部位刷防腐剂。

● 吊柜摆放应协调一致，台面和吊柜组合后应保证水平。

● 吊柜与墙面的结合安装应牢固，连接螺钉不小于M8，每900mm长度不少于两个连接固定点，确保达到承重要求。

④橱柜台面的检查

● 台面产品外表面应保持原有状态，不得有碰伤、划伤、开裂和压痕等损伤现象。

● 台面与柜体要结合牢固，不得松动。

● 台面是否有棱角、切割毛边的遗留。

● 台面是否有刮划、水槽镶嵌是否有问题、台面接缝是否太大等情况。

● 石台面应无拼接缝，人造石拼接不能看见接缝，所有切割部位打上密封胶。

● 不靠墙的台面板加6mm高小挡水，正面63～65mm（厚度），台面12mm（厚度），后挡水为50mm（高）。

● 台面靠墙部分用白色玻璃胶封板，为了防止台面的水流到橱柜后面，台面靠墙的地方，要做上翻形成挡水。需要注意的是，上翻一定是有平滑弧度的上翻，而不能是直角的上翻，否则会留下难以清理的死角。

● 台面板下需有垫条。

● 手感不能有高低，接缝平整、光洁。

● 石台面不能有色差。

● 台面上水槽和灶具的位置都需要开孔，开孔边缘要圆滑，不能有锯齿形状；四个角要做一定的弧度，不能是简单的直角，而且要特别加固。

⑤橱柜门板的检查

● 要检查橱柜门板是否与选择的色号一致，材质是否相同，表面应无损伤，门板整体颜色需一致，不允许有色差。

● 门板必须平整、无起泡现象，门边造型是否是原先订好的；封边的门板、封边的颜色是否符合订购时的要求。

● 逐块检查门板的正反表面有无变形、划伤、起泡等现象。

● 检查门扇是否有刮划损伤、生锈的现象。

● 螺丝是否安装到位、门板是否平齐？

● 所有相邻表面之间缝隙是否小于2mm，门与框架、门与门、抽屉与柜、抽屉与门、抽屉与抽屉的相邻表面缝隙≤2mm。

● 门缝应上下一致，宽度均匀，门缝宽度在1～2mm之间。

● 所有的门安装的是否平齐，拉手安装的是否有松动。

● 门板和屉面的上下、前后、左右分缝也要均匀一致。

⑥拉手安装的检查

● 确认拉手安装的牢固。

● 柜体开合也必须预留足够的空间，如果出现柜体打开与门框相碰的情况，这是不合格的。

● 检查固定件是否牢固。

● 拉手是否水平。

⑦铰链安装的检查

● 铰链安装是否牢固。

● 门板开关时应相互无碰撞。

⑧滑轨安装的检查

● 抽屉和拉篮，应抽拉自如，无阻滞。

● 所有柜外露的锐角必须磨钝，不允许有毛刺和锐角。

● 抽屉和拉出式篮、架安装是否稳固、顺畅、无声、轻巧。

● 抽屉缝隙是否均匀。

⑨排水的检查

● 排水（溢水嘴、排水管、管路连接件等）各接头连接、水槽及排水接口的连接应严密，不得有渗漏，软管连接部位应用卡箍紧固，后挡水与墙面连接处应打密封胶密封。

（11）收尾

对墙面、柜体内、门窗、地面全面清理，做一遍整体清洁后，即可打开柜门通风散气，等待入住。

3.3 住宅厨房装修质量检验验收技术

住宅厨房质量检验验收分水路部分、电路部分、吊顶部分、墙体部分、地面部分、橱柜部分、燃气部分、通风部分。

1）厨房水路部分验收

（1）水路材料是否合格及符合要求。管材表面无痕伤，软管无死弯。

（2）水路排布是否合理，定位尺寸是否准确。上、下水走向要合理，布管横平竖直，没有过多的转角和接头。水管与电源、燃气管间距≥50mm。

（3）管外径在25mm以下给水管的安装，管道在转角、水表、水龙头或角阀及管道终端的100mm处应设管卡，管卡安装必须牢固。

（4）所有接头、阀门与管道连接处应严密，不得有渗漏现象，管道有坡度。

（5）进水管全部用PPR管，下水管用PVC管。热熔连接PPR进水管可走地，丝口连接进水管必须走顶面。冷热水安装应左热右冷，安装冷热水管平行间距不小于20mm，当冷热水供水系统采用分水器时应采用半柔性管材连接。

（6）明水管出水口要做到上冷下热，左热右冷。冷热水管需分开开槽，并且相互之间要间隔10cm以上，避免相互影响。

（7）隐蔽管道在封闭前，必须进行加压测试。经通水试压，所有管道、阀门、接头应无渗水、漏水现象。

（8）应注意检查厨房排水口是否通畅，如果排水缓慢应该及时让物业疏通。

（9）地漏排水要检查厨房的地面是否有倾斜角，便于地漏排水。

（10）要封闭多余地漏，防止水流倒溢和返味。

（11）水路改造后要打压测试，封闭24h无渗漏；下水管做排水试验，通水顺畅，不漏水、泛水。

（12）水管固定是否牢固，平行于墙壁的水管用管夹固定时，管夹相互间距要≤0.8m，否则水流通过时水管会晃动，会有噪声，也会减损水管的使用寿命。

（13）出水口的高度及间距是否正确及符合客户要求。

（14）水路与电、气路交叉时是否正确。

（15）阀门安装要正确，开启灵活、方便使用和维修，阀门及龙头接头处无渗水、漏水现象。

（16）开关龙头、水槽等洁具无污染、无破损、无划痕，安装要平正，位置正确便于使用和维修。

（17）墙面出水管的护盖严密、紧贴墙面。

（18）台板边封闭是否严密，无渗水、漏水，水槽与台板之间密封是否严密，水槽位置要正确。

（19）检查水表是否有水表空走、阀门关闭不严、阀门脱丝、连接件滴水等现象。在所有阀门关闭时，水表是否缓慢走动，检查上下水管道有无渗漏。

（20）排水管道应畅通，无倒坡，无堵塞，无渗漏。地漏应略低于地面，地漏处的地面应该有一定的倾斜角度，便于地面上的水排出。

2）厨房电路部分验收

（1）所用电器、电料的规格型号应符合设计要求及国家现行电器产品标准的有关规定。

（2）塑料电线保护管及接线盒必须使用阻燃型产品。

（3）金属电线保护管的管壁、管口及接线盒穿线孔应平滑无毛刺，外形不应有裂缝。

（4）电源配线时所用导线截面积应满足用电设备的最大输出功率。

（5）配电箱户表应根据室内用电设备的不同功率分别配线供电；大功率家电设备应单独配线和安装插座。

（6）电路排布是否合理、是否符合防火要求，厨房电路要专线分布；线路的线径是否符合要求；电气线采用阻燃型暗管铺设；暗线敷设必须配护套管，严禁将导线直接埋入抹灰层内，导线在管内不得有接头和扭结，吊顶内不允许有明露导线。

（7）电路与水路、气路有交叉时是否合格。

（8）线管、线盒固定是否合格，两者之间连接牢固。

（9）各电器功率是否够用，各线路的线径是否符合要求。

（10）线路测试是否合格，各线之间阻值不小于 $0.5M\Omega$。

（11）线管的封补是否合格。

（12）开关、插座位置是否合理，使用是否方便、安全。

（13）线路接通、开关是否接触良好，工作是否正常。

（14）灯具、电路及控制面板洁净，灯具安装牢固、方正，顶灯与顶面接触严密，螺口灯头火线不得接外壳，接灯线的接头要接触牢固、绝缘要好。

（15）控制面板及灯具安装牢固、方正，顶灯与顶面要接触严密。

（16）所有电线接头都应留有 15cm 的余量，遇到转角，保持电线圆弧状拐弯。

（17）电线穿管时，管内电线的总截面积不应超过管内径截面积的 40%。

（18）电源插座安装，应左零右相（火），上方为地线。火线进开关，零线进灯头。火线用红色，零线用蓝色，保护线用黄绿双色线。

（19）开关、插座要安装牢固、位置正确，上沿标高一致，面板端正、紧贴墙角、无缝隙，表面洁净；不同空间也力争同一高度。

（20）电气工程安装完工后，应进行 24h 满负荷运行试验，检验合格后才能验收使用。

（21）工程竣工时应向用户提供电路竣工图，标明导线规格和暗线管走向。

3）厨房吊顶部分验收

为了便于擦洗，厨房吊顶最好吊全顶，验收时主要观察一下是否出现接缝不均、平整度欠佳、吊顶起拱、四角不平、位移变形等问题。

厨房吊顶验收的其他方面请参见本书第 2 章的有关内容。

4）厨房墙体部分验收

目前精装修房厨房的墙体大多是瓷砖墙，比较容易出现的问题是砖体有色差、铺设间隙过大或不匀、转角处瓷砖疏松脱落、凹凸不平及开裂以及瓷砖与墙体之间存在空洞。

厨房墙体验收的其他方面请参见本书第 2 章的有关内容。

5）厨房地面部分验收

厨房地面应铺防滑砖，应该首先注意观察一下砖体铺设是否平直顺畅，同时也要注意是否与墙面瓷砖一样存在砖体色差、铺设间隙过大或不匀、瓷砖疏松脱落、凹凸不平及开裂等现象。另外厨房地面需要经常清洗，为了方便应有地漏进行排水。

厨房地面验收的其他方面请参见本书第 2 章的有关内容。

6）厨房橱柜部分的验收

厨房橱柜验收请参见上节橱柜安装后的检查的有关内容。

7）厨房燃气部分的验收

（1）煤气管须采用优质镀锌管，管径必须达 20mm，以保证有足够气源。

（2）煤气管安装后须试压，进行致密性试验。

（3）未经供暖管理部门批准不能拆改供暖管道和设施。

（4）未经燃气管理单位批准不能拆改燃气管道和设施。

（5）燃气管道与厨房电器设备、其他管道平行、交叉敷设时，应保持一定的间距，其间距应符合现行国家标准《城镇燃气设计规范》GB 50028 的规定。煤气管道安装完成后应做严密性试验。燃气管道与厨房电器设备、其他管道应符合表 3-1 的规定。

燃气管道与厨房电器设备、其他管道平行、
交叉敷设时的间距表　　　　表 3-1

名称		平行敷设	交叉敷设
电气设备	明装的绝缘电线或电缆	250mm	100mm
	暗装或管内绝缘电线	50mm（从所做的槽或管子的边缘算起）	10mm
	电插座、电源开关	150mm（从边缘算起）	不允许
	配电盘、配电箱或电表	300mm	不允许
相邻管道		应保证燃气管道、相邻管道的安装、检查和维修	20mm
燃具		主立管与燃具水平净距不应小于 300mm；灶前管与燃具水平净距不得小于 200mm；当燃气管道在燃具上方通过时，应位于抽油烟机上方，且与燃具的垂直净距应大于 1000mm	

（6）燃气计量表安装

①燃气计量表在安装前应具备下列条件：

● 燃气计量表应有法定计量检定机构出具的检定合格证书；

● 燃气计量表应有出厂合格证、质量保证书；标牌上应有 CMC 标志、出厂日期和表编号；

● 超过有效期的燃气计量表应全部进行复检；

● 燃气计量表的外表面应无明显的损伤。

②燃气计量表应按产品说明书要求放置，倒放的燃气计量表应复检，合格后方可安装。

③燃气计量表的安装位置应满足抄表、检修和安全使用的要求。

④用户室外安装的燃气计量表应装在防护箱内。

⑤高位安装时，表底距地面不宜小于 1.4m。

⑥低位安装时，表底距地面不宜小于 0.1m。

⑦高位安装时，燃气计量表与燃气灶的水平净距不得小于

300mm，表后与墙面净距不得小于 10mm。

⑧燃气计量表安装后应横平竖直，不得倾斜。

⑨采用高位安装，多块表挂在同一墙面上时，表之间净距不宜小于 150mm。

⑩燃气计量表应使用专用的表连接件安装。

⑪燃气计量表安装在橱柜内时，橱柜的形式应便于燃气计量表抄表、检修及更换，并具有自然通风的功能。

⑫燃气计量表与灶具、厨房电器设备的间距应符合表 3-2 的规定。

燃气计量表与灶具、厨房电器设备的间距表（mm） 表 3-2

名称	与燃气计量表的最小水平净距
相邻管道、燃气管道	便于安装、检查及维修
家用燃气灶具	300（表高位安装时）
热水器	300
配电盘、配电箱或电表	500
电源插座、电源开关	200

（7）灶具与厨房电器设备、其他管道的间距

灶具与厨房电器设备、其他管道的间距应符合表 3-3 的规定。

灶具与厨房电器设备、其他管道的间距表 表 3-3

名称	与燃气灶具的水平净距（mm）	与燃气热水器的水平净距（mm）
明装的绝缘电线或电缆	300	300
暗装或管内绝缘电线	200	200
电插座、电源开关	300	150
电压小于 1000V 的裸露电线	1000	1000
配电盘、配电箱或电表	1000	1000

厨房燃气的其他方面请参见本书第 2 章的有关内容和上节燃气热水器安装的有关内容。

8）厨房通风部分的验收

厨房通风窗面积占使用面积的 1/10，厨房排除油烟的烟孔直径为 15cm。

本节讨论的厨房检验验收技术是厨房阶段验收技术。

3.4 厨房在收房验收中常见的缺陷问题

厨房在收房验收中常见的缺陷问题主要表现在以下几个方面：吊柜、台面、油烟机、柜台面抽屉、不锈钢台盆周边未打胶防水密封、厨卫间与水相邻处插座未设置防水装置，也是业主收房时要重点注意的地方。

1）吊柜常见的缺陷问题

吊柜一般是订购厂家的，由厂家负责安装，平整度基本满足用户的要求。存在的缺陷主要是吊柜与窗户之间开启碰撞，如图 3-1 所示。

厨房吊柜与窗户之间开启碰撞

图 3-1　吊柜与窗户之间开启碰撞

2）台面常见的缺陷问题

台面一般也是订购厂家的，由厂家负责安装，平整度基本满足用户的要求。台面存在的缺陷主要有：台盆底板未贴防潮膜、台盆柜强插未配防水盖盒、台盆下预留插座无法使用、柜台面抽屉闭合不平整。

（1）台盆底板未贴防潮膜的缺陷问题如图 3-2 所示。

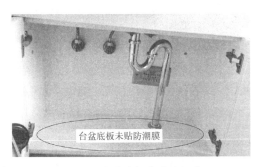

图 3-2　台盆底板未贴防潮膜

（2）台盆柜强插未配防水盖盒的缺陷问题，如图 3-3 所示。

图 3-3　台盆柜强插未配防水盖盒

（3）台盆下预留插座无法使用的缺陷问题，如图 3-4 所示。

3）抽油烟机常见的缺陷问题

抽油烟机方面存在的缺陷主要有：罩管安装不垂直，与墙面拼接不到位、风管安装变形、风管开孔过大未采用封口堵塞。

（1）抽油烟机罩管安装不垂直，与墙面拼接不到位的缺陷问题，如图 3-5 所示。

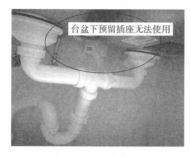
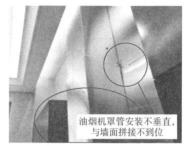

图 3-4　台盆下预留插座无法使用　　图 3-5　油烟机罩管安装不垂直，与墙面拼接不到位

（2）风管安装变形的缺陷问题，如图 3-6 所示。

（3）风管开孔过大未采用封口堵塞的缺陷问题，如图 3-7 所示。

图 3-6　风管安装变形　　图 3-7　风管开孔过大未采用封口堵塞

4）柜台面抽屉常见的缺陷问题

（1）柜台面抽屉闭合不平整的缺陷问题，如图 3-8 所示。

（2）抽屉与拉手碰撞的缺陷问题，如图 3-9 所示。

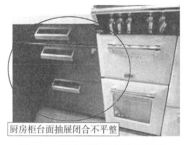

图 3-8　柜台面抽屉闭合不平整　　　　图 3-9　抽屉与拉手碰撞

5）不锈钢台盆周边未打胶防水密封常见的缺陷问题，如图 3-10 所示。

6）厨卫间与水相邻处插座未设置防水装置常见的缺陷问题，如图 3-11 所示。

图 3-10　不锈钢台盆周边未打胶防　　图 3-11　厨卫间与水相邻处插座未设
　　　　　水密封　　　　　　　　　　　　　　　置防水装置

7）厨卫间瓷砖空鼓常见的原因，如图 3-12 所示。

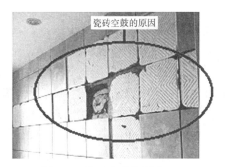

图 3-12　瓷砖空鼓的原因

8）厨卫间地漏不便于排水常见的缺陷问题，如图 3-13 所示。

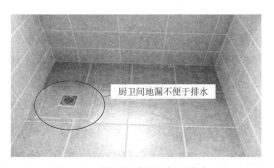

图 3-13　厨卫间地漏不便于排水

第4章

住宅餐厅设计与装修施工技术

　　餐厅是住户家人或家人与亲友进餐的主要场所，是每个家庭必不可少的地方。随着人民生活水平的提高，人们对餐厅的要求也越来越高，对餐厅的设计越来越重视，虽然餐厅装修在整个家庭装修工程中并不是特别大的项目，但在装修设计的时候会发现，有一些问题如果不加以注意，可能会影响到家居的整体感觉。

　　餐厅的装修一般来说应以简单大方为主，但是每个家庭餐厅的大小和家居的装修风格不同，其餐厅的设计也不相同，因此了解餐厅设计装修要点是非常有必要的。

4.1 餐厅的种类和要求

4.1.1 餐厅的种类

　　餐厅根据家庭使用面积的设置方式主要有两种：独立式餐厅和共用式餐厅。

　　（1）独立式餐厅

　　独立式就是单独的一个空间。一般认为这是最理想的格局，便捷卫生、安静舒适、功能完善。一般大一点的住宅都可以选择这样的布局。

（2）共用式餐厅

共用式又分为两种情况：一种是餐厅与厨房共用，另一种是餐厅与客厅共用。

①餐厅与厨房共用

由于小户型的房屋受到空间的局限，房子面积小，直接将餐桌摆在厨房里。如果厨房空间达到 $10 \sim 15m^2$，可将餐厅设在厨房，共用空间。让餐厅和厨房各自形成独立的空间。空间被隔开，区域划分明显，形成独立的空间。整体效果不如开放式通透，但是实用。

餐厅的空间尺寸需要考虑座位和人行的活动空间：人通行宽 760mm，人座位占用宽 520mm。还应考虑家具的活动便捷、操作方便。值得注意的是，在同一空间内不要过多地采用不同的材质及色彩，这样会造成视觉上的压迫感，以柔和亮丽的色彩为主调。明亮的色调，也可以让小户型餐厅看起来通透、大气。

餐厅与厨房共用以实用为先，需要合理地布置餐桌、餐椅、橱柜等，该小则小，在不影响使用功能的基础上，够用就好。

②餐厅与客厅共用

客厅是家庭住宅的核心区域，客厅的面积、空间也是开放性的，它是家居格调的主脉，把握着整个居室的风格。小户型住房都采用客厅兼做餐厅的形式，在这种格局下，很多住房的客厅和餐厅都是一个，餐厅和客厅共用。如果觉得这样不好，可以在中间进行隔断，但是隔断会挡住采光。

隔断是指专门用来分割室内区域的工具，使得不同区域应用起来更加灵活。客厅和厨房是不是需要做隔断，各人见解不同，众说纷纭，需要具体对待。对于大户型应根据具体格局，设计要求可以做。能有效地划分出功能区，凸显整洁规范的家居环境。如果是中小户型就不建议做隔断，做了会导致空间更加拥挤，没有隔断视觉上会显得通透敞亮。

客厅餐厅一体是现在的主流设计，客厅和餐厅连在一起，可以节省比较多的空间，适合小户型的空间设计。需要客厅家具跟餐厅家具风格一致。餐厅与客厅共用选择什么样的形式要根据房屋的空间结构决定。

4.1.2 餐厅的要求

（1）餐厅应选择尺寸、数量适宜的家具及设施，且家具、设施布置后应形成稳定的就餐空间，并宜留有净宽不小于900mm 的通往厨房和其他空间的通道。

（2）餐厅装饰装修后，地面至顶棚的净高不应低于2.20m。

（3）套内无餐厅的，应在起居室（厅）或厨房内设计适当的就餐空间。

（4）餐厅的位置应靠近厨房布置，最重要的是使用起来方便。

4.1.3 餐厅使用面积的要求

餐厅的使用面积需要考虑家庭使用面积，可分为经济型户型的餐厅、舒适型户型的餐厅、高档住宅的餐厅。

经济型户型的餐厅使用面积为 6m^2 以上；家庭建筑面积小于 100m^2。

舒适型户型的餐厅使用面积为 10m^2 以上；家庭建筑面积大于 100m^2，小于 140m^2。

高档住宅的餐厅使用面积为 15～20m^2；家庭建筑面积大于 140m^2，每个房间均规整、舒适。

4.1.4 餐厅的空间尺寸的要求

餐厅的空间尺寸需要考虑座凳和人同行的活动空间：人通行宽760mm；人座位占用宽520mm；靠墙面最小尺寸3000mm。

4.1.5 餐厅的餐桌尺寸的要求

餐桌分方桌、圆桌和开合桌（椭圆形餐桌）。对于餐桌椅的高度、尺寸，国家已有标准规定。人坐在标准高度的桌椅上，两脚平放在地面时，大腿与小腿基本是垂直的；两臂自然下垂时，上臂与小臂也基本是垂直的，桌面高度刚好与小臂平面接触。

按照餐桌的款式不同，家用餐桌尺寸也有详细规定。按照标准规定，餐桌的标准高度在750～790mm之间，而餐椅的高度则在450～500mm之间。餐桌是根据家庭成员人数选择的，选择餐桌最重要的就是实用性。

（1）方桌

方形餐桌分方桌和长方形桌。常用的餐桌尺寸是760mm×760mm的方桌和1070mm×760mm的长方形桌。方形餐桌的尺寸应根据座位数不同而各异。

（2）圆桌

圆形餐桌能有效利用有限空间，让空间显得宽敞，占地面积小、可塑性强的特点受到人们喜爱。

（3）开合桌

开合桌又称伸展式餐桌，可由一张900mm方桌或直径1050mm圆桌变成1350～1700mm的长桌或椭圆桌（有各种尺寸），适合中小型家庭和客人多时使用。

4.2 餐厅装修的要素和需要注意的基本点

4.2.1 餐厅装修的要素

餐厅装修的要素：空间、色彩、光线、美观。

（1）空间

餐厅的空间一定是相对独立的一个部分，如果条件允许的话，最好能单独开辟出一间餐厅来，有些户型较小，无法达到一间独立的餐厅，客厅和餐厅连在一起，这样可以让空间显得大一些。

（2）色彩

餐厅的装修要注意色彩，色彩要温馨一些，能够增加人的食欲。餐厅的色彩因个人爱好和性格不同而有较大差异。但总的说来，餐厅色彩宜以明朗轻快的色调为主，以提高进餐者的兴致。

（3）光线

在餐厅区里，光线一定要充足。吃饭的时候光线好才能营造出一种秀色可餐的感觉。餐厅里的光线除了自然光以外，还要柔和，可以使用吊灯或者是伸缩灯，能够让餐厅明亮。

（4）美观

餐厅的装饰讲究美观，同时也要实用，最重要的是适合餐厅的氛围。

4.2.2 家居餐厅装修设计的要素

（1）设计要注重实效合一。餐厅设计时，应该注重实用和效果的结合。

（2）要与自己的生活习惯、个人爱好相吻合，还要与房屋的整个设计风格相一致。

（3）设计要注意色彩的搭配。餐厅设计时，应该考虑房间之间、房间和家具之间的色彩不能反差太大，更不能为了突出个性而忽视了颜色之间的搭配。所以，在选择色彩时，切忌颜色过多。

（4）要根据家里的人口和来客确定餐厅的大小，比如比较好客的家庭就要考虑到餐厅的空间是否够大。

（5）要根据居室的形状和大小来确定餐桌、餐椅的形状、数量以及大小，比如圆形的餐桌可以以最小的面积容纳最多的人，而方形或者长方形比较容易和空间结合，还有折叠或者推拉餐桌可以满足多种需求。

4.2.3 家居装修餐厅设计需要注意的基本点

餐厅是家里必不可少的一块地方，但是户型小，餐厅空间不足，设计需要注意：

（1）就餐区不管设在哪里，有一点是共同的，就是必须靠近厨房，以使上菜时方便。

（2）餐桌椅等家具的款式要从简出发，餐厅家具摆放应注意空间大小，保证空间的整齐划一性，才不至于显得凌乱。

（3）虽然餐厅中摆放的家具并不多，但是在装修餐厅的时候，也要特别注意空间的大小及家具的尺寸，选择更加适合的餐桌椅搭配，整体的效果会更好。

（4）餐厅里的光线一定要好，除了自然光外，可以使用吊灯，光线既要明亮，又要柔和。

4.3 独立式餐厅装修设计

独立式餐厅装修设计除了考虑跟整个居室的风格相一致外，氛围上还应把握亲切、淡雅、温暖、清新的原则，一般对于餐厅的要求是便捷卫生、安静、舒适，餐厅设备主要是桌椅和酒柜等，照明应集中在餐桌上面，光线柔和，色彩应素雅，墙壁上可适当挂些风景画，餐厅位置应靠近厨房。

4.3.1 独立式餐厅装修的风格

（1）独立式餐厅装修要体现主人的喜好和风格。可设计成不同的风格，创造出各种情调和气氛，如欧陆风情、乡村风味、传统风格、简洁风格、现代风格等。

（2）搭配酒柜、展示柜、酒具等，再配以适当的绿色植物和装饰画，墙面的色调尽量用淡暖色，以增进食欲。

装修的风格一般来说应做到：

①玻璃餐桌对应现代风格、简约风格。

②深色木餐桌对应中式风格、简约风格。

③浅色木餐桌对应自然风格、北欧风格。

④金属雕花餐桌对应传统欧式（西欧）。

⑤简练金属餐桌对应现代风格、简约。

4.3.2 独立式餐厅顶面

餐厅的顶面设计可以进一步提升房间的含金量。

（1）一般家庭餐厅的顶面都是使用吊顶，这样既美观又十分亲切。顶面应以素雅、洁净材料做装饰，给人以亲切感，让空间显得非常明亮。最好是浅色，浅色给人轻松的感觉，用餐的时候才会有一个轻松的心情。

（2）餐厅吊顶是餐厅的亮点，餐厅吊顶造型一般适合用圆形不宜用正方形。以圆形造型对应木制圆桌，圆形吊灯呼应圆桌内的玻璃圆，以一个大圆为中心，在灯光下营造出一种清新、优雅的氛围。

4.3.3 独立式餐厅墙面

（1）餐厅墙面要注意体现个人风格，既要美观又要实用，并且要注意简洁、明快。

（2）墙面考虑用耐磨的材料，如选择一些木饰做局部护墙处理，而且能营造出一种清新、优雅的氛围，以增加就餐者的食欲，给人以宽敞感。在餐厅的墙壁上，最常见的装饰材料是各种乳胶漆，以暖色居多。

4.3.4 独立式餐厅地面

独立式餐厅地面选用表面光洁、易清洁的材料，如大理石、地砖、地板。餐厅地板铺面材料，一般使用瓷砖、木板，或大理石，容易清理，用地毯则容易沾染油腻污物。

4.3.5 独立式餐厅餐桌

（1）餐桌是餐厅的主要家具，选择款式可以根据自己的喜好来确定，其大小应和空间比例相协调，餐厅用椅与餐桌相配套。

（2）方桌感觉规正，圆桌感觉亲近，折叠桌感觉灵活方便，不规则形感觉神秘。

（3）餐厅家具宜选择调和的色彩，尤以天然木色、咖啡色、黑色等稳重的色彩为佳，尽量避免使用过于刺激的颜色。墙面应以明亮、轻快的颜色为主。

4.3.6 独立式餐厅灯具

独立式餐厅灯具造型不要烦琐，灯光要柔和，但要有足够的亮度。

独立式餐厅餐桌上的照明以吊灯为佳，应该注意不可直接照射在用餐者的头部。

4.3.7 独立式餐厅装饰

餐厅应力求空气流畅环境整洁，不可放置太多的装饰品。独立式餐厅装饰可根据餐厅的具体情况灵活安排，用以点缀环境。如餐厅挂画要选择其内容光明正大、颜色明亮的作品；如喜欢素雅的可选择挂书法作品；如选择代表家庭和睦的墨竹、牡丹等，但要注意色彩要温馨，不可过多而喧宾夺主，让餐厅显得杂乱无章。

餐厅装修的顶面、墙面、地面施工和质量检验验收技术请参见本书第 2 章的有关内容。

第5章

住宅起居室（厅）设计与
装修施工的技术

　　起居室是指居住者会客、娱乐、家人团聚等活动的公共开放空间，是家居生活的重要空间。起居室的叫法源于国外，主要是集中用于会客、娱乐性的空间。起居室这个概念在我国还不是十分盛行，人们更多接受的是客厅这种说法，如今起居室的概念被越来越广泛地接受为"起居室（厅）"。起居室（厅）是一个家庭中使用功能集中、使用效率最高的核心空间，是装修的重点之一。

　　起居室（厅）在小户型中，把用餐、学习、工作、会客合并在一起，甚至局部兼有家具等集各种生活设施于一体的活动场所。在面积大的户型中，一般有专门的空间作为独立的起居室（厅）。

5.1 起居室（厅）的种类和要求

5.1.1 起居室（厅）的种类

　　起居室（厅）根据家庭使用面积的设置方式主要分为两种：独立式起居室（厅）和共用式起居室（厅）。

　　（1）独立式起居室（厅）

　　独立式就是单独的一个空间，一般认为独立式起居室

（厅）是最理想的格局，安静舒适、功能完善，可展示一个家庭的气度与公众形象，因此规整而庄重，一般家庭使用面积大的住宅都可以选择这样的布局。

（2）共用式起居室（厅）

房子的面积小，很少能容下多个公共空间，一般居住者把用餐、学习、工作、会客等功能合并在一起。

5.1.2 起居室（厅）装修的要求

（1）起居室在家庭生活中起着重要的作用，家人在家中除了睡觉以外，几乎都待在起居室中；起居室作为会客和家人之间娱乐的地方实用性很高；起居室是联系着家人相聚的一个区域，也是家人交流感情的地方，所以在起居室要注重以人为中心，体现人文关怀。

（2）住宅的使用期达 50～70 年，对不同年龄阶段、不同家庭结构，应合理地根据自己的不同需求喜好进行改造和装修。

（3）起居室（厅）装修一定要先有一个整体的规划布局。共用式起居室（厅）是把用餐、学习、工作、会客合并在一起，需要满足人的生活需求和审美要求等。

（4）起居室（厅）的使用面积不应小于 10m²。

（5）起居室（厅）应选择尺寸、数量合适的家具及设施，家具、设施布置后应满足使用和通行的要求，且主要通道的净宽不宜小于 900mm。

起居室（厅）的尺寸是考虑人的视线高度、看电视的最佳视距、音响的最佳传声、空调机的安装高度或摆放位置等。起居室（厅）的尺寸可分最低"适用"尺寸、"舒适"尺寸和"高舒适"尺寸。

①最低"适用"尺寸宜为开间 3.9m、进深 4.5m，这种尺

寸的起居室，只能满足 29 英寸或 32 英寸彩电的观看距离要求。

②"舒适"尺寸宜为开间 4.5m、进深 5.1m，这种尺寸大致能满足 42 英寸以下（不含 42 英寸）彩电的观看距离要求。

③"高舒适"尺寸宜为开间 5.1m、进深 6.6m，这种尺寸无论在开间方向或进深方向摆放电视，均可满足 42 英寸及以上彩电（背投、等离子、液晶等平板电视）的观看距离要求。

（6）起居室（厅）装修后室内净高不应低于 2.4m，局部顶棚净高不应低于 2.1m，且净高低于 2.4m 的局部面积不应大于室内使用面积的 1/3。

（7）起居室（厅）应有自然通风，具有自然通风条件是居住者的基本需求。

（8）起居室（厅）应以暖和型灯光为主，色调最好选用偏中性色彩或者暖色调来装饰。小户型起居室的墙面和地面的颜色要协调一致，进而让起居室空间显得更宽敞。

（9）以家庭活动为重心。起居室（厅）主要是以家庭活动、娱乐为主的空间，布局要主次分明，让整个起居室（厅）从规划到摆设都合理有序。

（10）起居室（厅）的主要陈设是家具。这里的家具主要是沙发，一般以茶几为中心设置沙发群，作为交谈的中心。其次是电视机、录放像机、音响、电话和空调等，这些设备都不能单独设置，常与家具统一考虑和布置。

（11）起居室（厅）要以明亮为主，吊顶装修是居室装修的重头戏，对居室顶面作适当的装饰，不仅能美化室内环境，还能营造出丰富多彩的室内空间。起居室可吊顶可不吊顶，如果高度不高就不吊顶；如果做中央空调，就必须吊顶；吊顶的时候不要吊太低，太低会给人造成一种很压迫的感觉。吊顶可以采用四边低中间高的造型，这样在视觉上会显得开阔一些；以清淡明快的色彩为宜，不要选择太过沉重的色彩。沉重的色彩会在视觉上产生一种头重脚轻的感觉，深色比较吸光，影响客厅的采光，让整个客厅显得比较昏暗、压抑；吊顶可方顶也可圆顶，方形吊顶比较常见，方形可以体现房屋的方正，走线简单明朗，显得大方雅致。

（12）共用式起居室（厅）不主张豪华装修，主张简装，以淡雅节制、简洁大方为境界，重视实际功能；独立式起居室（厅）主张豪华装修。

（13）起居室（厅）装修风格要与房屋的整个设计风格相一致，风格有：欧式吊顶、中式吊顶、美式吊顶、自然休闲、柔和风格、都市风格、清新风格、地中海风格、东南亚风格、日式风格等。

（14）装修设计时，不宜增加直接开向起居室的门。沙发、电视柜宜选择直线长度较长的墙面布置。

（15）共用式起居室（厅）的沙发、书架等家具实现空间的分化与层次处理，让整个空间布局井井有条，舒适合理。

（16）共用式起居室（厅）的通道起着联系卧室、厨房、卫生间、阳台等空间的作用。看一个起居室的设置是否合理，通道的布局显得非常重要，是决定一套居室有效使用率的关键。

5.2 起居室（厅）装修的要素和需要注意的基本点

5.2.1 起居室（厅）装修的要素

起居室（厅）装修的要素：空间、通风、温度、采光、隔声、隔热、照明、色彩等物理环境，它们应符合现行国家标准有关的规定，满足室内环境的物质功能需要。空间应尽量完整，不宜增加直接开向起居室（厅）的门，空间动线应简洁明了。

5.2.2 起居室（厅）装修设计的要素

（1）设计要注重实效合一。最重要的是实用性，在满足了这个要求的基础上再配置一些家具用品等就能使房间更加美观和舒适。

（2）要与自己的生活习惯、个人爱好等相吻合。

（3）在选择色彩时，切忌颜色过多。

（4）共用式起居室（厅）可采用隔断、造型、灯光等手法将起居室（厅）划分为入口、过道、起居、用餐等功能分区。

（5）独立式起居室（厅）顶棚可采用吊顶、造型、色彩、灯饰等手法美化空间环境。吊顶设计应保证室内净高以满足使用要求。

5.2.3 装修起居室（厅）需要注意的基本点

起居室（厅）应结合基本家具尺寸和布置，按方便使用的原则，对电视、电话、网络、电源插座、可视对讲、温控面板、开关面板等进行定位。装修起居室（厅）的基本点主要是地面、墙面、顶面、窗、门、照明。

（1）地面：铺实木免漆地板或地砖。

（2）墙面：刷亚光乳胶漆，安饰面踢脚线。

（3）顶面：吊顶。决定起居室吊顶与住宅的层高非常关键，住宅的舒适高度为 2.6m。如果层高低于 2.8m，那么就不宜吊顶。吊顶的高度一般是住宅的层高减地面铺砖的厚度。

（4）定制门、窗。

（5）安装照明灯具，灯光以温暖型为主，吊灯要求简洁、干净利落。如果想要渲染家庭氛围，适时地制造温馨浪漫的灯光效果；如果想要温馨效果的可以选择暖白光；如果想要时尚简约可以使用正白光；如果想要梦幻浪漫可以使用蓝色。

（6）油漆、壁纸、木料、地板、家具等对起居室（厅）空间的环保程度影响最大。

地面、墙面、顶面、窗、门、照明装修施工请参见本书第2章的有关内容。

5.3 起居室（厅）装修后的质量检验验收技术

（1）电气导线的敷设应按装饰设计规定进行施工，线路的短路保护、过负荷保护、导线截面的选择、低压电气的安装应按国家现行标准有关规定进行。

（2）室内布线除通过空心楼板外均应穿管敷设，并采用绝缘良好的单股铜芯导线。穿管敷设时，管内导线的总截面积不应超过管内径截面积的40%，管内不得有接头和扭结。导线与电话线、闭路电视线、通信线等不得安装在同一管道中。

（3）照明及电热负荷线径截面的选择应使导线的安全载流量不大于该分路内所有电器的额定电流之和，各分路线的容量不允许超过进户线的容量。

（4）接地保护应可靠，导线间和导线对地间的绝缘电阻值应大于 0.5MΩ。

（5）吊平顶内的电气配管，应按明配管的要求，不得将配管固定在平顶的吊架或龙骨上。灯头盒、接线盒的设置应便于检修，并加盖板。使用软管接到灯位的，其长度不应超过1m。软管两端应用专用接头与接线盒、灯具连接牢固。金属软管本身应做接地保护。各种强弱电的导线均不得在吊平顶内出现裸露。

（6）吊顶安装应牢固，表面平整，无污染、折裂、缺棱、掉角、锤伤等缺陷。粘贴固定的罩面板不应有脱层；搁置的罩面板不应有漏、渗、翘角等现象，吊顶位置应准确、牢固。采用木质吊顶、木龙骨时应进行防火处理。

（7）吊顶严禁使用国家明令淘汰的材料，所用的材料应按设计要求进行防火、防腐和防蛀处理。

（8）吊杆、龙骨的安装间距、连接方式应符合设计要求。后置埋件、金属吊杆、龙骨应进行防腐处理。

（9）重型灯具、电扇及其他重型设备严禁安装在吊顶龙骨上，顶棚上悬挂自重3kg以上或有振动荷载的设施应采取与建筑主体连接牢固的构造措施。

（10）吊顶内填充的吸声、保温材料的品种和铺设厚度应符合设计要求，并应有防散落措施。

（11）饰面板上的灯具、烟感器、喷淋头、风口篦子等设备的位置应合理、美观，与饰面板交接处应严密。

（12）室内环境污染物氡、甲醛、氨、苯和总挥发性有机化合物按有关规定的内容进行检测，其污染物浓度限值应符合要求。

（13）矿棉装饰吸声板安装应符合下列规定：

①房间内湿度过大时不宜安装。

②安装前应预先排版，保证花样、图案的整体性。

③安装时，吸声板上不得放置其他材料，防止板材受压变形。

（14）明龙骨饰面板的安装应符合以下规定：

①饰面板安装应确保企口的相互咬接及图案花纹的吻合。

②饰面板与龙骨嵌装时应防止相互挤压过紧或脱挂。

③采用搁置法安装时应留有板材安装缝，每边缝隙不宜大于1mm。

④玻璃吊顶龙骨上留置的玻璃搭接宽度应符合设计要求，并应采用软连接。

⑤装饰吸声板的安装如采用搁置法安装，应有定位措施。

（15）墙面装修应符合下列规定：

①墙面、柱子挂置设备或装饰物，应采取安装牢固的构造措施。

②底层墙面、贴近用水房间的墙面及家具应采取防潮、防霉的构造措施。

③踢脚板厚度不宜超出门套贴脸的厚度。

起居室（厅）装修后其他方面的质量检验验收技术请参见本书第 2 章的有关内容。

5.4 起居室在收房验收中常见的缺陷问题

起居室是家居生活的重要空间，在收房验收中主要表现在：电插座、墙体、地面、顶棚等问题。在卧室、厨房、餐厅、过道、书房、收藏室等都有电插座、墙体、地面、顶棚问题，在本节统一介绍。电插座、墙体、地面、顶棚是业主收房时要重点注意的常见缺陷问题。

5.4.1 电插座常见的缺陷问题

（1）插座安装歪斜的缺陷问题，如图 5-1 所示。

（2）强电插座缺接地线的缺陷问题，如图 5-2 所示。

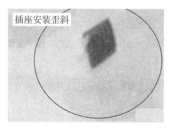

图 5-1　插座安装歪斜　　　　图 5-2　强电插座缺接地线

（3）未安装防水盖盒及控制电源与照明开关装反的缺陷问题，如图5-3所示。

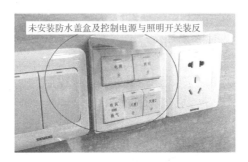

图5-3　未安装防水盖盒及控制电源与照明开关装反

（4）插座在门后不好使用的缺陷问题，如图5-4所示。

（5）等电位虚设未连接的缺陷问题，如图5-5所示。

（6）空调有插座，但没有看见空调孔的缺陷问题，如图5-6所示。

图5-4　插座在门后不好使用　　　图5-5　等电位虚设未连接

图 5-6　空调有插座，没有看见空调孔

（7）强弱电插座未分开有效距离的缺陷问题，如图 5-7 所示。

（8）插座离坐便器太近不好使用的缺陷问题，如图 5-8 所示。

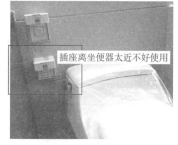

图 5-7　强弱电插座未分开有效距离　　图 5-8　插座离坐便器太近不好使用

5.4.2　墙体常见的缺陷问题

（1）直角打弯、管道变形的缺陷问题，如图 5-9 所示。

（2）石膏板隔断空鼓的缺陷问题，如图 5-10 所示。

（3）墙砖铺贴空鼓的缺陷问题，如图 5-11 所示。

图 5-9　直角打弯、管道变形

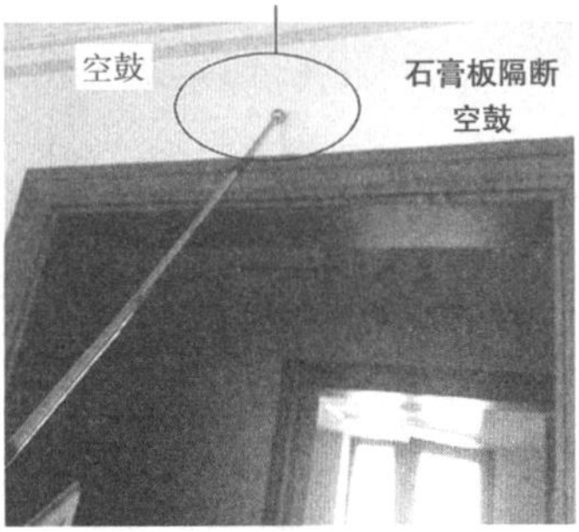

图 5-10　石膏板隔断空鼓

（4）墙面砖空鼓的缺陷问题，如图 5-12 所示。

（5）墙上起鼓的缺陷问题，如图 5-13 所示。

（6）墙面裂缝的缺陷问题，如图 5-14 所示。

图 5-11　墙砖铺贴空鼓

图 5-12　墙面砖空鼓

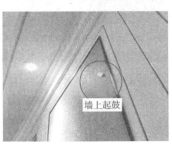

图 5-13　墙上起鼓

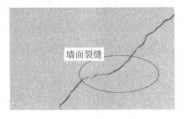

图 5-14　墙面裂缝

（7）墙面脱皮的缺陷问题，如图 5-15 所示。

（8）墙面有划伤的缺陷问题，如图 5-16 所示。

（9）墙木饰面有磕碰的缺陷问题，如图 5-17 所示。

（10）墙体不同材质开裂的缺陷问题，如图 5-18 所示。

（11）阴角不垂直的缺陷问题，如图 5-19 所示。

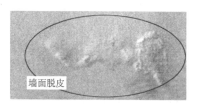

图 5-15 墙面脱皮

图 5-16 墙面有划伤   图 5-17 墙木饰面有磕碰

图 5-18 墙体不同材质开裂   图 5-19 阴角不垂直

（12）墙体阳角不垂直的缺陷问题，如图 5-20 所示。

（13）墙体阴阳角不垂直的缺陷问题，如图 5-21 所示。

墙体阳角不垂直

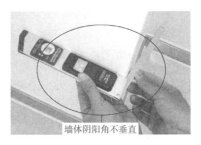
墙体阴阳角不垂直

图 5-20　墙体阳角不垂直　　　　图 5-21　墙体阴阳角不垂直

（14）墙纸布起翘的缺陷问题，如图 5-22 所示。

（15）墙纸粘贴不实起翘的缺陷问题，如图 5-23、图 5-24 所示。

（16）石材侧边漏缝的缺陷问题，如图 5-25 所示。

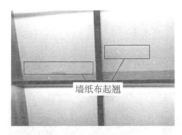
墙纸布起翘

墙纸粘贴不实起翘

图 5-22　墙纸布起翘　　　　图 5-23　墙纸粘贴不实起翘 1

墙纸粘贴不实起翘

石材侧边漏缝

图 5-24　墙纸粘贴不实起翘 2　　　图 5-25　石材侧边漏缝

（17）石材裂缝的缺陷问题，如图 5-26 所示。

（18）踢脚线松脱的缺陷问题，如图 5-27 所示。

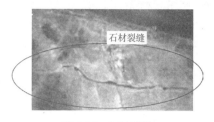

图 5-26　石材裂缝

图 5-27　踢脚线松脱

（19）踢脚线下侧与地板缝隙不严密的缺陷问题，如图 5-28 所示。

（20）踢脚线阳角和墙角有伤的缺陷问题，如图 5-29 所示。

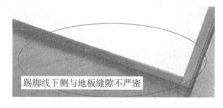

图 5-28　踢脚线下侧与地板缝隙不严密

图 5-29　踢脚线阳角和墙角有伤

5.4.3　地面常见的缺陷问题

（1）地面砖不平的缺陷问题，如图 5-30 所示。

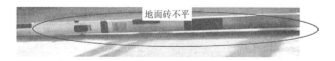

图 5-30　地面砖不平

（2）地板表面不平整偏差大的缺陷问题，如图 5-31 所示。

（3）地板局部有划痕的缺陷问题，如图 5-32 所示。

（4）地板起鼓脱皮的缺陷问题，如图 5-33 所示。

图 5-31　地板表面不平整偏差大　　　图 5-32　地板局部有划痕

（5）地漏不通的缺陷问题，如图 5-34 所示。

（6）地面表面多处小凹坑现象的缺陷问题，如图 5-35 所示。

（7）地面石材破损的缺陷问题，如图 5-36 所示。

（8）地面高低差未做封口的缺陷问题，如图 5-37 所示。

（9）地砖缝隙清理不到位的缺陷问题，如图 5-38 所示。

图 5-33　地板起鼓脱皮　　　　　　图 5-34　地漏不通

图 5-35　地面表面多处小凹坑现象　　图 5-36　地面石材破损

图 5-37　地面高低差未做封口

图 5-38　地砖缝隙清理不到位

5.4.4　顶棚常见的缺陷问题

（1）顶棚开裂的缺陷问题，如图 5-39 所示。

（2）顶棚拐角有开裂的缺陷问题，如图 5-40 所示。

图 5-39　顶棚开裂

图 5-40　顶棚拐角有开裂

第6章

住宅卧室设计与装修施工的技术

　　卧室主要是提供夜间休息睡眠和存放日常所需的衣物和床上用品的场所，是住宅套内活动最频繁、使用效率高的核心空间，人的一生有 1/3 的时间是在卧室里度过的，卧室是装修的重点之一。

6.1 卧室的种类和要求

6.1.1 卧室的种类

　　卧室一般分为主卧室和次卧室。主卧室一般是双人卧室；次卧室可为单人卧室或双人卧室。次卧室一般可分为：老年人卧室、儿童卧室、保姆卧室。

　　卧室根据家庭使用面积的设置方式主要有两种：独立式卧室和共用式卧室。

　　（1）独立式卧室

　　独立式就是单独的一个空间，一般认为独立式卧室是最理想的格局，安静舒适、规整而庄重，一般家庭使用面积大的住宅都可以选择这样的布局。

　　（2）共用式卧室

　　房子的面积小，很少能容下多个公共空间，一般居住者把休息、睡眠和书房、学习、工作合并在一起。

6.1.2 卧室的使用面积要求

　　主卧室：面积不应小于 16m²，主卧室存放日常所需的衣物和床上用品等。

　　次卧室：大次卧面积不应小于 12m²，小次卧面积不应小于 8m²。

6.1.3 卧室床的尺寸要求

　　主卧床的尺寸：一般为 1800mm × 2000mm；

　　次卧双人床的尺寸：一般为 1500mm × 2000mm；

　　次卧单人床的尺寸：一般为 1000mm × 2000mm；

　　保姆床的尺寸：一般为 900mm × 2000mm。

6.1.4 老年人卧室要求

　　老年人卧室应具有舒适的生活环境和便捷、安全的护理条件。老年人卧室应符合下列要求：

　　（1）老年人使用卫生间的频率较青壮年人高，因此，老年人的卧室宜选择有独立卫生间或靠近卫生间的卧室，以增加老年人生活的便利性。

　　（2）墙面阳角要做成圆角或钝角。

　　（3）地面宜采用木地板，严寒和寒冷地区不宜采用陶瓷地砖。

　　（4）有条件的宜留有护理通道和放置护理设备的空间，在床头和卫生间厕位旁、洗浴位旁等，根据需要设置固定式呼救按钮。

　　（5）老年人卧室一般不采用玻璃门和推拉门，避免发生羁绊等危险。在老年人经常活动的空间应保持地面平整，宜采用内外均可开启的平开门。

6.1.5 儿童卧室要求

儿童在居室中碰伤的主要的形式是跌伤，而跌伤的主要原因大多是由物体引起的滑倒或绊倒。儿童卧室不宜在儿童可触摸、易碰撞的部位做外凸造型，不应有尖锐的棱状、角状造型。儿童房要达到"舒适"或"高舒适"的要求。同时，儿童是要长大成人的，按次卧或主卧的要求设计，还可使儿童成人后不必更换房间，仍然有舒适的卧室供其使用。

6.1.6 卧室装修设计的要求

卧室装修设计要静、要保持空气新鲜。

（1）卧室是活动最频繁的空间，也是大型家具集中的场所，卧室的室内净高不应低于2.40m，局部净高不应低于2.10m，且局部净高的室内面积不应大于室内使用面积的1/3。

（2）利用坡屋顶内空间作卧室时，"身在坡檐下，哪有不低头"。因此，坡屋顶内空间作卧室时，室内净高要求略低于普通房间的净高要求。只有控制在2.10m或以上，至少有1/2的使用面积的室内净高不应低于2.10m，才能保证居民的基本活动并具有安全感。

（3）一般来说，卧室划分为睡眠区、储物区、书房区、梳妆区等。

①睡眠区：睡眠区是卧室中的重点，是主要提供夜间休息睡眠的场所。

②储物区：卧室中一般需要存放日常所需的衣物和床上用品等。

③书房区：独立式卧室不设书房区，共用式卧室要设书房区，把书籍、学习、工作合并在一起。

④梳妆区：梳妆区要营造出一种安静、甜美的气氛，让人自信、从容地将自己装扮得美丽、动人。这个区域一定要布置得尽量简洁，因不同的卧室而有一定差异。如果主卧室兼有专用卫生间，则这一区域可纳入卫生间的梳洗区中。如果主卧室没有专用卫生间，则可以考虑辟出一个梳妆区，主要由梳妆台、梳妆镜组成。

（4）卧室装修设计中家具的配置、色调的搭配、装修美化的效果、灯光的选择及安装位置要按个人年龄不同，装修风格也就有所区别。

（5）卧室装修设计应根据套型设置双人卧室、单人卧室、老人卧室及儿童卧室等，并根据卧室的尺度和门窗位置等，布置床、床头柜、梳妆台、书桌等主要家具，并应确定各类家用电器及智能化设施的位置。

（6）双人卧室、单人卧室装修造型设计宜简洁明快，不宜采用复杂吊顶；色彩及照明设计应营造安静的空间环境。

（7）老人卧室装饰装修设计，应满足室内采光、通风、隔声等有关要求；地面设计宜采用木地板。

（8）儿童卧室装饰装修设计，可适当采用活泼的造型及色彩；墙面阳角及空间造型设计等，不应出现可能危及儿童安全的尖角、锐棱等；地面设计宜采用木地板。

（9）卧室装修设计以床为中心。卧室装修设计应以床为中心而展开。在卧室中，床所占的面积最大，应安排好床在卧室中的位置，然后再考虑其他的设计。

①当卧室平面布置中床头无法避免正对卫生间门洞时，应采取装饰措施，遮挡两者之间的直接视线。

②卧室的平面布置应具有私密性，避免视线干扰，床不宜紧靠外窗或正对卫生间门，无法避免时应采取装饰遮挡措施。

③床位朝向。床头不应朝西向，以现代科学解释，地球

由东向西自转，头若朝西，血液经常向头顶直冲，睡眠较不安稳。

④床位不可对镜，人在半清醒之间，容易被镜中影像影响，精神不得安宁。

⑤电视机不宜正对床前，可改为侧或改置柜内作抽取式的电视柜。

⑥确定了床的位置、风格和色彩之后，卧室设计的其余部分也就随之展开。

（10）卧室房门位置设计：

①房门不可对大门，卧房为休息的地方，需要安静、隐秘，而大门为家人、朋友进出必经的地方，所以房门对大门不符合卧房安静、隐秘的条件，门外之人一览无遗床上的一切，毫无完全感，也影响休息。

②卧室大门不可直对厨房门，防止厨房排出的油烟、湿热气与卧房门相对流。

③房门不可正对卫浴间，因为沐浴后的水汽与厕所容易产生秽气和湿气，氨气极易扩散至卧房中，而卧房中又多为吸湿气的布品，将令环境更为潮湿，所以正对房门会对卧房的空气产生影响，对人的身体健康有害。

④卧房门不宜正对储藏室之门，储藏室多有霉气，易藏污纳垢。

（11）卧房白天应明亮、晚间应昏暗，卧房应设有窗户，除了空气得以流通外，白天更可以采光，使人精神畅快，而晚间窗户应备有窗帘，挡住夜光，使人容易入眠。

（12）浴厕不宜改成卧房。现代大楼管线整体施工，所以整栋大楼浴厕都设在同一地方。如果将浴厕改为卧房，势必造成睡在楼上和楼下两层的浴厕当中，而浴厕本为潮湿之所，夹在当中必然对环境卫生有所影响，另外当楼上马桶、水管一开动也会影响到您的安宁。

（13）卧室装修设计要按照实际情况分独立式卧室和共用式卧室。可根据自己的条件有针对性地装修。

独立式卧室：主张豪华装修，不仅要实用还要漂亮。

共用式卧室：不主张豪华装修，主张简装。卧室面积有限，在卧室中不要摆放过多的家具，以免造成压抑感。以淡雅节制、简洁大方为境界，重视实际功能。

（14）卧室装修设计色彩的要求：

卧室里的颜色会影响睡眠质量，卧室大面积色调和窗帘占据着大部分，因此选择窗帘时需慎重考虑。平稳色系可以让房间显得优雅些，看着也比较舒服。令人舒服的颜色就是色彩统一、和谐、淡雅、温馨，比如床单、窗帘、枕套使用同一色系，尽量不要用对比色，避免给人太强烈鲜明的感觉而不易入眠。对于居住的年龄段不同，窗帘的选择也会不一样。老年人的卧室适宜选择色彩庄重且素雅的；年轻人可以选择浅绿或者淡蓝色，这样会比较清新、自然，心情也比较愉悦。但切记不宜选择色彩过于深沉的，居住的时间长了可能会有种压抑感。

卧室大面积色调，一般是指墙面、地面、顶面三大部分的基础色调，家具织物为主色，如果墙是以绿色系列为主调，织物就不宜选择暖色调。运用色彩对人产生的不同心理、生理感受来进行装饰设计，以通过色彩配置来营造舒适的卧室环境。如白色：明快、洁净、朴实并纯真；黄色：活泼、柔和、尊贵；绿色：健康、宁静、清新。蓝色：深沉、柔和、广阔；紫色：高贵、壮丽。

（15）卧室装修设计的隐私要求：

卧室属于私密的空间，卧室的设计最注重私密与舒适，这是其他空间在设计中所没有的。卧室的隐私分两点：不可见隐私和不可听隐私。

①不可见隐私

不可见隐私，要求具有较为严密的保护措施，这包括了门扇的严密度和窗帘的严密度。

● 门扇所采用的材料应尽量厚点，并且不安装玻璃；不宜直接使用 3mm 或 5mm 的板材封闭，如果用 5mm 板，宜在板上再贴一层 3mm 面板。

● 门扇下部与地的空隙保持在 0.3～0.5mm。

● 窗帘应采用厚质布料，如果是薄质的窗帘，也应加一层纱窗层，以免光线的射入。

②不可听隐私

● 不可听隐私是指卧室需要具有一定的隔声能力。一般来说，房屋隔墙的隔声效果都比较好，但有些业主为了增大使用空间，喜欢将两间房子的隔墙打掉，然后做双向或者单向的衣柜，这就降低了墙体的隔声效果。

● 现在很多的公寓楼，顶面不隔声，楼上的动静很容易传下来，对睡眠休息造成干扰。因此在装修时，要采取一些措施，增强卧室顶面的隔声。

（16）卧室装修设计的电路要求：

卧室电路一般为 7 支路线：电源线、照明线、空调线、电视天线、电话线、电脑线、报警线。

在卧室内可能占用电源线的电器有：床头柜、梳妆台、电视、音响、电脑、电话、加湿器和台灯等。如果在装修时无法确定日后所需的全部电器，则建议多预留几个电源接口，电源线采用 5 孔插线板带开关。

（17）卧室装修设计的照明要求

卧室光线不宜太强，床不可临近强光，强光易使人心境不宁。卧室对照明的要求较为普通，主要由装饰照明、局部照明、梳妆照明组成。

● 装饰照明。卧室的装饰照明气氛应该是宁静、温馨、怡人、柔和、舒适的。装饰照明需注意的是灯光要柔和、温馨。灯光也不必太强或过白，以创造一种平和的气氛。

● 局部照明。卧室的局部照明则应考虑：书桌阅读照明，照度值在300lx以上，一般采用书写台灯照明。

● 梳妆照明。梳妆照明的照度要在300lx以上，梳妆镜灯通常采用温射型灯具，光源以白炽灯或三基色荧光灯为宜，灯具安装在镜子上方，在视野60°立体角之外，以免产生眩光。

（18）卧室装修设计的地面、墙面、顶面、窗台要求

①地面：铺实木免漆地板或地毯。

②墙面：刷亚光乳胶漆或贴墙纸。

③顶面：

● 为了能够安心睡眠，卧室最好不要采用繁复的吊顶形式，少做最好不做吊顶，一般以直线条及简洁的顶面为主。

● 在选择吊顶时，最好选择厚度达到标准的隔声材料，如吸声棉、高密度泡沫板、布艺吸声板等。

④窗台。安装大理石窗台。

6.2 卧室装修施工的要素和需要注意的基本点

6.2.1 卧室装修施工的要素

（1）住宅的使用期达50～70年，对不同年龄阶段、不同家庭结构，应合理地根据自己的不同需求喜好进行改造和装修施工。

（2）卧室的施工基本包括：电路改造、墙面装饰、吊顶和铺设地板。施工时应遵循"先顶面、再墙面、后地面"的原则，同时以木工制作为主，其他工种配合。

（3）卧室装修不是为了炫耀金钱和显赫，而应当是为生活

方式和个性表达而设计的。

（4）卧室装修施工的要素

卧室装修施工的要素：空间、通风、温度、采光、色彩、美观、绿色环保。

①空间

卧室的空间一定要是相对独立的一个部分，如果条件允许，最好能单独开辟出一间卧室来，有些户型较小，无法达到一间独立的卧室，卧室和书房连在一起。

②通风

卧室内的电子设备越来越多，要有通风良好的环境。

③温度

卧室内的温度应该控制在 $18\sim26℃$ 之间。

④采光

卧室的光线很重要，光线应尽量均匀。

⑤色彩

卧室的色彩一般不适宜过于耀目，也不适宜过于昏暗。淡绿、浅棕、米白等柔和色调的色彩较为适合。米白色是安静的经典色彩；使用白色的背景墙，白色卧室在宁静的环境中更显明亮。因此在装修色彩的选择上，应偏重于温馨和沉稳大方的室内装饰色，有利于人的心理健康。选用高雅宁静的色调，以舒适柔和为主。

⑥美观

⑦绿色环保

卧室作为人休息睡眠的场所，必须保证其环保。卧室墙面比较适合上亚光涂料、壁纸、壁布，因为它们可以增加静音效果、避免眩光，让情绪少受环境的影响。地面最好选用地毯。颜色要柔和，使人平静，最好以冷色为主，尽量避免跳跃和对比的颜色。

6.2.2 卧室装修施工需要注意的基本点

卧室的顶面装修是为了隔声，隔声要选用那些隔声、吸声效果好的装饰材料。可采用吸声石膏板、玻璃隔声棉、高密度泡沫板以及布艺吸声板。顶棚色调应选用典雅、明净、柔和的浅色，如淡蓝色、浅米色、浅绿色等。

6.2.3 独立式卧室墙面装修

卧室墙面装修是为了静音，静音的途径主要有两种，一是改变墙面的光滑度，二是采用吸声材料装修。墙面也可以是粉刷，但应突出使用功能和个性特点。

6.2.4 独立式卧室地面装修

独立式卧室地面可采用软木地板或地毯，它们的静音效果比较好。

卧室地面静音软木地板，可通过提高地板的弹性指数和静曲强度，使地板具有吸声隔声的功能。

地面用地毯是紧密透气的结构，可以吸收及隔绝声波，具有良好的吸声和隔声效果。

6.2.5 独立式卧室门的装修

卧室静音，门是静音关键之一，门的隔声效果主要取决于门内芯的填充物。实木门和实木复合门，越是密度高、重量沉、门板厚，隔声效果越好；若是门板两面刻有花纹，比起光滑的门板，能起到一定吸声和阻止声波反复折射的作用。门四周有密封条的防火门，也具有良好的隔声效果。

6.2.6 独立式卧室窗的装修

窗也是卧室静音的关键之一，使用密闭性能好的塑钢窗，可以使室内噪声降低。窗帘要选择较厚的材料，以阻隔窗外的噪声。

卧室装修后的质量检验验收技术同于第 5 章的起居室（厅）装修后的质量检验验收技术。

第7章

住宅卫生间设计与装修
施工的技术

卫生间是供居住者进行便溺、洗洁、盥洗等活动的空间，也是家庭生活卫生和个人生活卫生的专用空间。随着人民生活水平的不断提高，对卫生和卫生设施的要求也越来越高，卫生间设计与装修施工成为住宅设计的重点，卫生间的装修也朝着日趋精、善、美的方向发展。

7.1 住宅卫生间的要求

7.1.1 住宅卫生间的规定和基本要求

住宅卫生间的规定和基本要求是设计与装修施工者重点关心的问题，本节重点讨论住宅卫生间的规定、住宅卫生间的建筑要求、住宅卫生间的结构要求、住宅卫生间的室内环境要求、住宅卫生间的三种形式、住宅卫生间的面积要求、住宅卫生间的卫生单元配套设备。

1）住宅卫生间的规定

（1）卫生间设计中应注意合理布置卫生器具，使用管道集中、隐蔽，重视平面及空间的充分利用。

（2）卫生间应注意保持良好的通风换气和采光。无自然通风的卫生间应采取有效的机械通风换气措施。

（3）卫生间应有良好的防水、防潮、排水、防滑及隔声功能。

（4）卫生间可按其使用功能划分为便溺、盥洗、洗衣等干区及淋浴、盆浴等湿区；湿区应采用隔断、浴屏、浴帘等设施与干区分隔。

（5）卫生间应配置便器、洗面器、洗浴器、排风机、排风道等设备，并应安装到位；应确定电热水器、洗衣机等电器设备位置。

（6）卫生间宜采用金属或塑料材质的集成吊顶，宜集成照明灯具、排风机、浴霸等电器设备。

2）住宅卫生间的建筑要求

（1）每套住宅应设 1 个以上卫生间，其中 1 个卫生间至少应配置 3 件卫生器具。不同器具组合的卫生间，使用面积不应小于下列规定：

①设便器、洗浴器（浴缸或淋浴）、洗面器 3 件卫生洁具的面积为 $4m^2$。

②设淋浴器、洗面器 2 件卫生洁具的面积为 $2.5m^2$。

③设便器、洗面器 2 件卫生洁具的面积为 $2m^2$。

④单设便器的面积为 $1.1m^2$。

⑤单设淋浴器的面积为 $1.2m^2$。

（2）如厕所单独隔开，内设便器时其面积不应小于：外开门 $1.08m^2$（$0.9m \times 1.2m$），内开门 $1.35m^2$（$0.9m \times 1.5m$）。

（3）卫生间的室内净高不应低于 2.20m。卫生间内排水横管下表面与楼面、地面净距不应低于 1.90m，且不得影响门、窗扇开启。

（4）卫生间门洞最小尺寸为 0.70m（洞口宽度）、2.00m（洞口高度），门洞口高度不包括门上亮子高度，洞口两侧地面有高低差时，以高地面为起算高度。

（5）无前室的卫生间的门不应直接开向起居室（厅）或餐厅、厨房。

（6）卫生间宜有直接采光、自然通风，其侧面采光窗洞口面积不应小于地面面积的 1/10，通风开口面积不应小于地面面积的 1/20。卫生间窗台高 1300～1500mm，窗扇上悬，保证卫生间的采光通风效果，不影响私密性。

（7）当两户卫生间位于凹槽相对布置时，窗应错位布置避免通视。

（8）卫生间不应布置在下层住户厨房、卧室、起居室和餐厅的上层，并注意防止排水立管贴邻或穿越下层住户的卧室。当布置在本套内上述房间的上层时，应采取防水、隔声和便于检修的技术措施，避免支管穿楼板做法。

（9）卫生间可布置在地下室或半地下室，且必须采取采光、通风、日照、防潮、排水及安全防护措施。

（10）大户型主卫生间宜洗、浴分间设，洁具设施要与户型档次相匹配；应设管道井。

（11）卫生间地面应有防水，并设置地漏等排水措施，门口处应防止积水外溢（地面标高应低于门口外地面标高 15～20mm 或做低门槛）。

（12）卫生间内产生噪声的设备（如水箱、水管等）不宜安装在与卧室相邻的墙面上。

（13）卫生间如设置洗衣机时，应增加相应的面积，并配置给水排水设施及单相三孔插座。

3）住宅卫生间的结构要求

（1）做同层排水处理时宜降低卫生间内结构板标高300～400mm，一般情况下要求卫生间楼、地面标高要低于相邻房间的楼、地面 15～20mm。

（2）当下层为商用空间时，结构设计时应考虑卫生间洁具的布置，避免洁具正下方是大梁，导致无法居中安装。

（3）层高和室内净高

①卫生间的室内净高不应低于2.20m。

②卫生间内排水横管下表面与楼面、地面净距不应低于1.90m，且不得影响门、窗扇开启。

（4）门窗

①卫生间门洞最小尺寸为0.70m（洞口宽度）、2.00m（洞口高度）（门洞口高度不包括门上亮子高度，洞口两侧地面有高低差时，以高地面为起算高度）。

②无前室的卫生间的门不应直接开向起居室（厅）或厨房。

③卫生间外窗

由于卫生间有较强的私密性和较高的采光通风要求，卫生间窗若采用常规的距地900mm、宽600～900mm、高1500mm外窗，会导致对外面积太大，不利于私密性，倘若拉上窗帘，则又造成采光通风不利。因此卫生间设计中窗台一般高1300～1500mm，窗扇上悬，这样窗可常开，既保证了卫生间的采光通风效果，又不影响私密性（立面有特殊造型要求的窗、景观卫生间除外）。

当两户卫生间位于凹槽相对布置时，窗应错位布置避免通视；卫生间窗宜采用磨砂玻璃。

④卫生间的门，应在下部设有效截面积不小于$0.02m^2$的固定百叶，或距地面留出不小于30mm的缝隙（目的在于当卫生间的外窗关闭或暗卫生间无外窗时所需的门进风，保证有效的排气，应有足够的进风通道）。

4）住宅卫生间的室内环境要求

住宅卫生间采用自然通风的，其通风开口面积应符合下列规定：

（1）明卫生间的通风开口面积不应小于该房间地板面积

的 1/20。

（2）严寒地区卫生间应设自然通风道。

（3）暗卫无直接自然通风的卫生间，一般设置自然通风道或通风换气设施。自然通风道的位置宜设于窗户或进风口相对的一面，以保证全室换气。

5）住宅卫生间的三种形式

住宅卫生间的形式与平面布局、气候、经济条件、家庭人员构成、设备大小有很大关系，在布局上可分为兼用型、独立型和折中型三种形式。

（1）兼用型（集中型）：把浴盆、洗脸池、便器等洁具集中在一个空间中。洗衣间单独设立，卫生间总出入口只设一处，有利于布局和节省空间。

（2）独立型：浴室、厕所、洗脸间等各自独立的卫生间。各室可以同时使用，特别是在高峰期可以减少互相干扰，使用起来方便、舒适。洗衣机一般会考虑放置在此类空间内。空间面积占用多，建造成本高。

（3）折中型（分离型）：卫生空间中的基本设备，一些独立部分放到一处的情况。

6）住宅卫生间的面积要求

卫生间的最小使用面积是根据其功能，即能放置浴缸（或淋浴）、坐便器、洗脸盆以及洗衣机等设备的要求确定的。如套内只设一个卫生间，则其面积不应小于 $6m^2$；如套内有多个卫生间，则至少其中一间不应小于 $3.5m^2$。

卫生间的面积分健康住宅标准、住宅设计规范标准和多个卫生间的面积要求。

（1）健康住宅标准

①主卫生间：最低 $6m^2$，一般 $7m^2$，推荐 $8m^2$。

②次卫生间：最低 $3m^2$，一般 $4m^2$，推荐 $5m^2$。

（2）住宅设计规范标准

①设便器、洗浴器（浴缸或喷淋）、洗脸盆3件洁具：≥3m²。

②设便器、洗浴器2件洁具：≥2.5m²。

③设便器、洗脸盆2件洁具：≥2m²。

（3）只设一个卫生间时，合理面积是5～6m²；设两个卫生间时，公用卫生间面积不宜小于2m²；主卧卫生间宜在3m²之内。

7）住宅卫生间的卫生单元配套设备

卫生间分4个卫生单元，便溺单元、洗浴单元、盥洗单元和洗涤单元。它们要安装的设备见表7-1。

住宅卫生间设备表　　　　表7-1

卫生单元种类	应安装的设备设施	其他设备设施
便溺单元	坐便器或蹲便器及冲洗装置	净身器、小便器、照明设备、换气设备、电源等
洗浴单元	淋浴装置或浴缸、地漏	照明设备、换气设备、电源等
盥洗单元	洗面器、水嘴	照明设备、电源等
洗涤单元	洗衣机专用水嘴、地漏	拖布池、电源等

7.1.2 住宅卫生间的布置要求

住宅卫生间的布置重点讨论卫生间布置原则和卫生间的布置。

1）卫生间布置原则

（1）长边原则。卫生间是长行空间时，布置三大卫生器具首先长边布置；而方正的空间则根据周围的空间环境来确定器具摆放。

（2）实墙面原则。洗面盆及淋浴布置时，要注意实墙面选取；洗面盆上方一般都安装有镜子，镜下沿距地面 1200mm；淋浴喷头距地面≥ 2000mm。

（3）卫生间与厨房不邻近的布局方式被大家所接受，但面积较小的卫生间，一般附设在房间周围，也有部分与厨房邻近，方便了管线的集中和垃圾的清理。如果是采用煤气热水器供应淋浴器热水，更应使卫生间与厨房紧靠。

（4）卫生间有一定的私密性，因而卫生间的外门在住宅中的位置，不宜正对入口或者直接对起居室，这样会把卫生间的气味带进起居室内，从而破坏室内环境气氛。

（5）布置便器的卫生间的门不应直接开在厨房内。

（6）住宅中不得将卫生间直接布置在下层住户的卧室、起居室、餐厅、厨房的上层。如果卫生间漏水、管道噪声、水管冷凝水下滴等问题，影响下层住户的居住质量。

（7）跃层住宅中允许将卫生间布置在本套内的卧室、起居室、厨房上层，但应采取可靠的防水、隔声和便于检修的措施。

2）卫生间的布置

（1）每套住宅应设卫生间，面积大的住户宜设两个或两个以上卫生间。每套住宅卫生间的基本生活需求至少应配置三件卫生洁具。

（2）卫生间不应直接布置在下层住户的卧室、起居室（厅）、餐厅、保姆房和厨房的上层。

（3）洗衣为基本生活需求，洗衣机是普遍使用的家用卫生设备，通常设置在卫生间内。多数住宅是把洗衣机设置在卫生间。洗衣机具有瞬间集中给水排水的特点，如没有专用的给水排水接口和地漏，容易产生排水不畅的现象。同时，由于洗衣机位于多水区，因此卫生间设有洗衣机时除有专用的地漏外，还应有专用的给水排水接口和防溅水电源插座。套内应设置洗衣机的位置。

（4）卫生间应设置便器、洗浴器、洗面器等设施或预留位置。

7.1.3 住宅卫生间的卫生器具尺寸和安装要求

住宅卫生间的卫生器具尺寸和安装要求见表7-2。

住宅卫生间的卫生器具尺寸和安装要求　　　表7-2

洁具名称	外形尺寸 （长×宽×高）（mm）	安装尺寸
浴缸	1200×650×400 1550×750×440 1680×770×460	淋浴喷头距地面≥2000mm，帘棍距地≥2000mm，淋浴扶手距地面1050mm，淋浴器开关和肥皂盒下皮距地面1050mm，浴巾杆距地面1200mm，浴缸旁肥皂和扶手距盆底700mm，淋浴房的尺寸不能小于850mm×850mm
淋浴 （带托盆）	900×700～ 900×1000	
洗手盆	500×40×250 ～300	儿童为660～800mm高，大人为800～910mm高；镜下沿距地面1200mm
干手器 （或毛巾）	400×300	距地1200mm
坐便器（低位、 整体水箱）、 坐便器（靠墙 式、悬挂式）	700×500×400 ～450 600×400×400 ～450	便器前活动空间800mm×450mm，坐便器中心离地400mm，卫生纸盒距便器中心<700mm，卫生纸盒距离地750～800mm
小便器（碗形）	400~450×400～ 450×235	小便器上沿离地600mm，小便器之间中心距≥650mm
女用净身盆	650×400×400	同坐便器
蹲便器	600×300×300	后端离墙≥300mm
洗衣机	600×600×800 ～900	安装使用空间≥1000mm×1100mm

7.1.4 住宅卫生间的设备配置要求

住宅卫生间设备的配置分 3 个档次：低档、中档和高档。
3 个档次的设备需要有配件，设备和配件见表 7-3。

3 个档次的设备和配件　　　　　　　　　　表 7-3

卫生间档次	必须安装的部件和配件	建议安装的部件和配件	备注
低档	蹲便器，高水箱，高水箱配件，或坐便器，低水箱；坐便器圈、盖，低水箱配件或截止阀；洗面器及配件；小浴盆及配件或淋浴器	浴盆及配件	五金配件为铝合金、镀铬，或铁质镀铬
中档	坐便式坐便器（包括冲落式、喷射虹吸式），低水箱，便器圈及盖，水箱配件；立柱式洗面器及水嘴或台式洗面器及水嘴，大理石台面板；墙面镜；防滑浴盆及水嘴、花洒；墙面、地面装饰；皂盒，卷筒纸架，口杯托，浴帘杆，浴巾架，毛巾架，衣钩	净身器及配件；排风机；电动用具插座；电话；面巾纸盒；刷子筒；格栅吊顶及灯具	坐便器以喷射虹吸式为主；洗面器以台式为主；浴盆带裙边；水嘴以单旋把为主，出水有消声功能；五金配件为铜质镀铬（镀层 20μm）或不锈钢镀铬；墙面镜有防雾功能；墙、地面装饰砖有较高的工艺水平和装饰水平
高档	连体坐便器，水箱配件，便器圈及盖；台式洗面器及台面板或立柱式洗面器、柜式洗面器，面盆水嘴；墙面镜；防滑浴盆及水嘴、花洒；净身器及配件；墙地面高档装饰；皂盒，卷筒纸架，口杯托，浴帘杆，浴巾架，毛巾架，衣钩；电动用具插座	淋浴柱；排风机；电话；电吹风；面巾纸盒；刷子筒；格栅及灯具；体重秤	连体坐便器以喷射虹吸式为主；台盆或立柱盆可安双盆；浴盆以冲浪盆为主；所有水嘴能自动调温；五金配件为钛合金或铜质镀铬（镀层 28μm）；墙地面装饰材料可用高级瓷砖，也可用大理石、花岗石；墙面镜有防雾功能

7.2 住宅卫生间的功能要求

住宅卫生间的功能要求重点是：给水排水，电气，通风和排气，防水，地面、墙面和顶面，设备，集中供暖和燃气供暖等。

7.2.1 住宅卫生间给水排水的要求

住宅卫生间给水排水要重点注意如下21点内容：

（1）卫生间水平排水管道，不宜布置在下层住户的空间内，可采用同层排水或侧向排水等措施。

（2）给水、排水管线等应集中设置、合理定位，并合理设置检修口。

（3）排水管宜设管井，检查口处应设检修门；排水管应采取外包橡塑海绵等吸声降噪措施。

（4）卫生间地面应为坡向地漏；干区地面排水坡度不应小于0.5%，湿区地面排水坡度不宜小于1.5%。

（5）卫生间坐便器应靠近排水立管设置，卫生间洗面器下部应设存水弯，所有卫生器具自带或配套的存水弯，其水封度不得小于50mm。

（6）地面排水宜采用具有防臭、防虫、防倒灌等功能的重力式或磁力式等新型地漏；洗衣机应采用专用地漏。

（7）地漏应远离门口，不被遮挡，并便于清理、维修；卫生间干区与湿区应分别设置独立地漏。

（8）太阳能热水系统室内储水罐宜靠近用水点设置。

（9）太阳能热水系统管线不宜暗敷设，宜在保证检修、维护的前提下进行遮蔽。

（10）卫生器具和配件应采用节水型产品，不得使用一次冲水量大于 6L 的坐便器。

（11）给水和集中热水供应系统，应分户分别设置冷水和热水表；卫生器具和配件应采用节水性能良好的产品；管道、阀门和配件应采用不易锈蚀的材质。

（12）地下室、半地下室中低于室外地面的卫生器具和地漏的排水管，不应与上部排水管道连接，应设置集水坑用污水泵排出。

（13）卫生间的排水立管：

①应单独设置，且排水管道不得穿越卧室。

②不应遮挡门窗、排气口。

③穿过地面时，须预埋套管并高出地面 30mm，管间缝隙用防水材料填实。

④塑料管穿墙埋设高度 ≥ 1500mm，避免二次装修打穿漏水。

⑤室内 PVC 管线应设置消声措施以减少上下水管道噪声。

（14）布置洗浴器和布置洗衣机的部位应设置地漏，其水封深度不应小于 50mm。

（15）布置洗衣机的部位宜采用能防止溢流和干涸的专用地漏；洗衣机地漏（100mm × 100mm）均作 P 型存水弯。

（16）卫生间应从门口向地漏找坡度；地漏应设在室内最低端并靠近浴盆或淋浴喷头。

（17）建筑标准要求较高的多层住宅和 10 层及 10 层以上高层建筑卫生间排水设专用通气立管（为使排水系统空气流通、压力稳定、防止水封破坏而设置的与大气相通的管道），阳台排水设伸顶通气管（各个地区的要求有异）。

（18）洗手盆侧预留带防溅盖板的电吹风插座，距地 1.30m。

（19）淋浴间设专用地漏，位于淋浴头下部一角，孔中心距墙 150mm；卫生间地漏设于淋浴间与坐便器之间。

（20）浴缸下方设浴缸检修口 200mm×300mm，面贴瓷砖与浴缸裙边统一。严禁给水管明设在浴缸底。

（21）卫生间排污横管穿过下沉地面的外侧梁/墙预留洞与外墙的排污立管接驳，应避免排污立管穿过卫生间室内。

7.2.2 住宅卫生间电气的要求

住宅卫生间电气要重点注意如下 5 点内容：

（1）住宅卫生间一般设有洗浴设备，属于严重潮湿场所和主要用水场所，电气设备可能存在由于线路老化、室外雷电产生的浪涌电压或者其他原因造成带电伤人的潜在危险，电源插座应设置漏电保护装置，电源插座漏电电流保护装置的动作电流可定为 30mA。卫生间内各类给排水的金属设备应做局部等电位联结，以防止出现接触电击，产生事故。

（2）卫生间的电源插座宜设置独立回路，减少电气火灾的危险。

（3）洗浴设备的卫生间应作等电位联结。

（4）任何开关的插座，必须至少距淋浴间的门边 0.6m 以上，并应有防水、防潮措施。

（5）卫生间防止电击危险的安全防护应符合下列规定：

①有洗浴设备的卫生间应做局部等电位联结，装饰装修不得拆除或覆盖局部等电位联结端子箱。

②不得有通过非卫生间的配电线路，且不得在该区域装设接线盒或设置电源插座和线路附件。

③照明开关、电源插座距淋浴间门口的水平距离不得小于 600mm。

7.2.3 住宅卫生间通风和排气的要求

住宅卫生间通风和排气要重点注意如下 4 点内容：

（1）卫生间应该时常保持空气流通，让外边清新的空气流入，吹散卫生间内的污浊空气。所以卫生间内的窗要时常打开，以便吸纳较多的清新空气。

（2）卫生间的门，应在下部设有效截面积不小于 $0.02m^2$ 的固定百叶，或距地面留 15～20mm 的缝隙。

（3）卫生间排气道、排气扇设置

①一般排气道设置应避免靠近给水管及设在门后，如条件限制必须设在门后时，一定注意门垛净尺寸满通风道的安装尺寸。

②排气道大小尺寸应选用标准图集，排气道截面为矩形，进气口设在长边、短边均可，排气口高度一般洞中心距地2600mm。

③无外窗的卫生间应设置有防回流构造的排气通风道，并预留安装排气机械的位置和条件。

④暗卫生间无外窗时，必须通过门进风，卫生间的门，应在下部设有效截面积不小于 $0.02m^2$ 的固定百叶，或距地面留出不小于 30mm 的缝隙。

（4）卫生间的排水干管与排风道不可共用。

7.2.4 住宅卫生间防水的要求

住宅卫生间防水要重点注意如下 11 点内容：

（1）洗浴区距地 1800mm 高度的墙面均应设防水层。

（2）卫生间均应有防水、隔声和便于检修的措施。

（3）卫生间采用轻质隔墙板及轻集料混凝土砌块的墙体均应设防水层。

（4）卫生间地面经常浸水，为防止墙基部位受潮，需要把地面防水层上翻 300mm，以保证地面与墙基的交界处的防水更牢靠。

（5）墙面防水覆盖地面防水自墙基向上翻 300mm 是为了加强交界处的防水。而浴区墙面防水设计不低于 1.80m 的防水高度是考虑到淋浴时人的高度以及水喷洒到人身上溅起的高度。非洗浴区有配水点的墙面，如洗面台前、洗衣机前的墙面也有溅水，因此需要设计不低于 1.20m 的防水高度，高度一般高于给水点 200mm。与书房相邻的浴区，相邻房间的墙面一般都为轻质隔墙，考虑到淋浴时水蒸气上升可能通过吊顶空间浸入轻质墙体，所以要求浴区做通高防水。

（6）卫生间木门、木门套及与墙体接触的侧面做防腐，一是因为这些部位的缝隙可能使水汽渗透到墙体内，一是为了防止木门、木门套被水侵蚀腐烂，所以木门套下部的基层宜采用不易腐烂的材料。门槛宽度不小于门套宽度也是从保护门套的角度考虑，避免木门套下部悬空，使水汽渗透到木门套里面导致门套受潮腐烂。

（7）卫生间地面及墙面应设置防水层，墙面防水层高度距地面面层不应小于 1.2m，当设有非封闭式洗浴设施时，花洒所在及其临近墙面防水层高度不应小于 1.8m，除应设置防水层的墙面外，其余部分墙面及顶面均应设置防潮层。当浴区采用轻质墙体时，墙面应做通高防水层。

（8）卫生间地面应按不小于 1% 的坡度向地漏找坡。

（9）卫生间地面应低于相邻房间地面 20mm 或做挡水门槛。但需进行无障碍设计时，应低于相邻房间面层 15mm，并应以斜坡过渡。

（10）淋浴房（区）应设置地漏，地漏找坡坡度应不小于 1%；淋浴房（区）要设置挡水，当不设挡水时内外宜有 15mm 的高差。

（11）淋浴房门宽不宜小于 0.55m，应外开或推拉。

7.2.5 住宅卫生间地面、墙面和顶面的要求

（1）卫生间木门套及与墙体接触的侧面应采取防腐措施。门套下部的基层要采用防水、防腐材料。门槛宽度不要小于门套宽度，且门套线宜压在门槛上。

（2）卫生间装修防水应符合下列规定：

①地面防水层应沿墙基上翻 300mm。

②墙面防水层应覆盖由地面向墙基上翻 300mm 的防水层；洗浴区墙面防水层高度不得低于 1.80m，非洗浴区配水点处墙面防水层高度不得低于 1.20m；当采用轻质墙体时，墙面应做通高防水层。

③管道穿楼板的部位、地面与墙面交界处及地漏周边等易渗水部位应采取加强防水构造措施。

④卫生间地面宜比相邻房间地面低 5～15mm。

（3）卫生间墙体根部以上浇筑 200mm 高与墙同厚的 C20 素混凝土。

（4）卫生间应设与门框等宽门槛石，高出卫生间地坪 10mm。

（5）卫生间地面铺贴防滑地砖，墙面瓷砖到吊顶上方，应考虑各类开关面板、检修口等与墙面瓷砖分缝的位置关系。

①地面：铺地砖。

②墙面：铺墙砖。

③顶面：铝扣板吊顶。

7.2.6 住宅卫生间设备的要求

1）卫生间应具备盥洗、便溺、洗浴等基本功能，基本设施的设备配置应符合表 7-1 的要求。

2）卫生间坐便器分类、技术要求、用水量和冲洗功能

（1）坐便器的分类

①坐便器按体形可分为分体坐便器和连体坐便器两种。一般分体坐便器外形有点传统，所占空间大些，价格也相对便宜；连体坐便器要显得新颖高档，所占空间要小些，价格相对较高。

②坐便器按出水口可分为下排式和后排式两种。下排式（又叫底排）的排水口俗称地漏，使用时只要将坐便器的排水口与它对正就行了；后排式（又叫横排水）的排水口在地面上，使用时要用一段胶管与坐便器后出口连接。

③坐便器按下水方式可分为"直冲式"和"虹吸式"两种。

④后排式坐便器专用的软管与建筑物上的排水横管连接，没有穿楼板的排污管（排污总立管除外），卫生间地面的防水处理简单可靠。

⑤下排式坐便器排污管中心距装饰后完成墙的距离（简称墙距）。现行的卫生陶瓷国家标准将其统一为200mm、305mm、400mm三个尺寸。毛坯房卫生间墙面应考虑面砖厚度（约20～25mm）。

⑥国内较少使用的后排式挂式坐便器（排污口安装距分别为100mm、180mm两种），地面清洁方便，排污横管（甚至坐便器水箱）埋设于墙中，建筑需特殊设计。

（2）坐便器的技术要求

①高档建筑用卫生陶瓷应符合《环境标志产品认证技术要求—卫生陶瓷》HBC 16—2003要求，放射性内照指数不大于0.7，放射性外照指数不大于1.0；产品的吸水率平均值不大于0.5%；坐便器的冲水量不大于6L，其中后续冲水量不小于2.5L。

②中档建筑卫生陶瓷要选用符合HBC 16—2003的产品。

③下排式坐便器必须配有穿越楼板的垂直下水管，应特别

注意楼板层穿管后的防水处理。

④卫生洁具的水封隔臭，是一项卫生性要求。卫生陶瓷新标准中规定了"所有带整体存水弯卫生陶瓷的水封深度不得小于50mm"，包括要求带整体存水弯的小便器和蹲便器。

⑤当毛坯房中下水道无水封装置时，应选用带水封装置的卫生器具，下水道有存水弯时应选用不带存水弯的卫生器具。

⑥在高层或超高层建筑物中，宜采用带呼吸（正负压）阀的存水弯，以便保持存水弯水封的高度，避免臭气外泄。

⑦在大中城市新建住宅中，禁止使用一次冲洗水量在9L以上（不含9L）的便器，推广使用一次冲洗水量为6L的坐便器。

⑧现在市场上已有多种冲落式、虹吸式和喷射虹吸式节水便器通过节水产品认证，可供选用。

⑨冲洗用水量大于6L，不属节水型产品，不宜选用。

⑩蹲便器冲洗用水量标准规定普通型不大于11L，节水型不大于8L；普通型小便器冲洗用水量不大于5L，节水型不大于3L。

（3）便器的用水量

便器的用水量应符合表7-4的规定。

便器用水量　　　　　　　　　　表7-4

便器分类	形式	用水量规定值（L）
坐便器	普通型（单／双档）	9
	节水型（单／双档）	6
蹲便器	普通型	11
	节水型	8
小便器	普通型	5
	节水型	3

（4）坐便器冲洗功能

①单档坐便器和双档坐便器的全冲水应在规定用水量下满足洗净功能、固体物排放功能、污水置换功能（污水置换试验，稀释率应不低于 100）。对于双档式冲水坐便器，小档冲水的污水置换试验，水封回复功能不得小于 50mm。

②双档坐便器小档冲水应在规定用水量下满足洗净功能、污水置换功能和水封回复功能的要求。

③蹲便器冲洗应满足洗净功能、排放功能和防溅污性的要求。

④坐便器、小便器要做耐荷重试验，测试后无变形或任何可见破损。

⑤坐便器冲洗噪声的累积百分数声级 L50 应不超过 55dB，累积百分数声级 L10 应不超过 65dB。

⑥便器配套技术要保证其整体的密封性，所配套的冲水装置应具有防虹吸功能。

⑦坐便器坐圈和盖配套应配备与该坐便器档次相符配套使用的坐圈和盖。

⑧便器连接密封性要求产品与给水和排水系统之间的连接安装，在不小于 0.10MPa 的静水压下保持 15min 无渗漏。

⑨坐便器、蹲便器及小便器需要与侧墙保持的最小距离。通常，身材高大型人在坐便、蹲便、小便时需要的面宽尺寸在 800mm 以下，因此左右两侧不宜小于 400mm；当坐便器、蹲便器前的活动距离小于 500mm 时会使人如厕后起身感到压抑。

3）洗面器的要求

洗面盆是人们日常生活中不可缺少的卫生洁具。洗面盆的材质，使用最多的是陶瓷、搪瓷生铁、搪瓷钢板，还有水磨石等。随着建材技术的发展，国内外已相继推出玻璃钢、人造大理石、人造玛瑙、不锈钢等新材料。洗面盆的种类繁多，但对其共同的要求是表面光滑、不透水、耐腐蚀、耐冷热、易于清洗和经久耐用等。

（1）洗脸盆的种类较多，一般有以下几个常用品种：

①角型洗脸盆，由于角型洗脸盆占地面积小，一般适用于较小的卫生间，安装后使卫生间有更多的回旋余地。

②壁挂式洗面盆顾名思义就是采用悬挂在卫生间墙壁上安装方式的脸盆。是一种节省空间的洗脸盆类型。

③普通型洗脸盆，适用于一般装饰的卫生间，经济实用。

④立式洗脸盆，适用于面积不大的卫生间。它能与室内高档装饰及其他豪华型卫生洁具相匹配。

⑤有沿台式洗脸盆和无沿台式洗脸盆。

（2）设有溢流孔的洗面器、洗涤槽应进行溢流功能试验，保持 5min 不溢流。

（3）洗面器、洗涤槽均应做耐荷重试验，测试后无变形或任何可见破损。

（4）卫生间洗面台应符合下列规定：

①洗面台上的盆面至装修地面的距离宜为 750～850mm；

②除立柱式洗面台外，装饰装修后侧墙面至洗面盆中心的距离不宜小于 550mm；

③嵌置洗面盆的台面进深宜大于洗面盆 150mm，宽度宜大于洗面盆 300mm；

④卫生间洗面台上部的墙面应设置镜子。

4）卫浴洁具的要求

卫浴洁具分浴缸和淋浴。

（1）浴缸

①浴缸是供沐浴或淋浴之用的家居浴室。浴缸的形状花样繁多。按功能分为：普通浴缸和按摩浴缸；按外形分为：带

裙边浴缸和不带裙边浴缸；按材质分为：铸铁搪瓷浴缸、钢板搪瓷浴缸、玻璃钢浴缸、人造玛瑙以及人造大理石浴缸、水磨石浴缸、木质浴缸、陶瓷浴缸等。现常用铸铁搪瓷浴缸、钢板搪瓷浴缸和玻璃钢浴缸。

②浴缸布置形式有搁置式、嵌入式、半下沉式三种。搁置式即把浴缸靠墙角搁置，这种方式施工方便，容易检修，适合于在楼层地面已装修完的情况下选用。嵌入式是将浴缸嵌入台面里，台面有利于放置洗浴用品，但其占用空间较大。半下沉式是把浴缸的1/3埋入地面或者埋入带台阶的高台里，浴缸在浴室地面上或台面上约为400mm，与搁置式相比嵌入浴缸进出轻松方便，适合于年老体弱者使用。现在使用较广泛。

③设有溢流孔的卫浴洁具应进行溢流功能试验，保持5min不溢流。

④卫浴洁具应做耐重荷试验，测试后无变形或任何可见破损。

⑤卫生间浴缸的规定：

● 浴缸上边缘距地面低于450mm或高于600mm都会使多数成年人进出浴缸时的跨入、弯腰等动作不舒适。

● 为防止洗浴时滑倒、跌倒，浴缸靠墙一侧应设置牢固、方便抓握的安全抓杠。

● 设延长软管的手执式花洒可方便全方位冲洗人体，且不将水溅到浴缸外。

● 浴缸安装后，上边缘至装修地面的距离宜为450～600mm。

● 只设浴缸不设淋浴间的卫生间宜增设带延长软管的手执式淋浴器（花洒）。

⑥要选购一个尺寸合适的浴缸，最需要考虑的不仅包括其形状和款式，还有舒适度、摆放位置、水龙头种类，以及材

料质地和制造厂商等因素。要检查浴缸的深度、宽度、长度和围线。有些浴缸的形状特别，有矮边设计的浴缸，是为老人和伤残人而设计的，小小的翻边和内壁倾角，让使用者能自由出入。还有易于操作控制的水龙头，以及不同形状和尺寸的周边扶手设计，均为方便进出浴缸而设。

● 水容量：一般满水容量在 230～320L。入浴时水要没肩。浴缸过小，人在其中蜷缩着不舒服，过大则有漂浮不稳定感。出水口的高度决定水容量的高度。若卫生间长度不足时应选取宽度较大或深度较深的浴缸，以保证浴缸有充足的水量。

● 光泽度：通过看表面光泽了解材质的优劣，适合于任何一种材质的浴缸。铸铁搪瓷被认为是光洁度最好的。

● 平滑度：手摸表面是否光滑，适用于钢板和铸铁浴缸，因为这两种浴缸都需镀搪瓷，镀得工艺不好会出现细微的波纹。

● 牢固度：手按、脚踩试牢固度。浴缸的牢固度关系到材料的质量和厚度，目测是看不出来的，需要亲自试一试，在有重力的情况下，比如站进去是否有下沉的感觉。钢比较坚硬耐用，钢制浴缸同时有陶瓷或搪瓷覆盖表层，如果有经济能力的话，最好选购较厚的钢制浴缸。

● 裙边有左右之分。裙边的区分方式如下：在面对浴缸所临靠的墙面时，如果落水口在人的左侧，则需要购买左裙边浴缸，反之买右裙边浴缸。

● 应选择有防滑措施的浴盆，特别是老年人使用的浴盆。

● 一般而言，有水力按摩功能的浴缸较普通浴缸大，而且价格要高，但能给人带来享受和舒适。

● 浴缸长度应与建筑设计的空间相配套，也应与使用者的身高相适应，一般宜≥1300mm。

（2）淋浴

①淋浴间由门板和底盆组成。淋浴间门板按材料分有 PS

板、FRP 板和钢化玻璃三种。淋浴间占地面积小，适用于淋浴。

②淋浴间设置推拉门或外开门可以少占用淋浴空间。淋浴间的活动空间尺寸，要适合偏高大型人在淋浴间内活动时所需要的尺寸。淋浴间门宽要适合偏高大型人进入需要的尺寸，淋浴间的隔断高度如小于 2.00m，淋浴喷头的水花容易溅出淋浴间外。

③淋浴间会在短时间内形成积水，如挡水小于 25mm，积水就会漫出淋浴间，大于 40mm 则容易发生绊倒事故。

④淋浴间应符合下列规定：

● 淋浴间宜设推拉门或外开门，门洞净宽不宜小于 600mm，淋浴间内花洒的两旁距离不宜小于 800mm，前后距离不宜小于 800mm，隔断高度不宜低于 2.00m；

● 淋浴间的挡水高度宜为 25～40mm；

● 淋浴间采用的玻璃隔断应符合现行行业标准《建筑玻璃应用技术规程》JGJ 113 的规定。

● 淋浴间的侧墙应安装方便抓握的安全抓杠。

5）卫生间的洗衣机和柜子的要求

（1）卫生间内设有洗衣机时，应有专用的给水排水接口和防溅水电源插座。

（2）卫生间的柜子宜采用环保、防潮、防霉、易清洁、不易变形的材料，台面板宜采用硬质、耐久、耐水、抗渗、易清洁、强度高的材料。

7.2.7 住宅卫生间集中供暖和燃气供暖的要求

1）集中供暖

（1）集中采暖系统的普通住宅的室内采暖计算温度，卫生间为 18℃，有洗浴器并有集中热水供应系统的卫生间，宜按 25℃设计。

（2）严寒地区和寒冷地区卫生间宜设集中采暖系统。一般采用散热器供暖和浴室暖灯供暖（电热设备采暖或浴霸）、地板辐射采暖等方式。

（3）北方地区卫生间散热片位置设计时一定要与电气专业互相配合以免互相矛盾，如将插座设在散热片的后面。

（4）供暖系统的散热器宜明装，不应设置散热器装饰罩。

（5）散热器恒温阀不应被装饰装修物遮挡；地面辐射供暖系统的室内温控传感器，应避开阳光直射和发热设备，应设于距地 1.3m 的内墙上。

2）燃气供暖

（1）卫生间燃气供暖的燃气热水器设置，应符合下列规定：

①除密闭式燃气热水器外，其他燃气热水器不应设置于卫生间或其他无自然通风的部位。

②安装热水器卫生间，应预留安装位置和给排气的孔洞。

（2）燃气设备设计应符合下列规定：

①套内燃气设备产生的烟气必须排至室外，外墙排烟口应采取避风、防雨措施。

②燃气热水器（炉）应设专用的排气系统，不应与厨房合用排气道。

住宅现已普遍使用生活热水，热水供应系统已成住宅的必备设施；装修住宅应配置生活热水供应系统。热水供应系统的设计应符合国家现行有关标准的规定。

7.3 住宅卫生间的设计装修施工

7.3.1 住宅卫生间的设计

住宅卫生间设计要重点注意如下 15 点内容：

（1）卫生间的设备布置方式应该灵活，设备的位置可根据需要进行调整变换，能适应各种面积不同的卫生设备。

（2）卫生间是用于浴、厕、洗漱、梳妆等的个人活动空间，室内环境应洁净，布局要合理，设备管线连接可靠，便于检修。

（3）在卫生间内根据洗浴习惯可以设置浴缸、淋浴柜、桑拿设备等，便器、洗面台、镜面、挂衣钩、毛巾架、手纸架等是卫生间的必要设施。

（4）卫生间要不影响通风效果，采光并不重要，其重点在于通风透气。

（5）电线和电器设备的选用和设置应符合电器安全规程的规定。

（6）卫生间要以方便、安全、易于清洗及美观得体为主。由于水汽很重，内部装修用料必须以防水物料为主。

（7）卫生间墙的四面和地面最好全部铺上瓷砖，在地板方面以天然石料做成地砖，既防水又耐用；大型瓷砖清洗方便，容易保持干爽；塑料地板防滑作用更显著。

（8）在卫生间中，最好装上一些挂钩来放置洗脸巾、洗澡巾等日常用品。可以在卫生间中比较合适的部位钉上不锈钢挂钩，使用起来比较方便。如果挂钩上面位置不够，可以选择不干胶挂钩，挂一些比较轻便的东西。

（9）地面宜采用防水、耐脏、防滑的地砖或花岗石等材料。

（10）墙面应用光洁素雅的瓷砖，顶棚则用塑料板材、玻璃和半透明板材等吊板，亦可用防水涂料装饰。

（11）卫生间的浴具应有冷热水龙头。浴缸或淋浴用活动隔断分隔。

（12）卫生间的墙面使用玻璃进行装饰时，玻璃应采用安全玻璃，形式上可选择透明、不透明或彩色的玻璃，既作为装饰用途，同时也作为卫生区与其他区域的隔墙。透明玻璃隔墙内侧宜设置窗帘。

（13）卫生间的地坪应向排水口倾斜。

（14）卫生间选择钢板面木头芯的门时，能防水，但门的样式不多；选择铝镁钛合金材料的门时，防水机能好，样式比较多；选择不锈钢加玻璃门时，防水及使用机能都好，但是价格比较高。

（15）卫生间的门如果装有玻璃，最好使用磨砂玻璃，因为磨砂玻璃比较结实，看起来比较美观，并且从外面不容易看到里面。

7.3.2 住宅卫生间的装修施工

住宅卫生间装修施工要重点注意如下 7 点内容：

（1）住宅卫生间地面的瓷砖不能有空鼓，因为空鼓的瓷砖地面容易碎裂，并且容易积水，导致卫生间发臭。

（2）冷热水管安装要确保水管安装的牢固性，而且水管过墙的管套四周一定要做好严密的防火堵料处理；必须确保水管的连接处安装严密，不存在渗漏水的问题。

（3）冷热水用的 PPR 管、镀锌管和铜管在使用上是存在区别的，冷水管的壁厚要比热水管的厚度薄 2mm。水管材质更是不可以忽视的。

（4）水表安装要有防护罩，要测试水表的表数能否正常运转。

（5）打开龙头看是否有水，要检查是否安装有截止阀，以免管道生锈从而对水质测试产生影响。如果发现存在生锈的问题，那么可以让开发商上门进行更换；仔细观察上下水管是否存在漏、渗、堵的问题。

（6）水管水压要借助测压仪器检测水管水压，是否可以正常满足全家的日常用水需求。

（7）卫浴间装修的重点：地面要注意防水、防滑；顶部要防潮、遮掩；洁具追求合理、合适；电路安全第一，为了减少电灾和火灾危险，切忌在浴缸、淋浴间使用任何类型的电话或小电器，卫生间的电源插座最好防潮，采光明亮即可。

住宅卫生间地面、墙面、门窗工程的施工和验收，请参见本书第 2 章的有关内容；住宅卫生间卫具施工请参见本书第 2 章的卫浴洁具安装施工和验收。

7.4 卫生间在收房验收中常见的缺陷问题

（1）卫生间、淋浴房地漏下水不顺畅的缺陷问题，如图 7-1 所示。

（2）淋浴门闭合后把手与玻璃碰撞的缺陷问题，如图 7-2 所示。

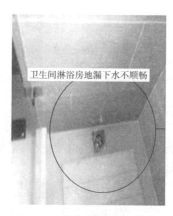

图 7-1　卫生间淋浴房地漏下水不顺畅

图 7-2　淋浴门闭合后把手与玻璃碰撞

（3）淋浴门与毛巾架碰撞的缺陷问题，如图 7-3 所示。

（4）沐浴房玻璃门开启与马桶碰撞的缺陷问题，如图 7-4

所示。

（5）排风口未安装连接的缺陷问题，如图7-5，图7-6所示。

淋浴门与毛巾架碰撞

图7-3　淋浴门与毛巾架碰撞

沐浴房玻璃门开启与马桶碰撞

图7-4　沐浴房玻璃门开启
与马桶碰撞

排风口未安装连接

图7-5　排风口未安装连接1

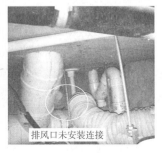

排风口未安装连接

图7-6　排风口未安装连接2

（6）卫生间水池台盆未打硅胶的缺陷问题，如图7-7所示。

（7）卫生间水池与墙面之间间隙未做封闭处理的缺陷问题，如图7-8所示。

（8）卫生间应采用地砖贴脚线，木贴脚线不符合防水要求的缺陷问题，如图7-9所示。

（9）卫生间排气孔与污水管位置冲突的缺陷问题，如图7-10所示。

图 7-7 卫生间水池台盆未打
硅胶

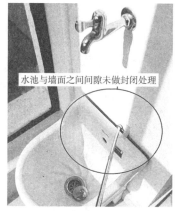

图 7-8 卫生间水池与墙面之
间间隙未做封闭处理

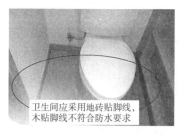

图 7-9 卫生间地砖木贴脚线不符
合防水要求

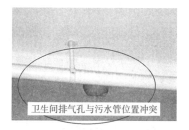

图 7-10 卫生间排气孔与污水管
冲突

第8章

住宅门厅、过道、储藏室、套内楼梯、地下室和半地下室设计与装修施工的技术

8.1 门厅设计与装修施工

8.1.1 门厅

门厅也叫"玄关"（原指佛教的入道之门，现在泛指入户进门时的过渡空间），门厅仅次于大门，是住宅的咽喉之地，是居室的"脸面"。不管户型大小都有门厅，门厅是入户进门时的缓冲空间，面积一般为3～5m²，并配有衣柜和鞋柜。住宅的有关标准要求：

（1）套内入口处宜设置套内门厅，套内门厅应设置或预留门厅柜等储藏空间。设置门厅柜时，应与开关面板、强弱电箱等整体设计。

（2）套内门厅宜设置感应夜灯。

（3）出入套内门厅时有换鞋、存物、开启开关等行为，装饰装修设计可根据套内门厅的空间大小和业主的要求设置相关家具和设施。套内门厅设置装饰隔断，既能使套内门厅有一个相对独立的空间，又能起到美化套内空间的作用。

（4）套内门厅是搬运大型家具和装饰装修材料的必经之路，既要考虑到大型家具、装饰装修材料的高度和尺寸，又要考虑搬运家具、材料拐弯时需要的宽度尺寸，所以规定装饰装修后套内前厅净高不应低于 2.40m，净宽不宜小于 1.20m。

门厅根据户型的不同而不同，小户型门厅一般连着起居室，大户型应尽量设入户门厅。

8.1.2 门厅的装修设计与施工

门厅是直接"登堂入室"的"脸面"，给人留下第一印象，所以必须充分考虑它的实用性和美观性，更要与家里的格调相一致。设计的要素为：空间、光照、顶面、墙面、地面、鞋柜、衣柜、对讲机等。

（1）空间

①门厅是一家进气之口，其重要性仅次于大门，是住宅的咽喉之地，出入的人换鞋、与室外通风透光、放置鞋柜的地方，门厅设计时一定要注意有足够的空间，干净清爽、明亮。

②门厅要有一定的高度，如果过高会阻挡与室外通风，过低则达不到相应的效果。

③鞋柜不需要占有太大的面积，一般放置 800～1000mm 宽，300～400mm 深度的鞋柜，要充分利用垂直空间，减少空间上的浪费。

④入户的门厅的走道净宽度不小于 1200mm（不包含鞋柜位置）。

⑤门厅过道要整洁、干净清爽、明亮。

（2）光照

①门厅要注意光照，一般门厅很少有自然光源，一定要进行人为的补光。明亮的光线可以让空间显得宽敞，可以缓解门厅小所产生的紧张感。

②门厅可在顶面中央明装吸顶灯，在门开启方向一侧暗装照明开关，底边距地 1.30m 左右。

③灯光的设计要协调，不要造成凌乱和压抑之感。

（3）顶面

①门厅上方有梁的要吊顶处理，没有梁的可不作吊顶处理。吊顶宜简洁流畅，图案以能体现韵律和节奏的线性为主，横向为佳。

②小户型的门厅顶面一般与起居室的顶面一起设计，格调相一致；大户型的门厅可根据业主的要求设计。

（4）墙面

①门厅的墙面一般不要做过多装饰和造型，以免占用空间。

②小户型的门厅一般与起居室在一起，没有墙面的设计；大户型的门厅墙面可根据业主的要求设计。

（5）地面

①门厅的地面尽量用耐磨易清洁的材料，地面的颜色可比顶面稍深，用于区别于相邻空间，但不宜太深。

②小户型的门厅地面一般与起居室在一起，没有地面的设计；大户型的门厅地面可根据业主的要求设计。

（6）鞋柜

①鞋柜是不可缺少的，鞋柜不仅具有很强的实用性，同时放在门厅处还具有装饰效果。设计时一定要注意有足够的放鞋空间（储存春、秋、夏、冬鞋子的专区；分为常用、不常用等专区；也可依据家庭成员来区分，分为男用、女用、儿童用等区域），充分利用垂直空间，减少空间上的浪费。

②鞋柜要分上下柜的设计，上柜方便对鞋子进行分类储存，下柜方便主人放鞋、换鞋的需求，要充分考虑它的实用性和美观性，更要与家里的格调相一致。

③下柜设计一定要灵活且具备多功能，除了放鞋之外，还要有放雨伞、钥匙等功能，方便回家时放包和钥匙这些零散的小东西。

④鞋柜设计要因房而定，面积比较窄的，最好将鞋柜门设计成滑动门，鞋柜也不要太大。

⑤鞋柜不宜放在入户正中间，要放在过道的侧边，方便主人行走，不阻挡视线。

⑥鞋柜设计要宜藏不宜露，巧妙地设计带门的鞋柜，且颜色不能太鲜艳，颜色、造型和风格上都要与整体居室风格相统一。

⑦鞋柜最好用对开门，这样一开门就能看到要选择的鞋子，方便寻找。

（7）衣柜

门厅衣柜是为了使出入家门脱衣、换鞋、挂帽等变得方便。一般人在回到家中做的第一件事就是换衣服、换鞋、换鞋和挂帽，门厅衣柜是不大的，要简约设计（既要简单又要不失时尚），以突出其使用价值为主，造型应尽量美观大方，让其与整个门厅风格协调，使门厅区域空间更加合理，减少空间浪费，风格统一，具有极强的装饰效果。

（8）对讲机

在门开启方向一侧安装对讲机，底边距地 1.30m（如选用挂墙式对讲机可只预留标准接线盒 86mm×86mm），对讲机距门边的距离宜大于 400mm；可能情况下暗装住户弱电分线箱，底边距地 0.3m。

门厅装修施工的顶面、墙面、地面施工和质量检验验收技术请参见本书第 2 章的有关内容。

8.2 住宅过道设计与装修施工

住宅过道也叫通道、走廊。设计的要素为：空间、光照、顶面、墙面、地面等。

（1）住宅入口过道既是交通要道，又是更衣、换鞋和临时搁置物品的场所，起着联系卧室、厨房、卫生间、阳台等空间的作用。因此，过道的布局显得非常关键，既体现了各空间转换的便利与否，又考验着居室面积的有效使用程度。过道是搬运大型家具的必经之路。在大型家具中沙发、餐桌、钢琴等尺度较大，一般情况下，过道净宽不宜小于1.20m。

（2）通往卧室、起居室（厅）的过道要考虑搬运写字台、大衣柜等的通过宽度，尤其在入口处有拐弯时，门的两侧应有一定余地，过道不应小于1.00m，在拐弯处的尺度应便于搬运家具。过道常常让人觉得狭长、单调，当走道长度超过4.0m时，应加宽至1.1m；通往厨房、卫生间、储藏室的过道净宽可适当减小，但也不应小于0.90m，并暗装一组插座，底边距地0.30m。

（3）走道两侧各个房间、走道的门洞顶高应保持一致，统一定为2100mm。

（4）在一个大空间内开放式过道的顶面、墙面、地面应同于大空间的装修。

（5）过道灯多时开关要分组，以免造成浪费。

（6）过道要注意光照，要干净、清爽、明亮，尤其是在很少有自然光源的情况下，一定要进行人为的补光。

（7）过道的顶面上方若有梁，就要吊顶处理，吊顶宜简洁流畅。

（8）过道的墙面一般不要做过多装饰和造型，以免占用空间。

（9）过道的地面尽量用耐磨易清洁的材料或者木地板。地面的颜色可比顶面稍深，也可以区别于相邻空间，但是也不宜太深。

过道装修施工的顶面、墙面、地面施工和质量检验验收技术请参见本书第 2 章的有关内容。

8.3 住宅储藏室设计与装修施工

（1）住宅设置储藏室对提高居室空间利用率，使室内保持整洁起到很大作用。住宅套内应设计储藏空间。储藏空间包括储物柜、进入式储藏间等满足储藏需要的空间。由于储藏室的空间不大，所以在对小型储藏室进行装修设计时需要特别注意对室内空间的利用是否有效率。通常建议对小型储藏室沿墙订制尺寸合理的储物柜，并且尽量利用室内的高度与边角面积，这样基本可以保证利用率。

（2）在大户型的房屋中要划一块专门区域作为储藏室；中小户型房间可以利用卧室或是阳台等重新做隔断，留出部分区域作为储藏室。储藏室内要进行合理的设计布置，除了干湿分区还要以节省空间又便于随时储藏的原则设计。一般储藏室面积小且空气不怎么流通，可以增加光照让室内减少潮湿，保持干净通风，避免虫蛀或发霉现象。

（3）储藏室标准设计

①储藏室的面积不应小于 $2m^2$，独立储藏空间应预留灯位、插座各一。

②储藏空间的位置宜靠近入口、厨房或阳台。

（4）进入式储藏空间宜靠外墙设置，并应考虑自然采光、通风、照明和除湿；无自然通风的应设机械排风设施。

（5）开放式的储藏室并不适合污染严重、风沙与灰尘较大的城市。

（6）储藏室宜设置壁柜、吊柜或独立的储藏空间。吊柜净高不应小于 0.35m。壁柜净深不宜小于 0.45m。

（7）储藏室宜与其他功能空间设分隔门。

（8）靠外墙、卫生间、厨房等潮湿环境的储藏室墙面应采取防潮、防结露措施。

（9）储藏室的门要朝外开。

（10）别墅储藏室

①储藏室的面积不应小于 5m²。

②储藏室的地面可铺地面用玻化砖、地毯或地板，这样可以让储藏室内部更有温度。

③墙面可用玻化砖。

④顶面用石膏板吊顶。

⑤储藏室需要考虑空气疏通问题，避免在潮湿的季节杂物发生虫蛀、发霉的现象。

（11）地下储藏室

地下储藏室要注意：

①防潮是地下储藏室装修需要解决的问题，所以在装修材料的选择上要选择防潮效果比较好的材料，一般来说在地下室地面用玻化砖、墙面用壁纸、顶棚用石膏板吊顶等比较好，这些材料的防潮效果好。

②地下室一般都是比较闷、通风不理想的地方，装修的时候要注意一定要有换气设备，安上排气扇，经常通风，改善地下室的空气质量。

③尽量增加储藏室内部的光照。没有办法通过门、窗来补足光线，只能在照明灯具上下功夫。

储藏室装修施工的顶面、墙面、地面施工和质量检验验收技术请参见本书第 2 章的有关内容。

8.4 住宅套内楼梯设计与装修施工

住宅套内楼梯是指复式、跃式、别墅等结构住宅的室内楼梯，一般在两层以上住宅和跃层内作垂直交通使用，是最为引人注目的地方。套内楼梯合理的利用空间，既满足人们使用功能的要求，又可以给人以美的享受。

1）住宅套内楼梯设计的要求

（1）套内楼梯使用频率高，楼梯踏步面磨损较大，且楼梯是家居意外跌伤、碰伤的主要部位之一。因此，要求楼梯踏步面层装饰装修宜设计用硬质、防滑、耐久的地材板块或不易变形的硬质、耐磨的木制板材的装修材料，且应采取防滑构造措施。

（2）老年人使用的楼梯不应采用无踢面或突缘大于10mm的直角形踏步，踏面应防滑、防绊倒。

（3）套内过道和楼梯地面临空处设高度不小于20mm、宽度不小于80mm的收口，可以起到阻挡地面灰尘、污水侵入下层空间的作用。

（4）套内楼梯当一边临空时，梯段净宽不应小于0.9m；当两侧有墙时，墙面之间净宽不应小于1.10m，并应在其中一侧墙面设置扶手，有利于搬运家具和日常物品上下楼梯的合理宽度。

（5）套内楼梯的踏步宽度不应小于0.24m；高度不应大于0.20m，扇形踏步转角距扶手中心0.25m处，宽度不应小于0.22m。楼梯踏步宽300mm、高150mm比较适中，可保证脚的着力点重心落在脚心附近，人的脚可以全部落在踏步面上。

（6）套内楼梯应至少一侧设置扶手，临空侧应设置扶手；套内临空栏杆高度不应小于1.05m；水平扶手超过500mm长时，其高度不宜低于1000mm；室内扶手、临空栏杆顶部的设计水平荷载应不小于1.0kN/m。

（7）楼梯为剪刀梯时，楼梯平台的净宽不得小于1.30m。

（8）楼梯井宽度大于0.11m时，必须采取防止儿童攀滑的措施。

（9）楼梯多为实木楼梯。实木楼梯踏步板的厚度一般为2.5mm或2.8mm。

（10）楼梯安全性。楼梯安全性是需要注意的，坚固、防火、重量都要符合基本的要求，而楼梯栏杆的链接、扶手连接都要特别的稳固。

（11）楼梯坡度在20°～45°之间。

2）住宅套内楼梯装修施工

住宅套内楼梯装修施工和质量检验验收技术请参见本书第2章的有关内容。

8.5 地下室和半地下室设计与装修施工

地下室和半地下室设计与装修施工时，设计的要素为：设计要求、采光（光照、日照）、通风、防潮、顶面、墙面、地面和安全防护等。

1）地下室和半地下室装修施工的设计要求

（1）地下室和半地下室由于通风、采光、日照、防潮、排水等条件差，对居住者健康不利，卧室、起居室（厅）、厨房在半地下室时，必须对采光、通风、防水、排水、除湿、防潮、防滑、采光和安全防护采取措施，并不得降低各项指标要求。

（2）住宅的地下室、半地下室做自行车库和设备用房时，其净高不应低于2.00m。地下室、半地下室应采取防水、防潮及通风措施。采光井应采取排水措施。

（3）住宅的地下室一般含有污水和采暖系统的干管，采取防水措施必不可少。此外，采光井、采光天窗处，都要做好防水排水措施，防止雨水倒流进入地下室。

（4）装饰装修不得扩大地下室和半地下室面积或增加层

高，不得破坏原建筑基础构件和移除基础构件周边的覆土。

（5）直通住宅单元的地下楼、电梯间入口处应设置乙级防火门，严禁利用楼、电梯间为地下车库进行自然通风。

2）采光（光照、日照）

地下室采光是非常重要的，是必须要解决的问题，因为地下室是地下，没有办法通过门、窗来补足光线。

半地下室即房间地面低于室外设计地面的平均高度大于该房间平均净高 1/3，且小于等于 1/2 者，半地下室有窗可以从窗来采光，还可利用侧墙外的采光井解决采光问题。

如果半地下室窗户小，可以自行在外做下沉空间，增大采光，但成本较大。地下室的窗户质量要求很高，因为地下空间最怕进水，窗户的密封和防水很重要，质量不高的窗户经阳光、雨水侵蚀后会对居住空间不利。

在采光处理中，内部的照明和外部的自然光结合是一种理想的地下室采光机制。也就是说地下室必须要有一个或一套常亮灯保持室内的光照度。

3）通风

地下室和半地下室保持气流通畅是非常重要的，地下室比较闷，一般通风效果差，在装修的时候要注意装上通风设备。半地下室如果开窗，因离地面近，室内容易进灰尘，所以大部分时间地下室不怎么开窗户，在这种情况下，可通过安装换气扇，使室内的空气和外界空气互相交换，多引进新鲜空气入室。地下室和半地下室保持气流通畅可避免家具发生虫蛀、发霉的现象。

4）防潮

地下室装修的关键问题是防水、防潮处理。防水针对的是顶面，防潮针对的是顶面、墙面和地面。地下室和半地下室不适用木材家具、木柜、木地板，多年后就会被腐蚀，发黑变形，所以地下室的装修布局尽可能不要使用木材。对顶面、墙面做防水。地面用玻化砖。

防潮处理的通常做法是：首先在地下室顶面、墙面的表面抹 20mm 厚的 1:2 防水砂浆，地下室墙体应采用水泥砂浆砌筑，灰缝必须饱满；并在地下室地坪及首层地坪分设两道墙体水平防潮层。地下室墙体外侧周边要用透水性差的土壤分层回填夯实。顶面尽量采用环保的防潮石膏板或硅酸钙板吊顶。地下室空气流通不畅易造成严重的氡污染，一定要注意选购绿色环保建材。

5）顶面

地下室和半地下室的顶面要防水、防潮。

6）墙面

墙面和地面加防潮层，贴砖或防水漆。对于墙壁而言，防水漆要比贴砖效果好。

7）地面

地下室房间的地面最好用玻化砖。

8）安全防护

通风、防火、防潮等项目是地下室安全性的基础，要做好通风、防火、防潮等项目的安全防护。

地下室和半地下室装修施工和质量检验验收技术请参见本书第 2 章的有关内容。

第9章

住宅壁柜、吊柜、壁龛设计与装修施工的技术

　　随着住房市场的发展，住宅建筑的形式也不断创新，住宅结构设计也对壁柜吊柜壁龛提出了要求。住房的壁柜和壁龛不是随便就可以装修施工的。

9.1 住宅壁柜、壁龛设计与装修施工的要求

　　住宅的壁柜和壁龛在设计与装修施工中需要重点注意的有：
　　1）壁柜和壁龛的结构要求
　　住宅的壁柜和壁龛在设计与装修施工中要重点注意住宅结构。
　　（1）住宅的壁柜和壁龛的设计与装修在保证结构安全、可靠的同时，要满足建筑功能需求，使住宅更加安全、适用、耐久。住宅结构在规定的设计使用年限内必须具有足够的可靠性。
　　（2）壁柜和壁龛应避免因局部破坏而导致整个结构丧失承载能力和稳定性。抗震设防地区的住宅不应采用严重不规则的设计方案。
　　（3）壁柜和壁龛必须保证建筑物的结构安全性和整体性，不得在承重墙、抗震墙上开洞，不得改变建筑物的承重结构，

不得破坏建筑物外立面，不得改变原有建筑公用管线及设施和影响周围环境，不得在楼面、楼盖上使用明显加大荷载的装修材料。如涉及承重结构改动或加大荷载时，必须经有关部门审批，按批准的范围施工。否则就是违法装修施工，不受法律保护，也得不到法律的支持。

（4）住宅是砌体结构的壁柜和壁龛，应采取有效的措施保证其整体性；在抗震设防地区尚应满足抗震性能要求。

（5）住宅是混凝土结构构件的壁柜和壁龛，其混凝土保护层厚度和配筋构造应满足受力性能和耐久性要求。

（6）住宅是普通钢结构、轻型钢结构构件的壁柜和壁龛，其连接应采取有效的防火、防腐措施。

（7）住宅是木结构构件的壁柜和壁龛，应采取有效的防火、防潮、防腐、防虫措施。

（8）未经技术鉴定或原设计单位许可，壁柜和壁龛设计不得改变建筑用途和使用环境，对超过设计使用年限的住宅，在无建筑结构安全鉴定时，不应进行壁柜和壁龛的装饰装修。

（9）对既有住宅室内进行装饰装修壁柜和壁龛时，不应在梁、柱、板、墙上开洞或扩大洞口尺寸，不应凿掉钢筋混凝土结构中梁、柱、板、墙的钢筋保护层，不应进行壁柜和壁龛的装饰装修。

（10）住宅室内进行修壁柜和壁龛装饰装修时，不宜拆除框架结构、框剪结构或剪力墙结构的填充墙，不得拆除混合结构住宅的墙体，不宜拆除阳台与相邻房间之间的窗下坎墙。

填充墙通常是非承重墙，非承重墙虽然不承受上部楼层重量，但是它有自身重量，并同样要承受水平地震荷载和风力的作用，拆除非承重墙，同样会影响到结构受力；框架结构的填充墙还起着分隔空间、防火、隔声等作用，因此不能随意拆除。

阳台窗下坎墙对悬挑阳台起着配重的作用。20世纪80至90年代的多层砖混结构住宅阳台通常采用预制阳台，安装时，预制阳台板预留的钢筋铆固到混凝土圈梁内固定，再依靠上部砖墙的重量起部分配重作用，"配重坎墙"一旦拆除，阳台承重荷载能力削弱，稳定性下降，同时拆除坎墙还削弱了建筑抗侧刚度，当发生意外受力时阳台就可能产生倾覆。除了砖混结构，很多全现浇混凝土墙板结构（也称剪力墙结构）的住宅阳台门联窗的窗下部也有墙，虽然不是"配重坎墙"，但它是在墙体抗震计算时起到抗剪力作用，同样不能拆除或降低高度。

砖墙等重质材料自重大，即便原住宅设计中考虑了安全放大系数以及承载力的潜力而采用砖墙等重质材料，也容易使房屋构件的一部分增加永久性活荷载，导致承受活荷载的能力和余地大大下降，造成安全隐患。

（11）壁柜和壁龛设计除应符合国家现行的有关强制性标准的规定。

（12）壁柜和壁龛装饰所用材料的品种、规格、性能、质量等级除应符合设计要求及国家现行有关标准的规定外，还必须符合有关室内装饰装修材料有害物质限量标准的规定，并经验收合格后方可进行施工。在选材时应积极使用阻燃型和环保型等新产品，严禁使用国家明令禁止和淘汰的产品。供应单位应提供产品质保书或检验报告。如供需双方有争议时，可由法定质检机构进行仲裁检验。

2）壁柜和壁龛的许可原则

（1）住宅壁柜和壁龛必须采用质量合格并符合要求的材料与设备。

（2）当住宅壁柜和壁龛采用不符合强制性标准的新技术、新工艺、新材料时，必须经相关程序核准。

（3）未经技术鉴定和设计认可，不得拆改结构构件和进行壁柜和壁龛装修施工。

（4）未经原结构设计单位或具有相应资质等级的设计单位的书面同意，不得进行壁柜和壁龛装修施工。

（5）壁柜和壁龛原则上只可在不承重的填充墙、隔墙和轻质隔墙上装修施工，壁柜和壁龛装修施工应符合国家、行业和地方的有关标准、规范的规定。

9.2 住宅壁柜设计与装修施工的技术

壁柜从柜体本身上可分为内嵌式和非内嵌式两种。内嵌式住宅壁柜是从墙上掏出的储物空间，墙是壁柜的一部分。壁柜内嵌在墙壁里，壁柜门和墙面是平行的，柜体既可以是墙体，也可以是夹层，这样既保证有效利用空间，又不变形，内嵌壁柜不但节约空间，而且整体上也相当美观。非内嵌式柜体本身是一个独立的柜，不镶嵌在墙里面，它依墙放置，也可称为整体衣柜，柜的上下左右各个边都有柜板。内嵌壁柜和整体衣柜虽然都是壁柜，但是制作工艺完全不同。

壁柜的形式多样，分为厨房壁柜、餐厅壁柜、起居室壁柜、卧室壁柜、卫生间壁柜、阳台壁柜等。壁柜的进深一般为650mm。

9.2.1 内嵌式壁柜设计与装修施工的要求

1）内嵌式壁柜的门

内嵌式壁柜的门一般可以分为三大类：对开门（也叫平开门）壁柜，推拉门（也叫滑动门）壁柜，开放式壁柜是无门壁柜（没有门）。

（1）对开门是一种传统的壁柜用门，一般由门板、铰链、把手组成。对开门的优点是能最大限度地一次性利用壁柜内部空间，缺点则是对室内空间要求较高。

（2）推拉门是常用的柜门，优点是个体性较强，易融入、较灵活，相对耐用，清洁方便，空间利用率高。推拉门壁柜有不到顶式和到顶式两种。

①到顶式壁柜是从地面一直做到顶棚，分上柜和下柜，下柜有 1960mm、2100mm 的，上柜的高度由下柜到顶的高度确定。

②不到顶式壁柜的高度为 1960mm、2100mm。

推拉门壁柜的宽度有 1200mm、1800mm、1900mm、2400mm、2500mm、3100mm。1200mm 的一般为两扇门；1800mm 和 1900mm 的有 2 扇门或 3 扇门；2400mm 以上的有 3 扇门或 4 扇门。

推拉门壁柜由推拉门、壁柜底板、壁柜背板、壁柜侧板、上柜底板、上柜门扇、固定扇、板口板、贴脸等组成。柜内装挂衣杆、搁板。

2）内嵌式壁柜安装要求

内嵌式壁柜安装要注意以下 4 点：

（1）壁柜的柜体既可以是墙体，也可以是夹层，要保证有效利用空间，不变形。一定要做到顶部与底部水平、两侧垂直，如有误差，则要求洞口左右两侧高度差要小于 5mm，壁柜门的底部可以通过调试系统弥补误差。

（2）柜体一般都有抽屉设计，为不影响使用，设计抽屉的位置时要注意：做三扇推拉门时应避开两门相交处；做两扇推拉门时应置于一扇门体一侧；做折叠门时抽屉距侧壁应有 17cm 空隙。

（3）柜体要为轨道预留尺寸，上下轨道预留尺寸为对开门 8cm、推拉门 10cm。

（4）壁柜门的安装一般由专业人员完成，保障壁柜美观耐用。

3）内嵌式壁柜安装条件

（1）材料要求

①壁柜由工厂加工成品或半成品，木材含水率不得超过5%～8%，甲醛释放量小于1.5mg/L。加工的框和扇进场时应对型号、质量进行核查，需有产品合格证。

②其他材料：防腐剂、插销、木螺钉、拉手、锁、碰珠、合页按设计要求的品种、规格备齐。

（2）作业条件

①壁柜的构造连体已具备安装壁柜的条件，室内已有标高水平线。

②壁柜框、扇进场后及时将加工品靠墙、贴地，顶面应涂刷防腐涂料，其他各面应涂刷底油一道，然后分类码放，应平整，底层垫平、保持通风，一般不应露天存放。

③壁柜的框和扇，在安装前应检查有无窜角、翘扭、弯曲、壁裂，如有以上缺陷，应修理合格后，再进行拼装。

④壁柜的框安装应在抹灰前进行，抹灰前利用室内统一标高线，按设计施工图要求壁柜的标高及上下口高度，考虑抹灰厚度的关系，确定壁柜的相应位置。

⑤壁柜扇的安装应在抹灰后进行。

4）内嵌式壁柜安装步骤

内嵌式壁柜安装步骤为：

（1）壁柜的安装位置确定后，两侧框的每个固定件钉与墙体木砖钉固，钉帽不得外露。若隔断墙为加气混凝土或轻质隔板墙时，应按设计要求的构造固定。如设计无要求时可预钻 Φ5mm 孔，深 70～100mm，并事先在孔内预埋木楔粘 108 胶水泥浆，打入孔内粘结牢固后再安装固定柜体。采用钢柜时，需在安装洞口固定框的位置预埋铁件，对框件进行焊固。在框、架固定时，应先校正、套方、吊直，核对标高、尺寸、位置准确无误后再进行固定。

（2）检查内嵌式壁柜的板件，分类堆放。对照清单清点五金件，柜体件包数量是否与包装明细的包数吻合，如有异常情况立即报告。将所有侧板、顶底板、固层的包装拆开，检查板件是否有划花，将包装纸铺在地面上以防板件划花，然后上好胶粒、连接螺钉，顶底板上好木塞等，依顺序靠墙轻轻放置。

（3）如有上、下柜之分的，先装下柜后装上柜。

（4）固定顶轨。轨道前饰面与柜橱表面在同一平面，上、下轨平放于预留位置；然后将门体装入轨道内，用水平尺或直尺测量门体垂直度，调整上、下轨位置，调整底轮并固定好；再次查看门体是否与两侧平行，可通过框底来调节门体，达到边框与两侧水平；使门推拉时滑动自如。安装定位片、防尘条和防撞条在适当位置，最后将防跳装置固定好，并出示质量保护书。

（5）壁柜扇的安装

①扇的安装要确定五金型号、对开扇裁口方向（一般应以开启方向的右扇为盖口扇）。

②框口高度应量上口两端；框口宽度应量两侧框间上、中、下三点，并在扇的相应部位定点画线。

③根据画线，框、扇的留缝合适。

④合页的位置要合适，找正、拧固定螺钉，检查框与扇平整、无缺陷，符合要求后将全部螺钉安上拧紧。

⑤安装对开扇时先将框、扇尺寸量好，确定中间对口缝、裁口深度，画线后进行刨槽，试装合适时，先装左扇，后装盖扇。

5）内嵌式壁柜安装应注意的质量问题

内嵌式壁柜安装质量要注意以下 7 点：

（1）柜壁抹灰面层平度不一致、抹灰面不垂直，造成与框不平、贴脸板、压缝条不平。要重点注意柜壁的抹灰面层平整度。

（2）预埋木砖安装时固定点少，用钉固定时数量不够，木砖预埋不牢固，钉的深度不够，造成柜框安装不牢，要重点检查固定点的数量和钉的深度。

（3）合页槽深浅不一，安装时螺钉打入太深，造成合页不平。要重点注意柜壁安装操作时，螺钉打入深度不要太深，以免造成螺母不平正或拧得倾斜或缺螺钉。

（4）柜框与洞口尺寸误差过大，造成边框与侧墙、顶与上框间缝隙过大。要重点注意结构施工留洞尺寸，严格检查确保洞口尺寸。

（5）抽屉活动不顺畅，要重点注意：抽屉是否不符合标准，包括底板大小、抽后板大小、三合一孔位偏差有问题等；道轨的质量不好，如不够润滑、活动接触面有金属毛刺、可活动部件变形等。

（6）门装好后出现非常响声或难以推动，要重点注意：边框与上轨接触摩擦；底轮盒与下轨接触摩擦；底轮与可调部件松动；底轮变形或有凸起的部位。主要原因是上下轨的位置不正确或不配套，底轮质量不好或空间太小。

（7）材料、产品型号不合格，要对材料、产品型号质量进行核查，需有产品合格证。

9.2.2 非内嵌式（整体衣柜）壁柜设计与装修施工的要求

内嵌式壁柜和非内嵌式（整体衣柜）壁柜都可以存储衣物，只是壁柜是"镶在"墙壁里，壁柜门和墙面是平行的，而非内嵌式（整体衣柜）壁柜有背板的衣柜，不镶嵌在墙里面，也就是说是一个独立的衣柜，是现代家居中极为常见的一种家具。

（1）非内嵌式壁柜的门也分为对开门柜和推拉门柜。

（2）壁柜的底板要用20mm厚木板、底板应离地面120mm，底板下要砌踢脚台。踢脚板同房间内。

（3）壁柜背板所在的墙面应刷防水涂料或作防潮处理；上柜底板用25mm厚木板。

（4）非内嵌式壁柜一般是不到顶的壁柜，高度为1960mm、2100mm。

（5）推拉门壁柜由推拉门、壁柜底板、壁柜背板、壁柜侧板、上柜底板、上柜门扇、固定扇、板口板、贴脸等组成。柜内装挂衣杆、搁板。

（6）非内嵌式壁柜本身可以分为柜体、衣橱门。从材料使用上可分为实木和人造板两种；在国家规定的标准中，平开门的衣柜进深要在55～60cm，而推拉门衣柜的进深则要在62.6cm以上。长挂衣区的挂衣杆高度距离底板应有1.35m，短挂衣区的挂衣杆高度距离底板应有0.9m。叠放区的衣柜进深要在45cm以上，抽屉的高度不能高于地面1.25m，且应该位于地面6cm以上，抽屉进深要在40～50cm。实际生活中，衣柜的尺寸也可以根据实际需求作出调整。

①整体衣柜挂衣区

挂衣区用来悬挂衣物，通常分为长挂衣区和短挂衣区两个部分。长挂衣区用来悬挂大衣等长款衣物，挂衣杆的高度至少要距离底板1.35m以上；短挂衣区用来悬挂普通上衣，挂衣杆高度至少要距离底板0.9m以上。

②整体衣柜挂裤区

如果挂裤区使用的是衣柜裤架，那么裤架距离底板的高度要在 65cm 以上；如果使用的是挂衣架，那么挂衣杆距离底板的高度要在 70cm 以上，此外，挂衣杆到挂裤区的顶面还要有 10cm 左右的距离，这是为了保证衣架能够方便地取下。

③整体衣柜叠放区

叠放区通常用来存放一些小件、可堆叠的衣物，空间过大或是过小都不方便日常的使用，因此，叠放区的深度应该在 40～60cm 之间，宽度应该在 33～40cm 之间，高度应该在 35cm 左右。

④抽屉

为了方便使用，抽屉的高度应该在 15～20cm，宽度则应该在 40～80cm，而抽屉的进深则应该在 40～50cm。

（7）非内嵌式（整体衣柜）壁柜的材质

整体衣柜的门板根据不同材质可以分为实木门板、整体板、烤漆板、3D 吸塑门板等种类。

①实木门板。实木门板多用于配套古典风格的衣柜产品，门板由外框和芯板两部分组成，经常采用中国传统木工技艺榫、齿接等方式拼装造型，是一种贴近自然、造型丰富门板的类型。实木门板无论从材质还是造型上都是很高档和质优的，因此一般价格也较高。

②整体板。整体板是将不同颜色或纹理的材料通过表面热压加工铺装在刨花板基材上，具有不易变形、表面平整、易清洁、耐磨耐高温、饰面丰富的优点。整体板价格适中，又能通过饰面做出梨花木、白桦、橡木、水曲柳等多种木纹效果，是定制衣柜消费者最常选用的门板类型之一。

③烤漆板。烤漆板经过喷涂后高温烘烤制作成型。最大的特点就是可以在衣柜门上做各种花纹图案，色彩丰富逼真、颜色饱满层次感强、光泽度能保持很久。另外，因为表面光滑，就像玻璃一样容易清洁，而且防水性能非常出色。

④ 3D 吸塑门板。3D 吸塑门板是仿真 3D 膜，通过吸塑机加热后真空压贴在中纤板基材上。3D 吸塑门板的质量主要取决于面材 3D 膜的品质，3D 吸塑门板造型和颜色丰富多样、纹理比普通的门板更加逼真，立体感很强。

9.3 住宅吊柜设计与装修施工的技术

吊柜是为了充分利用住宅套内上部的储藏空间、遮住横梁而单独设计的。吊柜是每个现代家庭生活中不可缺少的家具。在家居生活里比较常见的有卧室吊柜、客厅吊柜、厨房吊柜（厨房吊柜的装修施工请参见本书第 3 章 3.2 节住宅厨房施工流程的有关内容）。

卧室衣柜吊柜和客厅吊柜是收纳换季被子、枕头和不常用的衣物的储藏间。

1）卧室和客厅吊柜安装条件

（1）材料要求

与内嵌式壁柜材料要求相同。

（2）作业条件

①吊柜的连体构造已具备安装的条件，室内已有标高水平线。

②吊柜成品、半成品已进场，并经验收，数量、质量、规格、品种无误。

③吊柜产品进场验收合格后，应及时对安装位置靠墙、贴地面部位涂刷防腐涂料，其他各面应涂刷底油漆一道，存放应平整，保持通风；一般不应露天存放。

④吊柜的框和扇，在安装前应检查有无窜角、翘扭、弯曲、劈裂，如有以上缺陷，应修理合格后再行拼装。吊柜钢骨架应检查规格，有变形的应修正合格后再进行安装。

⑤如吊柜安装位置遇到有水、电、气管线时，就在该吊柜背板靠顶板处加装大芯板。

⑥吊柜的框应在抹灰前进行安装；扇应在抹灰后进行安装。

2）卧室和客厅吊柜安装操作工艺

工艺流程。找线定位→框、架安装→吊柜隔板支固点安装→吊柜扇安装→五金安装。

（1）找线定位。抹灰前利用室内统一标高线，按设计施工图要求的吊柜标高及上下口高度，考虑抹灰厚度的关系，确定相应的位置。

（2）框、架安装。吊柜的框和架应在室内抹灰前进行，安装位置在定确后，两侧框固定点应钉两个钉子与墙体木砖钉牢，钉帽不得外露。若隔墙为轻质材料，应按设计要求固定方法固定牢固。如设计无要求，可预钻深 $70 \sim 100$mm 的 ϕ5mm 孔，埋入木楔，其方法是将与孔相应大的木楔粘 108 胶水泥浆，打入孔内粘结牢固，用以钉固框。采用钢框时，需在安装洞口固定框的位置处预埋铁件，用来进行框件的焊固。在框架固定前应先校正、套方、吊直，核对标高、尺寸，位置准确无误后进行固定。

（3）壁柜隔板支固点安装。按施工图隔板标高位置及支固点的构造要求，安设隔板的支固条、架、件。木隔板的支固点一般是将支固木条钉在墙体木砖上；混凝土隔板一般是型铁件或设置角钢支架。

（4）吊柜扇安装。

● 吊柜的框和扇，在安装前应检查有无窜角、翘扭、弯曲、壁裂，如有以上缺陷，应修理合格后，再进行拼装。吊柜钢骨架应检查规格，有变形的应修正合格后再进行安装。

● 按扇的规格尺寸，确定五金的型号和规格，对开扇的裁口方向一般应以开启方向的右扇为盖口扇。

● 检查框口尺寸。框口高度应量上口两端；框口宽度应量两侧框之间上、中、下三点，并在扇的相应部位定点画线。

● 框扇修刨。根据画线对柜扇进行第一次修刨，使框扇间留缝合适，试装并画第二次修刨线，同时画出框、扇合页槽的位置，注意画线时避开上、下冒头。

● 铲、剔合页槽进行合页安装。根据合页位置，用扁铲凿出合页边线，即可剔合页槽。

● 安装扇。安装时应将合页先压入扇的合页槽内，找正后拧好固定螺钉，进行试装，调好框扇间缝隙、修框上的合页槽，固定时框上每支合页行拧一个螺钉，然后关闭、检查框与扇的平整，符合要求后，将全部螺钉装上拧紧。木螺钉应钉入全长 1/3，拧入 2/3，如框、扇为黄花松或其他硬木时，合页安装、螺钉安装应划位打眼，孔径为木螺钉直径的 0.9，眼深为螺钉长度的 2/3。

● 安装对开扇。先将框扇尺寸量好，确定中间对口缝、裁口深度，画线后进行刨槽，试装合适时，先装左扇，后装盖扇。

（5）五金安装。五金的品种、规格、数量按设计要求选用，安装时注意位置的选择，无具体尺寸时，操作应按技术交底进行，一般应先安装样板，经确认后再大面积安装。

3）卧室和客厅吊柜安装的质量标准

（1）吊柜安装质量要求

①安装人员必须按图施工，不得随意改变。

②安装时，各种开孔尺寸适当、规范。

③柜体连接时，正面、底板平整、平齐。自攻螺钉固定后，无刮手现象。

④门板调试好后，缝隙匀称，门板之间无起伏现象，门板平齐底板。

⑤顶线安装时，顶线要突出柜身30mm，具有立体感，接口处要紧密，不能凹凸不平。

（2）吊柜安装质量保证项目

①框、扇的品种、型号必须符合设计要求。

②框、扇必须安装牢固，固定点符合设计要求和施工规范的规定。

（3）吊柜安装质量基本项目

①框、扇裁口顺直，刨面平整光滑，安装开关灵活、稳定，无回弹和倒翘。

②五金安装位置适宜，槽深一致，边缘整齐，尺寸准确。五金规格符合要求，数量齐全，木螺钉拧紧卧平，插销开插灵活。

③框的盖口条、压缝条压边尺寸一致。

（4）吊柜安装允许偏差

吊柜安装允许偏差和检验方法见表9-1。

吊柜安装允许偏差和检验方法　　　　表9-1

项次	项目	允许偏差（或留缝宽度）(mm)	检验方法
1	框正侧面垂直度	3	用1m托线板检查
2	框对角线	2	尺量检查
3	框与扇、扇与扇接触处高低差	2	用直尺和塞尺检查
4	框与扇、扇对口间留缝宽度	1.5～2.5	用塞尺检查

（5）吊柜安装的质量验收

住宅套内的吊柜安装质量应全数检查。

①吊柜验收的主控项目

● 吊柜制作与安装所用材料的材质和规格、木材的燃烧性能等级和含水率、甲醛含量应符合设计要求及国家现行标准的

第9章　住宅壁柜、吊柜、壁龛设计与装修施工的技术

313

有关规定。检验方法：观察；检查产品合格证书、进场验收记录、性能检测报告和复验报告。

● 吊柜安装预埋件或后置埋件的数量规格位置应符合设计要求。检验方法：检查隐蔽工程验收记录和施工记录。

● 吊柜的造型、尺寸、安装位置、制作和固定方法应符合设计要求。橱柜安装必须牢固。检验方法：观察；尺量检查；手扳检查。

● 吊柜配件的品种、规格应符合设计要求。配件应齐全，安装应牢固。检验方法：观察；手扳检查；检查进场验收记录。

● 吊柜柜门应开关灵活、回位正确。检验方法：观察；开启和关闭检查。

②吊柜验收的一般项目

● 吊柜表面应平整、洁净、色泽一致，不得有裂缝、翘曲及损坏。检验方法：观察。

● 吊柜裁口应顺直，拼缝应严密。检验方法：观察。

（6）吊柜安装应注意的质量问题

①吊柜安装应注意的质量问题参见《建筑工程施工质量验收统一标准》GB 50300 和《建筑装饰装修工程施工质量验收规范》GB 50210 的要求。

②抹灰面与框不平：多为墙面垂直度偏差过大或框安装不垂直所造成。注意立框与抹灰的标准，保证观感质量。

③柜框安装不牢：预埋件、木砖安装前已松动或固定点少。连接、固点钉要符合设计要求，安装牢固。

④合页不平、螺钉松动、螺母不平正、缺螺钉：造成的主要原因是合页槽不平、深浅不一致，安装时螺钉打入太长，产生倾斜，达不到螺钉平卧。操作时应按标准螺钉打入长度的1/3，拧入深度的2/3。

9.4 住宅壁龛设计与装修施工的技术

1）住宅壁龛

壁龛是一个新的家装名词，它是在客厅、过道走廊墙面上开洞，扩大室内空间，凹入墙面的壁龛使人的视觉得以延伸。壁龛不占建筑面积，在墙身上所留出的用来作为储藏设施的空间，使用比较方便，用来改善、美化环境，点缀生活空间。壁龛洞可大可小、可长可短、可方可圆，因环境不同而各异。主要是在墙身上留出多大空间，通常凹入墙面 0.15～0.2m，太浅没实际用途，太深则失去美观性。

壁龛可以用来作碗柜、小阁子、放置佛像、放置工艺品等，从而展示一种文化时尚。

壁龛不是每个家庭都可以做的，它要具备一定的基础条件：如墙壁的厚度少于 0.3m，不可以做；承重墙不可以做，做了可导致隔壁家墙裂缝；住宅结构设计没有提出壁龛的不可以做。

2）住宅壁龛的设计要求

（1）承重墙不可以做壁龛设计。

（2）非承重墙，可以按照设计需求，直接切割出理想尺寸的孔洞，但要在壁龛的顶部加过梁，背部要加背板，形成壁龛。

（3）新建或改建隔墙，可以预留出理想尺寸的孔洞，但要做加固和背板处理，特别要注意墙身结构的安全。

（4）一般家庭设置的壁龛不能摆放大件物品，只适合摆放小物件。

（5）根据设计需要，在墙洞的外沿四周做统一表面处理。

3）住宅壁龛装饰与装修施工的要求

住宅壁龛装饰与装修施工的重点是在墙洞的外沿四周，做出使壁龛中装饰物展现一种美感，衬托壁龛的艺术情趣，产生某种新奇感，从而展示一种文化时尚。

砌砖壁龛的制作比较麻烦，且施工工艺要求高。

第10章

住宅阳台设计与装修
施工的技术

10.1 阳台的基础知识

1）住宅阳台概念

阳台又称阴台等。对于坐北朝南的楼房来说，南面的称为"阳台"；而北面的叫作"阴台"。

生活中很多人会把阳台和露台混淆，把阳台当作露台。一般情况下阳台和露台的区别是"是否具有永久性顶盖"（阳台是面积较小而且永久性有顶子，露台是面积较大没有顶盖）；露台面积一般均较大，阳台面积较小。

阳台是居住者进行室外活动、接受光照、吸收新鲜空气、观赏、纳凉、晾晒衣物的场所。它是室内与室外之间的过渡空间，在城镇居住生活中发挥了越来越重要的作用。阳台的装修设计是家庭装修中的重点之一。

2）阳台的分类

（1）阳台按装修方法分：封闭式阳台和开放式阳台。

封闭式阳台：封闭式阳台除了墙体的保护措施外，使用塑钢窗或铝合金窗进行保护，封闭式阳台的私密性很强，对于室内的采光和通风就有一定的局限性。

开放式阳台：阳台三个方位不做封闭处理，只有一定高度的保护措施，这种样式更容易接近自然。开放式阳台对于室内的通风和采光是非常有利的，也更容易乘凉和晒太阳。

（2）阳台按与建筑立面和外形分：凹阳台、凸阳台、半凸半凹式阳台。

凹阳台：凹阳台是指占用住宅套内面积的半开敞式建筑空间，凹阳台无论从建筑本身还是人的感觉上更显得牢固可靠，安全系数会大一些，当然它没有转角，只有直角，与凸阳台相比，景观、视野上窄得多。

凸阳台：从建筑外立面和阳台的外形来看，最常见的形式是凸阳台，也就是以向外伸出的悬挑板、悬挑梁板作为阳台的地面，再由各式各样的围板、围栏组成一个半室外空间。

半凸半凹式阳台：半凸半凹式阳台是指阳台的一部分悬在外面，另一部分占用室内空间，它集凸、凹两类阳台的优点于一身。

（3）阳台按结构形状分：悬挑式、嵌入式、转角式阳台。

悬挑式阳台：悬挑式是建筑构件利用拉索结构或其他结构达到的一种效果。部分或全部建筑物以下无支撑物，给人一种不稳定感。主要为侧向受力，与悬挂有所不同。悬挑式阳台是悬在墙体外部，通过中间的承重墙，在墙体的内部有一个承重的部分在"挑着"阳台，这种阳台称之为悬挑式阳台。它可以用来放置一些简单的东西，比如晾晒衣物、放些轻的杂物等，不要放置过重的东西，要注意不要破坏阳台下面的承重墙和"挑"的部分，以免对房体结构造成损伤。

嵌入式阳台：嵌入式阳台是指阳台在居室的内部，不是在外部，从外部看起来就像是从外部镶嵌进来的一样，因此称为嵌入式阳台。这种阳台在空间内部装修起来要考虑内部空间的吻合，也不能显得内部空间太拥挤，这种风格在现代楼宇中已经很少使用。

转角式阳台：转角（弧状）阳台位于建筑体的特殊部位，如今的楼盘在设计中越来越多地运用了这种阳台形式。主要是为了建筑立面设计的需要，再就是视野上的开阔给人带来的一种全新的感受。转角式阳台只能设置在房屋大角处，能同时感受到两个朝向的采光和自然通风，享受到开阔视野景致。这种大视角阳台运用于住宅设计中，便很快吸引了买房人的眼球。180°、270°，观景阳台、落地窗观景台，开发商不断推出特色转角阳台。转角式阳台对高层建筑的抗扭转不利。

3）阳台的要求

（1）每套住宅宜设阳台或露台，严寒地区宜设封闭阳台。低层、多层住宅的底层每套宜设小院。

（2）阳台栏杆设计应防儿童攀登。垂直杆件间净空不应大于 0.11m。阳台的装饰装修设计不应改变原建筑为防止儿童攀爬的防护构造措施。对于栏杆、栏板上设置的装饰物应采取防坠落措施，在放置花盆处，必须采取防坠落措施。

（3）低层、多层住宅的阳台栏杆高度不应低于 1m；中高层、高层住宅不应低于 1.10m。中高层、高层及严寒地区住宅的阳台宜采用实体栏板。

（4）中高层、高层住宅的阳台和出入口上部的阳台应做有组织排水。温暖和炎热地区多层住宅的阳台宜做有组织的排水。

（5）阳台实体封闭栏板、顶板、底板及封闭窗的热工性能，应符合有关建筑节能设计标准的规定。

（6）阳台与连通的房间宜设置隔墙或推拉门。

①阳台的推拉门采用透明的安全玻璃既可避免相邻空间行人的碰撞，又能保证玻璃破碎时不伤害人。

②推拉门、折叠门占用空间小，安装推拉门或折叠门，采用吊挂式门轨或吊挂式门轨与地埋式门轨组合的方法，它们有

成熟的工艺。

（7）与邻户阳台间。两户间的阳台如果紧邻，应设实体栏板分隔（视线阻挡）和防攀爬措施。

（8）阳台应设置晾晒衣物的设施，顶层阳台应设雨罩。阳台晾晒衣物地面会滴水，冬季有时地面还会结露、结霜，故要求阳台地面应采用防滑地砖饰面，阳台地面应符合下列规定：

①阳台地面应采用防滑、防水、硬质、易清洁的材料，开敞阳台的地面材料还应具有抗冻、耐晒、耐风化的性能。

②开敞阳台的地面完成面标高宜比相邻室内空间地面完成面低 15～20mm。

（9）窗台下实体栏板及周边墙裙宜采用墙砖饰面。

（10）靠近阳台栏杆处不应设计可踩踏的地柜或装饰物。

（11）阳台应预留晾晒衣物的空间，并设置使用方便、安装牢固的晾晒架和储物设施，或预留位置及埋件。

（12）当阳台设置地漏时，地面应向地漏方向找坡，坡度不应小于 1%。

（13）当阳台设有洗衣机时，应符合下列条件：

①为方便使用，要求设置专用给水排水管线、接口和插座等，并要求设置专用地漏，减少溢水的可能。在有洗衣机情况下，阳台是用水较多的地方。如出现洗衣设备跑漏水现象，容易造成阳台漏水。应在相应位置设置专用给水、排水接口、专用地漏和电源插座，洗衣机的下水管道不得接驳在雨水管上，排水应满足雨污分流的要求。

②阳台楼（地）面应设防水层。为防止严寒和寒冷地区冬季将给水排水管线冻裂，阳台楼地面应做防水。

③开敞阳台、露台设置洗衣机等室内电器时应设防雨设施。

（14）当阳台或建筑外墙设置空调室外机时，如安装措施不当，会降低空调室外机排热效果，降低制冷功效，会对居民在阳台上的正常活动以及对室外和其他住户环境造成影响。其安装位置应符合下列规定：

①应能通畅地向室外排放空气和自室外吸入空气；

②在排出空气一侧不应有遮挡物；

③应为室外机安装和维护提供方便操作的条件；

④安装位置不应对室外人员形成热污染。

（15）当套内面积较大时，宜设置家务区。当设置家务区时，应符合下列规定：

①家务区应紧邻或设置在晾晒阳台；

②家务区应整体设计；

③家务区应对洗衣机、手洗盆、拖布池、洗涤用品、清洁工具及家居杂物吊柜等设施进行位置定位，并设置与之对应的水、电接口；

④设置在阳台的家务区地面应高于相邻阳台地面50mm；

⑤设置在阳台的家务区宜设置可开启的遮蔽设施，该设施应满足防晒、防水、通风和易清洁的要求。

（16）当阳台设置储物柜、装饰柜时，不应遮挡窗和阳台的自然通风、采光，并宜为空调外机等设备的安装、维护预留操作空间。

（17）布置健身设施的阳台应在墙面合适的位置安装防溅水电源插座。

（18）阳台护栏净高度从可踏面算起110/115mm（多层/小高层），栏杆的垂直杆件间净距应小于110mm，外围翻边与阳台完成面高差严禁小于100mm。

（19）阳台的扶手顶要避免做平台，以防止摆放物品坠物伤人。

（20）外露栏杆采用钢构件时，应采用配套工序的防锈饰面处理，并避免在焊接等过程中破坏防锈面层。

10.2 阳台设计和设计的重点要求

阳台是小区景观最为引人注目的地方，它既满足人们的使用功能要求，又要给人美的享受。阳台的装修设计是家庭装修中的重点之一。

1）阳台设计的重点要求

（1）每套住宅至少有一个阳台。

（2）阳台是开放式还是封闭式，都要根据不同户型的需求，设计不同的阳台内部。

（3）阳台挑出长度不应小于 1.2m，阳台一般封闭。封闭的原因：安全考虑；春夏多雨水；封闭式阳台利用率更高；遮尘、隔声、保暖。

（4）住宅阳台的设计及选型，除使用标准图集外，还应提倡创新，满足对房屋的围护、装饰功能和住宅建筑造型的美观。

（5）住宅阳台的设计必须与小区建筑群的阳台保持一致。

阳台作为建筑物墙面的一部分，为了保持小区内建筑群的立面景观、建筑造型的美观，在色彩与质感的处理上不准住户擅自装截然不同的阳台。住宅阳台的设计必须征得小区物业管理部门的同意、审批，与小区的格调相一致。阳台的内部设计可朝着多样化、奇特化的方向发展；造型、色彩、质感等，为居住者提供了完备的使用条件，又能满足居住者的心理要求与环境需要。

（6）阳台采用经有关部门鉴定合格的铝合金窗或塑钢窗，也可采用木门窗，但要确保材质、加工工艺和安装达到质量要求。

（7）每室需备有纱窗。木窗的内扇需要装活合页，以便用户更换纱窗。

（8）每幢住宅楼的外窗玻璃颜色必须一致。

（9）阳台可以做厨房使用的，设计时要考虑煤气及照明、排油烟机电源的引入，但不得引入上、下水管线。

2）阳台设计的材料选型

（1）铝合金窗的选型

①铝合金窗的材料是否是复合的材料，在一般情况下，复合材料的铝合金窗通常采用回收铝挤压的，无论是抗拉强度还是屈服度都大大低于国家有关规定，复合材料的铝合金窗，特别是无框阳台窗不能承受超高压。

②铝合金窗的气密性，主要体现在窗结构上，窗的内扇与外框结构是否严密，无框阳台窗是否紧密不透风，优质的铝合金窗加工精细、切线流畅、角度一致（主框料通常情况下是呈45°或90°），在拼接过程中不会出现较明显的缝隙，密封性能好，开关顺畅。劣质的铝合金窗，特别是做无框阳台窗时，如果加工不合格，会出现密封性问题，不仅漏风漏雨，而且在强风和大的外力作用下，玻璃会出现炸裂、脱落现象。

③铝合金窗的水密性，主要考核窗是否存在积水、渗漏现象。

④铝合金窗的隔声性，主要是中空玻璃的隔声效果和其他特殊的隔声气密条结构以及开闭力、隔热性、尼龙导向轮耐久性、开闭锁耐久性等其他窗配件的耐久性。

⑤铝合金窗的五金件。如果对门窗安全性和耐久性能考虑，不锈钢材质的五金配件（螺钉、合页、拉手等）要比铝质配件好，因为其有更高的强度和耐磨性，使用过程中顺畅，不易坏。

（2）塑钢窗的选型

塑钢窗是以聚氯乙烯树脂为主要原料，加上一定比例的稳定剂、着色剂、填充剂、紫外线吸收剂等，经挤出成型材，同时为增强型材的刚性，超过一定长度的型材空腔内需要添加钢衬（加强筋），这样制成的窗，称之为塑钢窗，是现代建筑最常用的窗户类别之一。

塑钢窗在 20 世纪 90 年代中期是国家积极推广的一种窗户形式，由于其价格较低，性能较好，现仍被广泛使用。

塑钢窗的选型的要求：

①塑钢窗的质量及力学性能符合国家现行标准要求，并具有出厂合格证。

②窗的抗风压、空气渗透、雨水渗透三项基本物理性能应符合国家现行标准中对此三项性能分级的规定及设计要求，并附有该等级的质量检测报告。该工程设计对保温及隔声性能无具体要求。

③窗采用的五金件、紧固件、增强型钢等型号、规格、性能及要求均应符合国家现行标准的有关规定，性能良好、开闭灵活的配件。

④玻璃的品种、规格及质量应符合国家现行产品标准的规定，并有产品合格证。单片玻璃大于 1.5m^2 必须采用钢化玻璃。

⑤钢衬的选择

没有钢衬的塑钢窗只能算是塑料窗，真正的塑钢窗都是要加入钢衬的，塑钢窗的抗风压性能主要取决于其腔内添加衬钢的规格。衬钢的截面尺寸越大、厚度越大其惯性矩也越大，抗风压性能就越好。衬钢腔腔体较大，可以装入尺寸较大的钢衬。在钢衬厚度相同的情况下，其惯性矩也比较大，因此具有相对更优良的抗风压性能。

（3）窗户开启方式的选型

阳台窗户没有固定的尺寸，是根据房间的大小来设计的，阳台窗户的品种有：平开窗、推拉窗、射窗、翻转平开窗等。窗户开启方式是推拉窗还是平开窗，选平开窗还是上悬平开，还是左右推拉开，业主自己考虑。当测量设计师上门时要沟通好，再根据室内的特殊条件来定做。

（4）阳台地面选材

阳台的地面选用瓷砖进行铺面，先需要做防水，后用瓷砖进行铺面。

（5）阳台的墙体选材

阳台的墙体，选用瓷砖进行铺面。

（6）阳台的顶部选材

阳台的顶部，选择集成吊顶。

（7）阳台的窗选材

由于塑钢窗框、窗扇易出现弯曲变形的现象，不仅影响美观，也影响窗的密封性能。建议北方使用铝合金窗户或塑钢窗，因为北方的天气是早晚比较冷中午比较热，塑钢的韧性强。建议南方使用铝合金窗，因为南方潮湿，采用 1.2mm 以上的铝合金窗比较好。

（8）阳台不要采用木质材料装修

阳台装修最好不要采用木质材料装修，因为木质材料在阳台位置会长期受到阳光照射，会因此变形。建议在挑选材料时一定要选择质量好、售后服务有保障的商家的产品。

（9）阳台推拉门的选择

①阳台推拉门是把阳台与室内隔开，阳台变为一个独立的空间。卧室阳台推拉门首选实木推拉门，它的档次高，具有环保隔声、保温隔热等功能。

②无封闭卧室阳台推拉门，选择塑钢材质，具有很好的密封性及隔热性，特别适合风沙较大的地区。建议采用 6mm 以上的磨砂钢化玻璃，保证隐私及安全性，同时不影响采光，也可采用隔声效果较好的中空玻璃材质推拉门。

③客厅阳台推拉门选择铝合金推拉门，保证对采光、耐高

温、防水、防盗的安全性，因此质量要求较高，一般选择玻璃推拉门。门芯用磨砂钢化玻璃，外表通透、明亮，比较安全；边框材质一般都是铝镁合金的；推拉门使用的胶、胶条、配件等材料的质量也必须过关，保证密封性，若胶条过早变硬、老化，很容易在刮风、下雨时，造成雨水渗漏的情况。

（10）阳台要考虑遮阳

①为了防止夏季强烈阳光的照射，可以利用比较坚实的纺织品做成遮阳篷。遮阳篷本身不但具有装饰作用，而且还可遮挡风雨。遮阳篷也可用竹帘、窗帘来制作，应该做成可以上下卷动的或可伸缩的，以便按需要调节阳光照射的面积、部位和角度。

②夏天日照很强，阳台大面积的玻璃会导致室内温度聚集升高，因此阳台的位置最好能安装窗帘，如果不想装窗帘的阳台内的装饰物就要选用耐晒的、不易掉色的纺织品。

3）阳台设计要注意安全

（1）阳台载重不要超过规定的承重荷载

大多数住宅的阳台不是为了承重而设计的，通常每平方米的承重不超过规定的重量，因此在装修阳台时要了解它的承重。要尽量少放过重的家具，不要超过规定的承重荷载。

（2）不能拆除配重墙

居室和阳台之间有一道墙，墙上的门、窗可以拆除，窗下半墙绝对不能拆，它在建筑结构上属于配重墙，起着支撑阳台的作用，不允许拆除，如拆除就会严重影响阳台的安全，甚至会造成窗台坍塌。

（3）如家里面有孩子，要注意阳台的安全问题，建议有孩子的家庭一定要把阳台留边的地方提高些，高于1.4m。

4）阳台要选择封闭式装修设计

封闭式阳台设计的时候要注意：

（1）阳台的窗户属于突出造型，不在墙体里，它承受的压力就会比较多，采用的铝合金窗户承受破坏能力强，建议选择铝合金窗户。

（2）封闭式阳台的密封性是非常重要的，下雨天防止阳台出现漏雨，窗扇下口最容易渗水，一般是窗框下预留 2cm 间隙，用专用密封剂或用水泥填死。封闭的窗体外面下边要有往外的坡体，以防渗水。刮风防止垃圾沾染，低楼层防止出现不明楼层的垃圾物体。

（3）要有保温隔热的作用。封闭式阳台最大的目的就是为了夏天能减少太阳的热量，冬天能保持室内的温度，所以在阳台装修时就可以安装一层保温隔热层，对室内温度起到保护作用。

（4）确保封窗牢固。阳台封窗必须安装牢固，要注意它的抗风力。窗户与墙体、过梁、栏板的拉结点必须足够多，而且结点也应结实。固定要牢固，阳台铝窗的立框和横框一定要固定在阳台的护栏和顶部，用射钉和拉铆钉固定在混凝土内，再用涂漆的角钢加固。

（5）要考虑购买可上下伸缩的晾衣架。

5）阳台设计要注意防水和排水

南方城市每年雨水较多，要注重阳台窗的防水、渗水，还要保证缝隙的密封性。北方是典型的温带季风气候，每年雨水不多，年降水量多在 400～800mm，降水集中在 7、8 两个月，且多暴雨。北方气候寒冷干燥、日照时间长、太阳辐射强、室内外温差较大，加上阳台窗密封性能较好，窗的玻璃（指单层玻璃窗）表面常凝有水雾，使中间滑道与纱窗之间积水，要及时将水排除，因此要防水和排水。防水处理不好，就会发生积水和渗漏现象。当雨水量太大时有可能阳台地面形成积水，可能漫过推拉门的防水框从而进入室内，要重视阳台防水和排水。

阳台防水一般分为阳台窗防水、阳台地面防水、阳台封闭部分的接合部防水、阳台地漏防水排水、阳台顶部防渗水。

（1）阳台窗防水

阳台窗防水是针对有窗的阳台，主要就是选购的窗质量密封性一定要好，这一点在雨季尤为重要。如果窗的防水性不好，那么防水就会很糟糕。其次安装的时候要注意契合，墙面也需要做防水预防渗水。

（2）阳台地面防水

阳台地面防水是针对没有窗的阳台和露天阳台，地面均应做好防水、防渗处理，首先要确保地面有一定坡度，在低的一边做排水口。其次是注意阳台地面低于室内至少 2cm 以上，保证阳台地面不会积水。阳台地面防水同于本书第 7 章的住宅卫生间防水的要求内容。

（3）阳台封闭部分的接合部防水

阳台封闭部分的边上接合部，要做好防水防渗处理，这包括了封闭体的四边。需要注意的是，封闭的窗体外面下边要有往外的坡体，以防渗水。

（4）阳台地漏防水、排水

阳台地面需要做地漏，尤其是在暴雨、大暴雨和台风时，雨量大于地漏的排水能力，阳台地面就会形成积水，如果积水量太大时，就有可能漫过推拉门的防水框进入室内。所以选购地漏时最好能够大一些，并且时刻保持地漏的畅通。

（5）阳台顶部防渗水

封闭式阳台顶部建议吊顶。对顶面要做防水，预防顶部渗水。阳台经不起太大的重量，不要在阳台上使用太笨重的装饰材料。

6）要分清主次阳台

阳台要分清主次，明确功能。主阳台应以休闲健身、晾衣为主，设计装修时可以装修好一点，次阳台应以储物为主，设计装修时可以简单些，不建议吊顶。

10.3 阳台的装修施工质量要求和验收

10.3.1 塑钢窗的装修施工质量和验收

1）塑钢窗的装修施工条件

（1）主体结构已施工完毕，并经有关部门验收合格，窗洞口壁的饰面层在施工前进行。

（2）按图示尺寸弹好门窗位置线，并根据已弹好的 +50cm 水平线确定门窗的安装标高。

（3）检查预留洞口尺寸及质量是否符合国家现行标准要求，若合格办理窗口交接手续。

（4）窗洞口两侧均设置钢筋混凝土抱框，不必考虑木砖的位置。

（5）准备好安装时的脚手架并做好安全防护措施。

（6）环境温度不低于 5℃。

2）塑钢窗的施工工艺

补贴保护膜→框上找中线→安装固定片→洞中找中线→框进洞口调整、临时固定→与墙体连接→填充弹性材料→洞口饰面清理、嵌缝→扇及玻璃五金件安装→清理、撕下保护膜。

（1）安装固定片：固定片采用厚度 ≥ 1.5mm、宽度 ≥ 15mm 的镀锌钢板。

①安装时应采用直径 ϕ 3.2mm 的钻头钻孔，然后将十字槽盘头自攻螺钉 M4 × 20mm 拧入，不得直接锤击钉入。

②固定片底位置应距窗角、中竖框、中横框至少 150～200mm，固定片之间的距离 ≤ 600mm，不得将固定片直接装在横框或竖框的接头上。

（2）临时固定塑钢窗。

①当塑钢窗窗框装入洞口时，其上下框中线与洞口中线对齐。

②然后将窗框用木楔临时固定，并调整窗框的垂直度、水平度和直角度。

（3）塑钢窗与墙体固定连接。固定连接应按对称顺序，先固定上下框，然后固定边框，具体要求：

①混凝土框和砖墙框均采用塑料膨胀螺栓进行加固；

②塑料膨胀螺栓的位置同固定片的位置要求；

③窗框固定后在窗框内侧螺栓孔位置处盖上白色塑料盖，并在塑料盖周边涂上白色密封胶，防止雨水等进入窗框腐蚀钢衬。

（4）嵌缝。窗框与洞口之间的伸缩缝内腔应采用闭孔泡沫塑料或发泡聚苯乙烯弹性材料分层填塞。洞口内外侧与窗框之间用水泥砂浆等抹平。靠近铰链一侧，灰浆压住窗框的厚度以不影响扇的开启为限，待抹灰硬化后，外侧用密封胶密封。

（5）窗框如粘有水泥砂浆，在其硬化前用湿抹布擦拭干净，不得使用硬质材料刮铲窗框表面。

（6）窗扇及五金附件等，在水泥砂浆硬化后进行安装。安装时先用电钻打孔，再用自攻螺钉拧入，禁止用铁锤或硬物敲打，防止损坏框料。

3）塑钢窗的装修施工质量要求

（1）窗的品种、类型、规格、尺寸、开启方向、安装位置、连接方式及填塞密封处理应符合设计要求，内衬增强型钢的壁厚及设置应符合国家现行产品标准的质量要求。当预埋件的位置与窗的固定件安装与国家标准不一致时，需要同业主商讨，必要时向业主提供塑钢窗的安装规范。

（2）窗框和扇的安装必须牢固。固定片和膨胀螺栓的数量与位置应正确，连接方式应符合设计要求。固定点应距窗角、中横框、中竖框 150～200mm，固定点距离不大于 600mm。窗安装定位的基准线最好采用吊线坠。

（3）窗扇应开启灵活、关闭严密，无倒翘。推拉窗扇必须有防脱落措施。

（4）配件的型号、规格、数量应符合设计要求，安装应牢固、位置应正确、功能应满足使用要求。由于塑钢窗刚性较差，抹灰时易使窗框向内凸起，如有凸起，应在水泥未凝固时及时采取补救措施。

（5）窗与墙体间缝隙应采用闭孔弹性材料填嵌饱满，表面应采用密封胶密封。密封胶应粘结牢固，表面应光滑顺直、无裂纹。塑钢窗框的热膨胀系数远比钢、铝、水泥的大，用水泥填充往往会使塑钢窗因温度变化无法伸缩而变形。因此，应该用弹性材料填充间隙。

（6）玻璃密封条与玻璃及玻璃槽口的接缝应平整，不得卷边、脱槽。

（7）平开窗的密封胶条应可以自由更换，因为密封条比窗体的寿命要短。

（8）推拉窗窗框下部应有铝滑轨，方便其更换。

（9）推拉窗窗扇的密封毛条中间应有固定片，这是推拉窗密封性好坏的关键。推拉窗扇的开关力不大于 100N。

（10）检查门窗五金件是否灵活、顺畅。

（11）窗安装的允许偏差和检验方法见表 10-1。

4）塑钢窗的装修施工质量问题

（1）窗框加固点的位置要准确，加固方式正确且要牢固。

（2）装卸窗应轻拿轻放，不得撬、甩、摔。安装工程中所用的窗部件、配件、材料等在运输、保管和施工过程中，应采取防止其损坏和变形的措施。

窗安装的允许偏差和检验方法表 　　　　表 10-1

项目	质量要求	检验方法
窗安装	窗框与墙体间缝隙嵌缝饱满，窗框应横平竖直，高低一致。连接件安装位置应正确，间距应≤600mm，框与墙体应连接牢固，缝隙应用弹性材料填嵌饱满，表面用嵌缝膏密封，无裂缝	观察
窗表面	洁净、平整、光滑、大面无划痕碰伤，型材无开焊断裂	观察
五金配件	齐全、位置正确、安装牢固、使用灵活、达到目的使用功能	观察、尺量
密封条	密封条与玻璃及槽口接触紧密平整不露框外，不得卷边脱槽	观察
密封质量	窗关闭时，扇与框间无明显缝隙，密封面上的密封条处于压缩状态	观察
玻璃	单玻安装好的玻璃应平整牢固，不得直接接触型材，不应有松动现象，内外表面应洁净	观察
双玻	玻璃应平整牢固，垫块安装牢固正确，不应有松动现象，内外表面洁净，夹层内不得有灰尘和水汽，双玻间的隔条设置应符合设计要求	观察
压条	带密封条的压条必须与玻璃全部压紧，压条与型材接缝处应无明显缝隙，接头缝隙应≤1mm	观察
拼樘料	应与窗框连接紧密不得松动，螺钉间距应≤600mm，内衬增强型钢两端均应与洞口固定牢靠，拼樘料与窗框间应用嵌缝膏密封	观察
平开门窗扇	关闭严密、搭接量均匀、开关灵活，密封条不得脱槽；开关力：平铰链应≤80N，30N≤滑撑铰链应≤80N	观察
推拉门窗扇	关闭严密，扇与框搭接量应符合设计要求，开关力应≤100kN	观察、尺量
排水孔	畅通、位置正确	

（3）临时固定时，木楔、垫块切忌盲目塞紧，注意防止窗框变形。

（4）填充窗框与洞口间隙时，不能用力过大，使窗框受挤变形。

（5）施工现场成品及附料应堆放整齐、平稳，并应采取防火等安全措施。

（6）安装窗时，严禁用手攀窗框、窗扇和窗撑；施工操作时严禁把安全带系在窗撑上。

（7）窗框与墙体间的漏风。窗框与墙体间漏风，一般表现为室内侧窗框与墙面交接处有浮灰，需要打胶进行封堵，如果缝隙较大还需要先打发泡胶进行填充，然后打密封胶处理。

（8）窗扇变形造成漏风。窗扇变形造成的漏风问题不在少数，如果不严重，可以通过加装中间锁来加以矫正；如果变形严重就要换窗扇。

（9）窗扇掉角造成漏风。窗扇掉角造成漏风是由于窗扇的中空玻璃自重都很大，安装时没有合理垫好垫片，造成窗扇掉角。如果掉角不严重，可通过调整五金来复位，如果掉角比较严重，需要拆下玻璃重新垫玻璃。

（10）胶条缺失或胶条老化造成漏风。胶条缺失，需要填补缺失的胶条；胶条老化需要更换老化的胶条。

（11）压条对角处漏风。压条处对角不严或胶条缺失，就会漏风。压条处对角不严，需要用密封胶在压条对角处密封；胶条缺失需要填补缺失的胶条。

（12）塑钢窗框、窗扇易出现弯曲变形。由于塑料门窗型材的刚度较差，易出现弯曲变形的现象，施工时必须对窗框、窗扇进行校正，在焊接前要进行检查，当窗框、窗扇的四个角焊好后，是很难校正的。

塑钢窗的其他技术、检验验收技术，请参见本书第2章的有关内容。

10.3.2 铝合金窗的装修施工质量和验收

铝合金窗的优点突出，具有强度高、保温隔热性好、刚性好、防火性好、采光面积大、耐大气腐蚀性好、综合性能高、使用寿命长、装饰效果好等特点。目前，铝合金窗在门窗市场中是非常受消费者欢迎的。

1）铝合金窗的装修施工条件

铝合金窗的装修施工条件同于塑钢窗的装修施工条件。

2）铝合金窗的施工工艺流程

画线定位→预留的窗洞口表面处理→窗洞口内埋设连接铁件→铝合金窗拆包检查→安装外框→铝合金窗披水安装→防腐处理→铝合金窗的安装就位→铝合金窗固定→窗框与墙体间隙的处理、填保温材料→窗扇和窗玻璃的安装→清理→安装五金配件→安装窗密封条→质量检验→纱扇安装。

（1）画线定位

①根据设计图纸中窗的安装位置、尺寸和标高，依据窗中线向两边量出门窗边线。

②若为多层或高层建筑时，以最高层找出门窗口边线，以窗边线为准，用线坠或经纬仪将门窗边线下引，并在各层窗口处画线标记，对个别不直的口边应剔凿处理。高层建筑可用经纬仪找垂直线。

③窗的水平位置应以楼层室内 +50cm 的水平线为准向上量出窗标高（下皮），弹线找直。每一层必须保持窗标高一致，在同一水平线上。

画线定位应定出三种基准线，作为安装施工的准备。

- 中心基准线——决定窗的中心位置。
- 水平基准线——决定窗的高度位置。

● 进出基准线——决定窗的内外位置。

（2）预留的窗洞口表面处理

①在安装之前要先检查门窗洞口四周的预留孔洞或预埋铁件的位置和数量，是否与门窗框上的连接铁脚匹配吻合。若发现不符合或偏差过大时，应进行必要的修整处理。

②墙面需预留比铝门窗尺寸较大的窗口，通常左右各加大1.5cm，上加大1.5cm，下加大2.5cm，以方便安装铝合金窗，若预留尺寸误差过大，造成铝合金门窗无法安装时，应请监理单位（或建设单位）做好记录，请建筑商负责处理。

③窗洞口要符合安装铝合金窗户的品种、类型、规格、尺寸、性能、开启方向、安装位置、连接方式及铝合金窗的型材壁厚的设计要求。

④要校对铝合金门窗的尺寸与安装的洞口的尺寸。

⑤根据设计和施工图纸的要求，放出定位线，并确定窗框位置，同时要准确地测量出地面标高和窗框顶部标高以及中横框标高。

（3）窗洞口内埋设连接铁件

窗洞口内埋设固定片，将固定片埋入混凝土墙或砖墙内3～4cm，以1:2水泥砂浆拌合石子固定，或用焊接将固定片焊接于钢筋。

安装铁片宜采用卡式，尽量减少破坏铝合金保护层的加工量。

（4）铝合金窗拆包检查

①运入工地现场的铝门窗应放置在通风良好、清洁的仓库内。

②放置处的枕木面离地高度应大于100mm，每码堆不得超过15模（扇），每模（扇）间应用软材料垫平，以防止压伤及铝合金、五金件间的相互摩擦破坏型材表面的保护膜。

③窗洞口必须要有滴水线，安装前应先检验。

④铝合金型材结合部应用中性胶进行密封，防止雨水进入没有保护层的内腔。通常铝合金窗的腐蚀是从没有保护层的内腔开始的。

⑤检查铝合金保护膜。

（5）安装外框

①外框安装要依照铝合金窗洞口的位置安装，使用线坠、水平尺，定真正水平、垂直位置，并在铝合金框四周用木楔填紧固定。

②在所弹的中心线钉立框方木，然后用胶合板确定门框柱的外形和位置。

③外包金属装饰面。包饰面时要把饰面对头接缝位置放在安装玻璃的两侧中门位置。接缝位置必须准确并确保垂直。

（6）铝合金窗披水安装

批水是指窗扇上部遮挡防止雨水渗透流入室内的型材。按设计要求将披水条固定在铝合金窗上，应保证安装位置正确、牢固。

（7）防腐处理

①铝合金门窗安装时若采用连接铁件固定，则连接铁件、固定件等安装用金属零件最好用不锈钢件；铁件应进行防腐处理，连接件最好选用不锈钢件。

②窗框两侧的防腐处理应按设计要求进行。如设计无要求时，可涂刷防腐材料，如橡胶型防腐涂料或聚丙烯树脂保护装饰膜，也可粘贴塑料薄膜进行保护，避免填缝水泥砂浆直接与铝合金门窗表面接触，产生电化学反应，腐蚀铝合金门窗。

③窗框四周外表面的防腐处理设计有要求时，按设计要求处理。

④金属窗的防腐处理及填嵌、密封处理应符合设计要求。

（8）铝合金窗的安装就位

铝合金窗的安装就位要根据划好的窗定位线，安装铝合金窗框，及时调整好窗框的水平、垂直及对角线长度等并符合质量标准，无问题后方可用木楔临时固定。

（9）铝合金窗固定

①当墙体上预埋有铁件时，可直接把铝合金门窗的铁脚直接与墙体上的预埋铁件焊牢，焊接处需做防锈处理。

②当墙体上没有预埋铁件时，可用金属膨胀螺栓或塑料膨胀螺栓将铝合金窗的铁脚固定到墙上。

③当墙体上没有预埋铁件时，也可用电钻在墙上打 80mm 深、直径为 6mm 的孔，用 L 型 80mm×50mm 的 6mm 钢筋。在长的一端粘涂 108 胶水泥浆，然后打入孔中。待 108 胶水泥浆终凝后，再将铝合金窗的铁脚与埋置的 6mm 钢筋焊牢。

④金属窗框的安装必须牢固，预埋件的数量、位置、埋设方式、与框的连接方式必须符合设计要求。

⑤铝合金窗框是工厂加工好的窗框，窗框与墙体的缝隙使用发泡胶进行填充。

（10）窗框与墙体间隙的处理、填保温材料

①固定片固定后，周围的木楔拆除之后要以水泥砂浆嵌缝，以免铝合金框与壁面间产生缝隙渗水。

②铝合金窗嵌缝后，外框室内边缘四周在粉刷前，需以 1cm 见方的木条钉住，预留塞水路缝，在粉刷后掀起木条后以防漏剂填补，防止雨水渗入。

③铝合金门窗安装固定后，应先进行隐蔽工程验收，合格后及时按设计要求处理门窗框与墙体之间的缝隙。

④如果设计未要求时，可采用弹性保温材料或玻璃棉毡条分层填塞缝隙，外表面留 5～8mm 深槽口填嵌嵌缝油膏或密封胶，严禁用水泥砂浆填塞。

（11）窗扇和窗玻璃的安装

①窗扇和窗玻璃应在洞口墙体表面装饰完工验收后安装。

②推拉门窗在窗框安装固定后，将配好玻璃的窗扇整体安入框内滑槽，调整好与扇的缝隙即可。

③平开门窗在框与扇格架组装上墙、安装固定好后再安玻璃，即先调整好框与扇的缝隙，再将玻璃安入扇并调整好位置，全部安装好后，要滑动顺畅，没有很尖锐的摩擦，两窗扇合拢后能很好地合上锁扣，最后镶嵌密封条及密封胶。

玻璃是单独运输至现场的，玻璃安装好就要进行玻璃胶密封处理。使用中性硅酮耐候胶，打胶是个技术活，一般都是由经验丰富的老师傅操作。

（12）清理

①对铝合金窗进行清洁和自检；

②内外装修完工后，撕去保护胶带并清洁门窗，不得用腐蚀性的液体以及硬物清洁门窗，以免破坏表面漆膜；

③清除嵌缝木楔块，嵌缝后木楔块不得遗留在缝内；

④不得使用对铝型材、玻璃及五金配件有腐蚀性的污物，对自检出来的问题应及时整改。

（13）安装五金配件

五金件应齐全，位置正确、安装牢固、使用灵活。高档门窗的五金件都是金属制造的，其内在强度、外观、使用性都直接影响着门窗的性能。许多低档的塑料五金件，其质量及寿命都存在着极大的隐患。

五金配件要尽量选用性能良好、开闭灵活、顺畅的配件。

（14）安装窗密封条

填嵌扇、玻璃的密封条及密封胶。

（15）质量检验

①应对窗洞口的形状和位置精度进行检验校核，检查预埋

的数量和位置是否符合设计要求。

②高层窗是否按规定接入防雷带，对于不合格的部分应督促建设单位整改。

③玻璃和窗扇安装后，应检查配件是否漏装，安装是否牢固，窗扇启闭是否灵活，开、关是否符合设计要求，防止疾风暴雨造成窗扇的损坏。

④铝合金窗框与墙体间打防水胶必须在墙体干燥后进行。若墙体未干燥、灰尘未清除干净，墙体释放出的水蒸气会使密封失效。

（16）纱扇安装

纱窗是一个网状中间成方格有孔的网。它能阻挡蚊子、苍蝇等昆虫飞入及爬入。纱窗种类多，有固定的、滑动的、折叠的、隐形的等，不过人们对老式固定的纱窗情有独钟，认为其坚固耐用。

①将纱窗框清洗干净。

②检查纱窗框四角有没有损坏，损坏的内角，需要更换，以起到加强作用。

③将窗纱按纱窗框的长和宽来选择窗纱的长和宽安装；把窗纱用压条压紧纱窗框内，张紧窗纱，用压条压紧在纱窗的边框，然后压紧纱窗的最后一个边框，将多余的窗纱留出适当的余量，用剪刀剪除。

④压压条的时候用力不要过猛，选择合适的圆头木棒（圆筷子即可），带滚动圆轮的更好。

铝合金窗装修施工和质量检验验收技术参见本书第2章的有关内容。

阳台装修施工的推拉门、防水、地面、顶部、阳台门窗等安装施工方法、检验方法和要求同于本书第2章的有关内容。

10.4 住宅阳台在收房验收中常见的缺陷问题

（1）阳台玻璃底部未封闭，细小物件易坠落，内侧未做安全防护栏杆或安全玻璃的缺陷问题，如图 10-1 所示。

阳台玻璃底部未封闭，细小物件易坠落，内侧未做安全防护栏杆或安全玻璃

图 10-1　阳台玻璃底部未封闭，细小物件易坠落，内侧未做安全防护栏杆或安全玻璃

（2）阳台门框未收口的缺陷问题，如图 10-2 所示。

（3）阳台未设置防盗装置，相互之间易攀爬的缺陷问题，如图 10-3 所示。

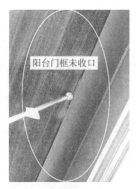

阳台门框未收口

图 10-2　阳台门框未收口

阳台未设置防盗装置，相互之间易攀爬

图 10-3　阳台未设置防盗装置，相互之间易攀爬

第11章

住宅门窗设计与装修施工的技术要求

11.1 门窗工程的要求和门窗工程材质选择

11.1.1 门窗工程和门窗工程的一般规定

1）门窗工程

门窗工程是指木门、金属门、塑料门、特种门、玻璃门、铝合金窗、镀锌彩板窗、塑钢窗的施工安装。

住宅门窗工程是指室内木门、金属门、塑料门、玻璃门、铝合金窗、塑钢窗的施工安装。本章适用于室内门窗工程的设计与装修施工，不包含共用外门窗和外封闭阳台门窗。

2）门窗工程的一般规定

（1）金属门窗、塑料门窗工程安装质量和检验方法在现行国家标准《建筑装饰装修工程质量验收规范》GB 50210中已作出了明确规定。

（2）木门窗工程安装工程质量和检验方法在现行国家标准《建筑装饰装修工程质量验收规范》GB 50210中已作出了明确规定。

（3）门的洞口尺寸

住宅装修中，门窗的安装看似非常简单，但是在施工的时候也会出现很多问题。

门：包括单元门（共用外门）、户门、起居室门、卧室门、书房门、厨房门、卫生间门、阳台门等。门的洞口尺寸是不同的，各部位门洞口的最小尺寸应符合表 11-1 的要求。

各部位门洞口的最小尺寸要求　　　　　表 11-1

类别	洞口宽度（m）	洞口高度（m）
公用外门	1.20	2.00
户（套）门	0.90	2.00
起居室（厅）门	0.90	2.00
卧室门	0.90	2.00
厨房门	0.80	2.00
卫生间门	0.70	2.00
阳台门（单扇）	0.70	2.00

注：1.表中门洞高度不包括门上亮子高度。2.洞口两侧地面有高低差时，以高地面为起算高度。

窗：包括卧室窗、起居室窗、厨房窗、厕所窗、卫生间窗、过厅窗、楼梯间窗等。窗的洞口尺寸是根据直接采光房间的窗洞口面积与该房间地面面积之比来计算的，洞口最小尺寸应符合表 11-2 的要求。

窗洞口面积与房间地面面积之比　　　　表 11-2

房间名称	窗地比
卧室、起居室、厨房	1/7
厕所、卫生间、过厅	1/10
楼梯间	1/14

11.1.2　门窗的要求

1）门的要求

（1）户（套）门应具有防火、防盗、保温节能、隔声等功能。

（2）户（套）门的防火性能应符合现行国家标准《建筑设计防火规范》GB 50016 的规定，应根据其使用部位，选择相应的防火等级。

（3）保温节能应符合建筑节能设计标准的规定。

（4）隔声性能应符合现行国家标准《民用建筑隔声设计规范》GB 50118 的规定。

（5）向外开启的入户门应采用安全防卫门，向外开启的户门不应妨碍公共交通和相邻入户门开启。

（6）住宅套内房间应设有房间门，房间门宜向内开启。

（7）套内门五金应包含门锁、拉手、合页（导轨、地弹簧）、门吸（闭门器）等；套内门扇厚度不应大于 40mm。

（8）卧室、起居室宜采用木门。

（9）厨房及卫生间有水蒸气或油烟等，采用金属或塑料门不吸潮，便于清洗。厨房宜采用玻璃推拉门或塑料门、铝合金门、塑钢门；住宅卫生间门宜选择塑料门、塑钢窗门。卫生间木门套及与墙体接触的侧面应采取防腐措施，门套下部的基层宜采用防水、防腐材料；门槛宽度不宜小于门套宽度，且门套线宜压在门槛上，阳台宜采用安全玻璃推拉门。

（10）当厨房、餐厅、阳台采用推拉门或折叠门时，安装推拉门或折叠门采用吊挂式门轨或吊挂式门轨与地埋式门轨组合的方法，避免限位器安装于走道通行位置。

（11）门把手中心距楼地面的高度宜为 0.95～1.10m。

2）窗的要求

（1）窗的开启扇有效面积，应符合现行国家标准《住宅设计规范》GB 50096 的规定，室内通风效果不仅与外窗的开启扇有效面积大小有关，还与住宅的进深与是否有穿堂风等条件有直接关系，要求当大进深住宅或无穿堂风条件时，应适当加大开启扇的面积。

（2）窗宜采用塑料窗或铝合金窗。

（3）保温节能应符合有关建筑节能设计标准的规定。

（4）窗台板宜采用人造或天然石材，窗台板不得嵌入墙体内，窗台板下与墙体的间隙，应采用聚氨酯发泡填充，并应采取防水措施，窗台板周边与窗及墙体接缝处应采用建筑密封胶密封。

（5）当住宅设有凸窗或低于0.90m的临空外窗时应设置防护措施，防护措施设计应符合《住宅设计规范》GB 50096的相关规定。

（6）不宜采用推拉窗，建议采用平开窗或上悬窗，且平开窗扇宽度不可大于700mm。

（7）紧邻窗户的地台或可踩踏的装饰装修物为活动者提供可攀爬的条件，故应重新设计防护设施，并符合现行国家标准《住宅设计规范》GB 50096中对于栏杆的要求，否则将带来安全隐患。

（8）窗扇的开启把手设置在距装修地面高度1.10～1.50m，便于多数成年人的开启。

（9）窗台板用材除应符合现行国家标准《建筑内部装修设计防火规范》GB 50222的要求外，还因其接触水、污染物、使用频率较高等，对耐晒、防水、抗变形的要求较高。因此，要求窗台板采用环保、硬质、耐久、光洁、不易变形、防水、防火的装修材料。

（10）窗扇的开启把手距装修地面高度不宜低于1.10m或高于1.50m。

（11）窗台板、窗宜采用环保、硬质、耐久、光洁、不易变形、防水、防火的材料。

（12）非成品窗应采取安装牢固、密封性能良好的构造设计。

（13）面临走廊或凹口的窗，应避免视线干扰。向走廊开启的窗扇不应妨碍交通。

（14）底层外窗和阳台门、面临走廊和屋面的窗户，其窗台高度低于 2m 的宜采取防护措施。

（15）严寒和寒冷地区不宜设置凸窗。

11.1.3 住宅门窗工程材质选择

住宅门窗工程材质选择重要的是材料，如果出于对门窗安全性和耐久性能的考虑，不锈钢材质的五金配件要比铝质配件好，而滑轮最好选择采用有更高强度和耐磨性的材质。如果是对门窗的隔声、水密、气密性有较高的要求，那么选择铝合金材料或塑钢材料。强度、气密性、耐腐蚀、耐磨损、高光泽度和防火是购买门窗时需考虑的重点。

1）住宅门材质选择

住宅门一般有免漆门、油漆门、烤漆门。

（1）免漆门

免漆门顾名思义就是不需要再油漆的木门。市场上的免漆门绝大多数是指 PVC 贴面门。它是将实木复合门或模压门最外面采用 PVC 贴面真空吸塑加工工艺而成。门套也一样，进行 PVC 贴面处理。

免漆门的主要优点：

● 多种色彩变化，更具有现代感和个性发挥及绿色环保的要求。

● 产品表面光滑亮丽，免油漆，可避免在使用其他装饰材料、油漆后对空气中散发有毒气体，对人体有危害的后果。

● 一次成型，施工周期短，交工验收即可享用。

● 运用国外先进的制造工艺，选用优质进口原料研制出的免漆装饰材料，具有耐冲撞、不自燃、防虫蛀、防潮、防腐、好保养、无毒、无味、无污染等优点。

● 施工方便，可切、可锯、可创、可钉。

● 根据住户的身份、环境、个性、品位来变换多种不同的造型，是家居装饰、室内装饰的理想材料。

免漆门的主要缺点：

质量不好的免漆门时间长了暴露的缺点就是容易受湿度、温度和空气的因素，使表面产生开胶变形，门的侧边部分总有交接缝隙，最容易在四周开裂。

（2）油漆门

油漆门是木制门经过门厂喷漆，喷漆后进烘房加温干燥工艺的油漆门板。油漆门表面光滑，像玻璃一样的平整，没有凹凸的微小颗粒。其优点是色泽鲜艳，具有很强的视觉冲击力，表面光洁度好、易擦洗、防潮防火性能较好。

油漆门分混油和清油两种漆质。

混油漆：根据不同消费者的不同要求，喷绘不同颜色的油漆，视觉效果好，表面光滑平整，没有木制效果的纹路。具有抗划伤性能，抗摩擦效果比较好。

清油漆：清油漆分全封闭油漆和半封闭油漆。

全封闭油漆：全封闭油漆表面平整光亮，用手触摸时漆面饱满、光滑，感觉不到木纹本身的凹凸感。

半封闭油漆：这种漆同全封闭油漆恰恰相反，从视觉来说它的木纹效果突出，质感强、木纹感真实，用手触摸时表面会随木纹的变化而凹凸不平。

（3）烤漆门

烤漆门用密度板作为基材进行的无尘烤漆，它是对基材喷漆后进入烘房加温干燥的油漆门。基材多用密度板，背面为三聚氢胺，工艺复杂，加工周期长，价格相对也较高。烤漆门从类型上分钢琴烤漆和金属烤漆两种,金属烤漆优于钢琴烤漆。

①烤漆门特点

● 没有封边,分为单面烤漆、双面烤漆。防水处打封边漆,表面光泽。

● 整体效果好,不滞油污。一般分为亮光、亚光、珠光。最具有视觉冲击力。

● 档次高不易变形,可以做浴室柜,易于清洁,提高房间的光亮度。

● 聚酯漆经过喷制工艺制成的门板,无须烤制表面,制成以后为亚光效果。烤漆一般可以调制出 30 多种颜色。

● 工艺水平要求高,废品率高,价格居高不下。在清洁时要注意,划痕不能修复,用重力撞击会有粉末状的物质脱落。

②烤漆门制作工艺

● 基材为中密度板,基材使用 18mm 中密度板,双面贴白色三聚氰胺纸。

● 针对顾客所选择的门型进行镂铣。

● 镂铣完毕后在漏底部分做一遍封闭漆。

● 进行打磨,喷白色的底漆。

● 次打磨进行着色处理。

● 重复进行 8～9 次打磨抛光喷涂。

● 最后要进行一次亮光漆的喷涂。

● 水打磨。

● 用抛光蜡进行抛光处理。

● 固定包装。

③烤漆板的优点

烤漆板的优点:非常美观时尚且防水性能极佳,抗污能力强,易清理。比较适合对外观和品质要求较高,追求时尚的年轻高档消费者。

④烤漆门缺点

工艺水平要求高，废品率高，价格居高不下。在清洁时要注意，不要用钢丝球擦洗，以免留下划痕，划痕太重不能修复，用重力撞击会有粉末状的物质脱落。

2）住宅入户门选择

住宅入户门一般选择钢质材料防盗门，实用防盗，不生锈。

3）住宅起居室、卧室门、书房门选择

住宅起居室、卧室门、书房门宜采用木门，一般选择烤漆门或免漆门、油漆门。

4）住宅厨房门选择

厨房宜采用玻璃推拉门或铝合金门、塑钢门、塑料门。

5）住宅卫生间门选择

住宅卫生间门宜选择塑钢门、塑料门。

6）住宅窗材质选择

住宅窗一般选择铝合金窗、塑钢窗或塑料窗。

住宅窗由于使用的地方不同，因而在购买窗时考虑的着重点也略有不同，但要考虑以下几点：

● 强度——窗型材能否承受超高压，选购精度和强度好的窗。

● 气密性——窗的内扇与外框结构是否严密，窗是否紧密。

● 复合膜——窗表面的复合膜是人工氧化膜着色形成的，具有耐腐蚀、耐磨损、高光泽度，还具有一定的防火功能，因此谨慎地选择复合膜也是非常必要的。

● 五金件——五金件是否灵活、顺畅，推拉窗窗框下部应有铝滑轨，为方便其更换，窗扇的密封毛条中间应有固定片，这是推拉窗密封性好坏的关键。

● 硅铜胶——窗框与墙体之间应有发泡胶进行填充，且窗框内外侧，必须用硅铜胶或密封胶进行密封防止渗水。切记，安装完后，应揭掉保护膜，这样可以延长门窗的使用寿命。

● 窗框扇——窗框和扇应检查有无窜角、翘扭、弯曲、劈裂。窗框、扇进场后，应将框扇靠墙、靠地的一面涂刷防腐涂料，分类码放平整，底层应垫平、垫高。每层框间衬木板通风，一般不得露天堆放。

11.2 住宅门窗设计的技术要求

1）住宅门窗标准设计的规定

（1）窗外没有阳台或平台的外窗，窗台距楼面、地面的净高低于 0.90m 时，应设置防护设施。

（2）当设置凸窗时应符合下列规定：

①窗台高度低于或等于 0.45m 时，防护高度从窗台面起算不应低于 0.90m。

②可开启窗扇窗洞口底距窗台面的净高低于 0.90m 时，窗洞口处应有防护措施。其防护高度从窗台面起算不应低于 0.90m。

③严寒和寒冷地区不宜设置凸窗。

（3）底层外窗和阳台门、下沿低于 2.00m 且紧邻走廊或共用上人屋面上的窗和门，应采取防卫措施。

（4）面临走廊或凹口的窗，应避免视线干扰，向走廊开启的窗扇不应妨碍交通。

（5）户门应采用具备防盗、隔声功能的防护门。向外开启的户门不应妨碍公共交通及相邻户门的开启。

（6）厨房和卫生间的门应在下部设置有效截面积不小于 0.02m² 的固定百叶，也可距地面留出不小于 30mm 的缝隙。

（7）各部位门洞的最小尺寸应符合表 11-1 的规定。

（8）厨房、餐厅、阳台的推拉门宜采用透明的安全玻璃门。

（9）安装推拉门、折叠门应采用吊挂式门轨或吊挂式门轨与地埋式门轨组合的形式，并应采取安装牢固的构造措施；地面限位器不应安装在通行位置上。

（10）非成品门应采取安装牢固、密封性能良好的构造设计，推拉门应采取防脱轨的构造措施。

（11）门把手中心距楼地面的高度宜为 950～1100mm。

（12）当紧邻窗户的位置设有地台或其他可踩踏的固定物体时，应重新设计防护设施，且防护高度应符合现行国家标准《住宅设计规范》GB 50096 有关的规定。

（13）塑料门窗设计，应符合现行行业标准《塑料门窗工程技术规程》JGJ 103 的规定；铝合金门窗设计，应符合现行行业标准《铝合金门窗工程技术规范》JGJ 214 的规定。

2）住宅门窗设计的要求

（1）门的设计要求

①住宅门洞的尺寸应符合表 11-1 的要求。

②户门应装门碰，户门门扇下部距毛坯房楼面应有 45mm，便于装修。

③卧室、书房门应装门碰。

④所有门洞必须设门垛，垛宽宜为 100～150mm，且不得小于 50mm。

（2）窗的设计要求

①窗的设计应考虑建筑节能要求。

②凸窗下部固定扇及七层以上可开启扇均应采用安全玻璃，从窗台面算起 900mm 高范围内应有可靠的安全防护措施。

③小高层和复式通高大窗的玻璃分格需经风压计算后确定玻璃的厚度和是否需要钢化。应避免分格高度与人视线同高。

④当采用着色中空玻璃时，外层为着色或镀膜玻璃，内层

为普通玻璃。

⑤窗的开启方向应方便擦窗与安装空调。开启扇设置应保证开关方便，开启扇面积应满足通风要求。

⑥不宜采用塑钢门窗，若选用时，应对材质和五金件提出具体要求并采取措施保证开启扇的直角强度。

⑦铝合金窗型材一般采用70系列，壁厚不小于1.4mm，表面处理为静电粉末喷涂或氟碳喷涂工艺，涂层厚度应满足要求。门窗及五金配件选用应注意铰链、传动器、执手、密封条、螺钉的质量与品牌。

（3）门窗节能的设计要求

①改善门窗性能

外门窗是住宅能耗散失最多的部位，其能耗占住宅总能耗的比例较大，其中传热损失为1/3，冷风渗透为1/3，所以在保证日照、采光、通风、观景要求的条件下，尽量减小住宅外门窗洞口的面积，提高气密性，减少冷风渗透，提高本身的保温性能，减少本身的传热量。

门窗的朝向、构造、尺寸和形状以及密封程度是影响门窗能耗的主要因素，综合考虑以上因素，在门窗节能上的主要技术设计有：采用加层窗技术提高窗户的保温隔热性能，对户门及阳台门进行保温处理，提高气密、水密、隔声、保温、隔热等主要物理性能。

②节能采用的措施要求

控制住宅窗墙比：

住宅窗墙比是指住宅窗户洞口面积与住宅立面单元面积的比值。《民用建筑节能设计标准》JGJ 26—1995对不同朝向的住宅窗墙比做了严格的规定，指出"北向、东向和西向、南向的窗墙比，分别不应超过20%、30%、35%"。

提高住宅外窗的气密性，减少冷空气渗透：

● 住宅外窗设置泡沫塑料密封条，使用新型的、密封性能良好的门窗材料；

● 门窗框与墙的缝隙可用弹性松软型材料（如毛毡）、弹性密型材料（如聚乙烯泡沫材料）、密封膏以及边框设灰口等密封；

● 框与扇的密封可用橡胶、橡塑或泡沫密封条以及高低缝、回风槽等；

● 扇与扇之间的密封可用密封条、高低缝及缝外压条等；

● 扇与玻璃之间的密封可用各种弹性压条等。

改善住宅门窗的保温性能：

● 户门与阳台门应结合防火、防盗要求，在门的空腹内填充聚苯乙烯板或岩棉板，以增加其绝热性能；

● 窗户最好采用钢塑复合窗和塑料窗，这样可避免金属窗产生的冷桥现象，可设置双玻璃或三玻璃，并积极采用中空玻璃、镀膜玻璃，有条件的住宅可采用低辐射玻璃；

● 缩短窗扇的缝隙长度，采用大窗扇，减少小窗扇，扩大单块玻璃的面积，减少窗芯，合理地减少可开启的窗扇面积，适当增加固定玻璃及固定窗扇的面积。

设置温度阻尼区：

所谓温度阻尼区就是在室内与室外之间设有一中间层次，这一中间层次像热闸一样可阻止室外冷风的直接渗透，减少外墙、外窗的热耗损。

在住宅中，将北阳台的外门、窗全部用密封阳台封闭起来，外门设防风门斗，防止冷风倒灌。

③尽量减少门窗的面积

门窗是建筑能耗散失最多的部位，能耗约占建筑总能耗的2/3，其中传热损失为1/3，所以尽量减少外门窗洞口的面积。

④提高门窗的气密性

设计中应采用密闭性良好的门窗，加设密闭条是提高门窗气密性的重要手段之一。

⑤合理控制窗洞口面积与房间地面面积之比

窗洞口面积与房间地面面积之比应符合表 11-2 的要求。

11.3 住宅门窗施工常见的问题

住宅门窗施工常见的问题有：木门窗施工常见的问题、塑钢门窗施工常见的问题、铝合金门窗施工常见的问题、门窗框整体刚度差、门窗渗漏、门窗色差明显、五金件安装质量差、门扇开关不顺利等。

1）木门窗施工常见的问题

木门窗施工常见的问题有：翘曲、不垂直、门窗扇与框缝隙大、五金件安装质量差、开启方向不符合要求。

原因：

木材选择不当，未做防腐和防虫处理，安装时门窗框与地面不垂直；窗洞口侧面不垂直，安装平开门的合页没上正等。

处理措施：

（1）门窗安装时要检查框的位置规格和质量，不符时需修整好后再安装。

（2）门窗扇就位后经核对无误时再钉牢。

（3）门窗扇合页上应留扇高 1/10、下留扇高 1/10。

（4）上下螺钉各上紧一个关闭检查缝隙是否合适后，再把螺钉全部拧紧，然后按要求装好拉手等配件。

2）塑钢门窗施工常见的问题

塑钢门窗的质量差，材料质量不达标，制作粗糙。选购塑钢门窗必须货比三家，对成品必须查制作许可证和出厂合格证，并实际抽量几何尺寸，查开关灵活、气密性是否符合要求，温差大的地区还应查材质热冷变值。

3）铝合金门窗施工常见的问题

铝合金门窗施工常见的问题有：铝合金门窗安装不牢固整体刚度差；强度和气密性差；铝合金门窗框周边同墙体连接处出现渗漏水，尤其窗下角为多见；铝合金门窗框同墙体连接处开裂；推拉或启闭门窗时，框扇抖动；受风压或用手推拉时，窗框变形大、晃动；玻璃安装朝向不对。

原因：

（1）一些厂家对窗框的选型用料不合理，盲目选用厚度薄、断面小的型材，在制作时节点构造不牢固、扇平面刚度低、出现推拉时有抖的现象和扇的变形缺陷。

（2）窗与框槽口宽度、高度不配套，缝隙超过允许值、扇顶部限位装置漏放或设置不当，在推拉过快或大风大雨时出现"跳槽脱轨"甚至掉扇的情况。

（3）窗扇与扇的中缝及企口搭接不垂直，上下宽度不一致，胶条、毛刷条留有短头、缺角或不到位，检查未喷淋实验，下雨时向内渗水，使墙体潮湿剥落。

（4）推拉开关不灵活、滑轮过紧不转，锁、插头不紧凑导致锁不牢，开不动，有的安装时保护不当擦碰损伤，出现起皮、变形和油污腐蚀等现象。

处理措施：

（1）因铝合金型材同墙体材料的热膨胀系数不同，在温度的影响下，框体同墙体连接处易产生毛细裂缝。为了防止裂缝处渗水，铝合金门窗框同墙体应做弹性连接，施工时应先清除连接处槽内的浮灰、砂浆颗粒等杂物，再在框体内外同墙体连接处四周打注密封胶进行封闭，注胶要连续，不要遗漏，粘结要牢固。

（2）对外露的连接螺钉，也要用密封胶掩埋密封，防止渗水。

（3）铝合金门窗应按门窗洞口尺寸、安装高度，选择合适的型材。

（4）门窗框安装时，应采用连接件同墙体作可靠的连接。连接件应采用厚度不小于 1.5mm 的薄钢板，并有防腐处理。连接方法一般采用膨胀螺栓、射针埋入墙体内。

（5）铝合金门窗安装后，可用力推压门窗框作检查，如发现摇动或变形时，应进行加固处理。

近年来，家居装饰装修中愈来愈多地采用镀膜玻璃、压花玻璃、磨砂玻璃作为特殊的装修用材，但是，施工时有时会出现未按规定的朝向安装，影响光线反射和装饰效果。

注意玻璃安装的朝向，安装压花玻璃和磨砂玻璃时，压花玻璃的花纹应向室外，磨砂玻璃的磨砂面应向室内；镀膜玻璃应安装在最外层，单面镀膜玻璃的镀膜层应朝向室内；裁割玻璃时，边缘不得出现缺口和斜曲。

4）门窗框整体刚度差的问题

门窗框整体刚度差是推拉或启闭门窗或遇到大风天气，门窗框晃动。

原因：

型材选择不当，断面小，强度不够（按标准规定：厚度不足 1.2mm 的铝合金型材不得用于封阳台）。铝合金门窗材料的防范不符合要求；塑钢门窗料质量不合格；塑钢门窗的内衬钢配置不符合标准，钢材壁薄、强度差；内衬钢分段插入，形不成整体加强作用；内衬钢与塑料型材连接不牢；安装节点未按规范规定安装；没有根据不同的墙体采用不同的固定方法。

处理措施：

门窗框型材规格、数量符合国家标准，铝合金型材的外框壁厚不得小于 2.4mm；塑钢窗料厚度不得小于 2.5mm；检查塑料型材外观，合格的型材应为青白色或象牙白色，洁净、光滑；质量较好的应有保护膜；根据门窗洞口尺寸、安装高度选择型材截面，平开窗不小于 55 系列，推拉窗不小于 75 系列；严格按规范规定安装，确保牢固稳定。

5）门窗渗漏的问题

门窗窗台漏水原因有很多，门窗框与四周的墙体连接处渗漏；推拉窗下滑槽内积水，并渗入窗内。

原因：

首先是防水胶是不是都完好，如果不完好有漏水的状况就必须把防水胶补严实。其次就要看是不是楼上渗水。还有一种状况是窗台本身外高内低，那就要请泥工师傅重抹窗台，抹成内高外低的窗台；门窗框与墙体是不是用了水泥砂浆嵌缝；门窗框与墙体间注胶不严，有缝隙；门窗工艺不合格，窗框与窗扇之间结合不严；窗扇密封条安装不合格，水从窗扇玻璃缝中渗入；窗外框无排水孔。

处理措施：

门窗框与墙体不得用水泥砂浆嵌缝，应弹性连接，用密封胶嵌填密封，不能有缝隙；安装前检查门窗是否合格，窗框与窗扇之间结合是否严，窗扇密封条安装是否合格；窗框与洞中留有 50mm 以上间隙，使窗台能做流水坡；外框下框和轨道根应钻排水孔。

6）门窗色差明显的问题

门窗色差明显，相邻门窗或窗框与扇颜色不一致。

原因：材料非同一工厂产品，或同一批产品，或不同材质等级的产品。

处理措施：选购型材应使用同一厂家产品，并一次备足料；下料前注意配料颜色，避免色差大的材料用在同一门窗上。

7）五金件安装质量差，门扇开关不顺利

原因：

五金件安装质量差的原因是平开门的合页没上正，导致门窗扇与框套不平整。可将每个合页先拧下一个螺钉，然后调整门窗扇与框的平整度，调整修理无误后再拧紧全部螺钉。上螺钉时必须平直螺钉，应先钉入全长的1/3，然后拧入其余2/3，严禁一次钉入或倾斜拧入。

处理措施：

门扇开关不顺利的主要原因是：锁具安装有问题，应将锁舌板卸下用凿子修理舌槽，调整门框锁舌口位置后再安装上锁舌板。

8）推拉门窗滑动时费劲

推拉门窗滑动时费劲的主要原因是：上、下轨道或轨槽的中心线未在同一铅垂面内所致。

处理措施：应通过调整轨道位置使上、下轨道或轨槽的中心线铅垂对准。

住宅门窗装修施工、安装方法、检验方法和要求同于本书第2章2.6门窗工程的施工和验收内容。

11.4 住宅门窗在收房验收中常见的缺陷问题

11.4.1 住宅门在收房验收中常见的缺陷问题

（1）门扇闭合不严、松动的缺陷问题，如图11-1所示。

（2）暗门开启后闭合不到位的缺陷问题，如图11-2所示。

（3）边线条与墙面间隙未涂胶收口的缺陷问题，如图11-3所示。

（4）防火门门扇限位不灵活门扇不能闭合的缺陷问题，如图11-4所示。

（5）进户门外消防栓内配备不齐全的缺陷问题，如图11-5

图 11-1　门扇闭合不严、松动

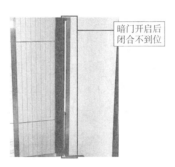

图 11-2　暗门开启后闭合不到位

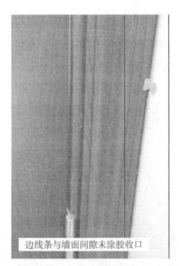

图 11-3　边线条与墙面间隙未涂胶收口

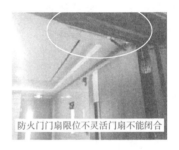

图 11-4　防火门门扇限位不灵
活门扇不能闭合

图 11-6　门扇有涂料污渍不易清理

图 11-5　进户门外消防栓内配
备不齐全

所示。

（6）门扇有涂料污渍不易清理的缺陷问题，如图11-6所示。

（7）门套收口不到位的缺陷问题，如图11-7所示。

（8）门套线条下部间隙过大的缺陷问题，如图11-8所示。

（9）门扇开启相互碰撞的缺陷问题，如图11-9所示。

（10）门扇关闭后开启不灵活的缺陷问题，如图11-10所示。

（11）衣柜移门防撞毛条不符合要求的缺陷问题，如图11-11所示。

11.4.2 住宅窗在收房验收中常见的缺陷问题

（1）玻璃护栏局部漏气，夹层内有水珠的缺陷问题，如图

图 11-7　门套收口不到位

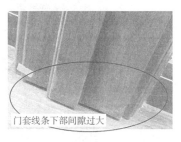

图 11-8　门套线条下部间隙过大

图 11-9　门扇开启相互碰撞

图 11-10　门扇关闭后开启不灵活

11-12 所示。

（2）窗缺密封胶条的缺陷问题，如图 11-13 所示。

（3）窗扇把手安装不牢，左右晃动的缺陷问题，如图 11-14 所示。

（4）窗台不足 900mm 高未安装防护栏杆的缺陷问题，如图 11-15 所示。

图 11-11　衣柜移门防撞毛条不符合要求

图 11-12　玻璃护栏局部漏气，夹层内有水珠

图 11-14　窗扇把手安装不牢，左右晃动

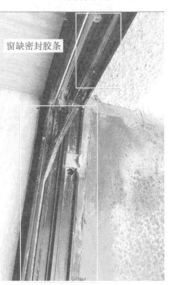

图 11-13　窗缺密封胶条

（5）窗台下口收边毛糙的缺陷问题，如图 11-16 所示。

（6）窗未安装安全防护的缺陷问题，如图 11-17 所示。

图 11-15　窗台不足 900mm 高未安装防护栏杆

图 11-16　窗台下口收边毛糙

图 11-17　窗未安装安全防护

第12章

住宅电气线路设计与装修
施工的技术要求

　　长期以来，住宅的电气线路没有被人们重视，国家标准只是满足居民住宅的最低标准，满足居民的安居，对于小康住宅、高级住宅等的电气线路方面考虑得不够全面，过于笼统。随着城乡居民居住水平的进一步提高，住宅面积 $90\sim130m^2$ 已较为普遍、$140\sim200m^2$ 也在逐年增多，人们对住宅电气线路已从原来的满足需要型的最低标准住宅（$35\sim50m^2$）逐步走向电气化、舒适化、现代化方面转变，照明、彩电、电冰箱、空调机、洗衣机、电饭煲、微波炉、消毒柜、电水壶、洗碗机、电烤炉、垃圾粉碎机、电熨斗、电热水器、电热取暖器、电磁炉、组合音响、排气扇、电脑、洁身器、浴室加热器、按摩浴缸、家庭桑拿等用电设备已逐步进入寻常百姓家庭，改善居住环境，完善住宅使用功能，满足家居电气线路的需要，已成为人们非常迫切的愿望。

　　电气线路作为住宅设计的一个重要组成部分，原有居民住宅的最低标准对电气线路方面面临的问题有：进户电源开关只控制相线问题；剩余电流动作值设置不当问题；电度表容量小、配置不到位的问题；电源插座、开关位置问题；户内电线线径通常较小问题；电线管与其他管道的安全距离和管径不够问题；各类插座设置数量不合理问题；电气线路不合理引发的用电不安全等问题；负荷超载，导致电气及接头发热，以及线路漏电、短路等而引发电气火灾问题。加上住宅装修中施工队伍素质参差不齐、安装质量差异较大的实际情况来合理进行家庭住宅装修中电气线路的设计及施工问题。

12.1 住宅电气线路的要求

12.1.1 配电线路的要求

（1）供配电系统应保障安全、供电可靠、技术先进和经济合理。应符合现行国家标准《低压配电设计规范》GB 50054 的有关规定。

（2）供配电系统的构成应简单明确，减少电能损失，并便于管理和维护。室内装饰装修原建筑设计供电负荷不能满足用电负荷时，应事先取得当地供电部门的增容许可。

（3）用电负荷应根据供电可靠性及中断供电所造成的损失或影响的程度，分为一级负荷、二级负荷及三级负荷。根据允许中断供电的时间，可分别选择应急电源。

（4）三相配电干线的各相负荷宜平衡分配，最大相负荷不宜大于三相负荷平均值的 120%，最小相负荷不宜小于三相负荷平均值的 90%。

（5）住宅电器的选用应符合下列要求：

①电器的额定电压、额定频率应与所在回路标称电压及标称频率相适应；

②电器的额定电流不应小于所在回路的计算电流；

③电器应适应所在场所的环境条件。

（6）住宅配电导体截面的选择应符合下列要求

①按敷设方式、环境条件确定的导体截面，其导体载流量不应小于预期负荷的最大计算电流和按保护条件所确定的

电流；

②线路电压损失不应超过允许值；

③导体应满足动稳定与热稳定的要求；

④导体最小截面应满足机械强度的要求，配电线路每一相导体截面不应小于现行行业标准《民用建筑电气设计规范》JGJ 16 的有关规定。

（7）住宅配电线路的保护应符合下列要求

①低压配电线路应根据不同故障类别和具体工程要求装设短路保护、过负荷保护、接地故障保护、过电压及欠电压保护，作用于切断供电电源或发出报警信号。

②配电线路采用的上下级保护电器，其动作应具有选择性，各级之间应能协调配合。

（8）住宅配电应符合下列要求

①每套住宅应设置不少于一个分户配电箱，分户要加装带有漏电开关的配电箱，配电箱宜暗装在室内走廊、门厅或起居室等便于维修维护处，箱底距地高度不应低于 1.6m。配电箱不宜设在建筑物外墙内侧，防止室内外温差变化大，箱体内结露产生不安全因素。箱中应有短路、过流和漏电 3 项保护。漏电保护主要是防止间接接触电击和接地电弧火灾，从而保证人身安全，其漏电动作电流为 0.3A，容量可选取 25A 或 32A。

②配电箱与浴室不应共用一个墙体，住户在洗澡时，水分会渗透墙体而进入配电箱内，从而造成电气事故，《民用建筑电气设计规程》中有"在 0 及 1 区内，不允许非本区的配电线路通过；也不允许在该区内装设接线盒"的规定。

12.1.2 普通住宅电源插座设置的要求

（1）住宅电源插座设置应符合下列要求：

①电源插座的数量应根据室内面积和家用电器设置，不应

少于现行国家标准《住宅设计规范》GB 50096 的规定。

②起居室（厅）、兼起居的卧室、卧室、书房、厨房和卫生间的单相两孔、三孔电源插座宜选用 10A 的电源插座。对于洗衣机、冰箱、排油烟机、排风机、空调器、电热水器等单台单相家用电器，应根据其额定功率选用单相三孔 10A 或 16A 的电源插座。

③洗衣机、电热水器、空调和厨房设备宜选用开关型插座；可能被溅水的电源插座应选用防护等级不低于 IP54 的防溅水型插座。

④分体式空调、排油烟机、排风机、电热水器电源插座底边距地不宜低于 1.8m；厨房电炊具、洗衣机电源插座底边距地宜为 1.0～1.3m；柜式空调、冰箱及一般电源插座底边距地宜为 0.3～0.5m。

⑤住宅建筑所有电源插座底边距地 1.8m 及以下时，应选用带安全门的产品。

⑥对于装有淋浴或浴盆的卫生间，电热水器电源插座底边距地不宜低于 2.3m，排风机及其他电源插座宜安装在 3 区。

⑦柜式空调的电源插座回路应装设剩余电流动作保护器，分体式空调的电源插座回路宜装设剩余电流动作保护器。

（2）卫生间的用电安全防护应符合下列要求：

①有洗浴设备的卫生间应做局部等电位联结，装饰装修不得拆除或覆盖局部等电位联结端子箱。

②卫生间电气线路应在顶棚内敷设，并宜设置在给水、排水管道的上方，不应敷设在卫生间 0，1 区内，且不宜敷设在 2 区内。

③卫生间灯具不应安装在 0，1 防护区内及上方，卫生间等潮湿场所，宜采用防潮易清洁的灯具，灯具、浴霸开关宜设于卫生间门外。

④卫生间不得在 0，1，2 区域内装设开关、插座及线路附件，开关插座距淋浴间门口的水平距离不得小于 600mm。

⑤装有洗浴的卫生间用电回路，宜装设剩余电流动作保护器。

⑥卫生间内插座应为防溅插座，且应组成一单独回路，不应与其他插座混连。

⑦辅助等电位联结必须将 0，1，2 及 3 区内所有装置外可导电部分与这些区内的外露可导电部分的保护线及所有插座的 PE 线连接起来，并经过总接地端子与接地装置相连。

⑧在排风道旁（如有外窗应在窗旁）预留排气扇接线盒，因排风道一般在淋浴区或澡盆附近，所以接线盒应距地 2.25m 以上设置。距淋浴区或澡盆外沿 0.6m 外预留电热水器插座和洁身器插座。

⑨卫生间的功能分区应符合"以人为本"的原则，划分为四个区，分别为 0、1、2、3 区。

● 0 区：浴室区：供家人洗澡沐浴的地方，是指澡盆或淋浴盆的内部。所选用电气设备必须至少具有 IPX7 的保护等级。

● 1 区：围绕澡盆或淋浴盆的垂直平面，或对于无盆淋浴，距离淋浴喷头 0.60m 的垂直平面，地面和地面之上 2.25m 的水平面。1 区一般是指厕所区，它的面积一般很小，而且容易出现异味，需在这个区域安装通风换气设备。所选用电气设备必须至少具有 IPX5 的保护等级。

● 2 区：1 区为外界的垂直平面和 1 区之外 0.60m 的平行垂直平面，地面和地面之上 2.25m 的水平面。2 区一般是指洗盥区，通常设计在卫浴间的前端，主要摆放各种洗盥区用具。所选用的电气设备必须至少具有 IPX4 的保护等级。

● 3 区：限界是 2 区外界的垂直平面和 2 区之外 2.40m 的平行垂直平面，地面和地面之上 2.25m 的水平面。

（3）老年人居住的电气设置应符合下列要求：

①入户过渡空间内应设置照明总开关。

②起居室、长过道及卧室床头宜安装多点控制的照明开关，卫生间宜采用延时开关。

③照明开关应选用带夜间指示灯的宽板开关，开关高度宜距地 1.10m。

④卧室至卫生间的过道应设置脚灯。脚灯距地宜为 0.40m。卫生间洗面台、厨房操作台、洗涤池应设置局部照明。

⑤室内各部位强弱电插座应结合室内装修进行详细的综合设计。卧室床头、厨房操作台、卫生间洗面台、洗衣机及坐便器旁应设置电源插座。

⑥各部位电源插座均应采用安全型插座。常用插座高度宜为 0.60～0.80m。室内电源插座应满足主要家用电器和安全报警装置的使用需求。

（4）照明设计应符合现行国家标准《建筑照明设计标准》GB 50034 的规定；光源、灯具及附件等，应选用符合节能、绿色、环保要求的产品。

（5）住宅套内电源插座安装要能满足家庭中家用电器增长的需求，住宅套内电源插座安装位置、数量、高度应结合家具布置配置，套内电源插座基本配置标准见表 2-39，一般住宅套内的电源插座不宜低于表 12-1 的要求。

①卫生间内插座安装高度不应低于表 12-1 中高度。

②其他房间插座安装高度可采用表 12-1 中的高度，也可根据用电设备、家具调整安装高度。

③住宅套内起居室电源插座安装：

● 应保证每个主要墙面均有一个 5 孔插座（5 孔插座指一个单相三线和一个单相两线的组合插座）。

● 如果墙面长度超过 3.6m 应适当增加插座数量。墙面长

一般住宅套内空间电源插座配置 表 12-1

套内空间	插座类型	数量（个）	安装位置及用途	安装高度（m）
双人卧室	单相 3 孔	1	空调专用	2.2
	单相 5 孔	2	电视背景墙	—
		2	床头柜	0.3
单人卧室	单相 3 孔	1	空调专用	2.2
	单相 5 孔	1	电视背景墙	—
		2	床头柜	0.3
起居室（厅）	单相 3 孔	1	空调专用	0.3/2.2
		1	套内入口，可视对讲	1.3
	单相 5 孔	2	电视背景墙	—
		2	沙发两侧	0.3
厨房	IP54 型带开关单相 5 孔	3	电饭煲、电热水壶、微波炉等	1.1
	IP54 型单相 3 孔	1	排油烟机专用	2.0
		1	冰箱专用	0.3
		2	洗涤池下方、电加热器、净水器	0.5
		1	燃气灶专用	0.5
卫生间	IP54 型带开关单相 5 孔	1	化妆镜侧墙	1.5
	IP54 型带开关单相 3 孔	1	洗衣机专用	1.3
卫生间	IP54 型带开关单相 3 孔	1	电热水器专用	2.3
		1	排风机专用	2.3
		1	坐便器预留	0.5
阳台	单相 5 孔	1	备用	1.3
储藏空间	单相 5 孔	1	备用	1.3

度小于 3.6m，插座可安置在墙面的中间位置。

● 设置电视出线插座的墙面（此墙面为电器摆放集中之处）应至少设置两个 5 孔插座，其中一个插座应与电视出线插座相靠近并与之保持 0.5m 以上距离。

● 空调器插座应采用专用带开关插座。在已知采用何种空调的情况下空调插座按以下位置布设：如是分体空调插座宜根据出线管预留洞位置距地 1.8m 设置，如是窗式空调宜在窗旁距地 1.4m 设置，如是柜式空调宜在相应位置距地 0.3m 设置，否则按分体空调考虑预留空调插座。

④住宅套内卧室电源插座安装：

● 应保证两个主要墙面至少各有一个 5 孔插座，设置电视出线插座的墙面至少有一个 5 孔插座与之相靠近。

● 卧室面积较大应适当增加插座数量。

● 卧室有空调器时，插座设置安装高度可采用表 12-1 中的高度。

● 卧室内家具较多，设置插座时最好参考建筑专业家具布置图，选择不宜被遮挡的部位布设。

⑤住宅套内厨房电源插座安装：

● 厨房内插座应为防溅插座，宜组成一单独回路不与其他插座混连。

● 参考厨房操作台、灶台、置物台、洗菜台布局，选取最佳位置设置抽油烟机插座、电热插座。抽油烟机插座距地 2.0m 设置，电热插座距地 1.4m 或根据操作台和吊柜具体位置设置。

● 电热插座应选用带开关 16A 单相三线插座，如电热器具有固定位置应注意不要设置在电热器具的正上方，以避免人员手臂越过电热器具操作开关。如果某一电热器具额定电流超过 15A，应对其所对应的电热插座采取放射式供电，直接由户配电箱引来独立电源。

● 厨房内设置冰箱时应对其设置专用插座，设置高度为距地 0.3m。

● 厨具中有专用的电器柜时，应在安全、方便、美观的原则下根据相应的位置和功能布置插座。

⑥住宅套内卫生间电源插座安装：

设有洗浴设备的卫生间，电气设计要求应符合下列规定：

● 设有洗浴设备的卫生间，除下列回路外，应采用具有额定剩余动作电流值不超过 30mA 的剩余电流保护器（RCD）对所有回路提供保护。

● 采用电气分隔保护措施，且一回路只供给一个用电设备。

● 采用安全特低压（SELV）或保护特低压（PELV）保护措施的回路。

● 设有洗浴设备的卫生间，应设局部等电位联结。

● 0 区内所有电气设备的防护等级不应小于 IPX7B，1、2 区内所有电气设备的防护等级不应小于 IPX4B 或 IP24。

● 设有洗浴设备的卫生间，灯、浴霸、空调、电热水器的开关宜设置在卫生间外，如必须设置在卫生间内，应设在 0、1、2 区外。

卫生间 0、1、2 区外，固定式电气设备专用的插座可低于 1.5m，给移动式电气设备使用的插座，应不低于 1.5m。

⑦住宅电源插座应选用安全型。洗衣机、分体式空调、电热水器及厨房的电源插座宜选用带开关控制的电源插座。厨房、卫生间、未封闭阳台及洗衣机应选用防护等级为 IP54 型电源插座。

⑧套内空间的电气管线应采用穿管暗敷设配线；导线应采用铜芯绝缘线，进户线截面不应小于 10mm^2，分支线截面不应小于 2.5mm^2。

12.1.3 住宅电源插座系统的要求

1) 电源插座系统的回路划分的要求

每套住宅的空调电源插座、电源插座与照明应分路设计；厨房电源插座和卫生间电源插座宜设置独立回路。住宅内插座回路至少可划分为：

（1）二路：空调电源插座、其他电源插座；

（2）三路和四路：空调电源插座、厨房电源插座、卫生间电源插座、其他电源插座。

分支回路的增加可使住宅负荷电流分流，可减少线路温升和谐波危害，从而延长线路寿命和减少电气火灾。卫生间电源插座多了对安全不利，通常设置数量少，单独设置回路显得浪费，宜与厨房电源插座同一回路。落地式柜式空调容量大，一般为 2P 或 2P 以上，宜与其他空调电源插座分回路供电。

2) 插座的选择与安装的要求

（1）插座的额定电压和额定电流

插座的额定电流，已知使用设备者应大于设备额定电流的1.25 倍；未知使用设备者不应小于 5A。考虑到部分家电功率大，设计中通常应选不小于 10A。

（2）插座的防护形式和安装高度

因家庭中不可避免有儿童活动，若插座安装高度在距地1.8m 或 1.8m 以上时，可采用一般型插座；低于 1.8m 时，应采用安全型插座。在潮湿场所，应采用密闭式或保护式插座，安装高度距地不应低于 1.5m，如洗衣机插座、电热水器插座、厨房小家电插座；卫生间插座应位于潮湿场所等级分类中Ⅲ区外；电热水器专用插座安装高度不宜低于 1.8m；分体空调器专用插座安装高度建议为 1.8～2.0m；起居室（厅）电视音响插座为方便使用，安装高度以高于电视柜的高度为佳，最好为

0.8～1.0m；其他普通电源插座安装高度通常为0.3m。

（3）插座的接地要求

在普通住宅中，已知使用设备者应按设备要求配置插座，需要连接带接地线的家用电器的插座必须带接地孔。普通插座使用户应能任意使用Ⅰ或Ⅱ类家用电器。Ⅰ类电器为基本绝缘加接地保护，Ⅱ类电器为双重绝缘不要求接地保护，为满足Ⅰ类或Ⅱ类家用电器的使用，普通插座宜选用单相二线和单相三线组合插座。

（4）插座的开关和电源显示的要求

对于插拔插头时触电危险性大的日用电器，宜采用带开关能切断电源的插座。洗衣机插座、厨房小家电插座和电热水器插座应带开关和电源指示。另外，经常开关的固定用电设备插座，如起居室电视音响插座、空调插座，建议也带开关和电源指示。

（5）电源插座与电视、电话插座的间距的要求

为了避免干扰，电源插座与电话、电视插座间应保持50cm的间距，同时强电线路与电话、电视线路不应同管敷设。

12.1.4 住宅照明的要求

1）住宅照明原则

照明应满足起居室、厨房、卫生间等设施功能的要求，保证光源的显色性适度、亮度分布均匀、眩光少、视觉舒适，并尽可能节能。一般应遵循如下原则：

（1）室内照明装置的选择应符合功能性、安全性、经济性、艺术性的原则。

（2）照明应以使室内光线实用和舒适为原则，卧室、餐厅宜采用低色温的光源，光源的颜色一般为热色，卧室、客厅为相关色温。

（3）当使用一种光源不能满足光色要求时，可采用两种或两种以上光源的混光来照明。

（4）室内照明应满足下列要求：

①应根据室内空间功能特点、视觉作业要求等因素，确定合理的照度指标，工作面上照度均匀；

②有效地控制眩光和阴影，防止光污染环境；

③符合使用场所要求的照明方式；

④方便灯具的维护修理；

⑤保证光源用电安全；

⑥符合节能的要求，宜选用节能光源、节能附件，灯具应选用绿色环保材料；

⑦通过照明控制能营造良好的、变化丰富的光环境，且与室内环境协调一致。

（5）室内各类房间或场所的平均照度不应低于现行国家标准《建筑照明设计标准》GB 50034 规定的照度标准值。

（6）室内灯光照明亮度比宜符合下列规定：

①观察对象与工作面之间亮度比宜为 3:1；

②观察对象与离开它相邻的其他表面之间亮度比宜为 10:1；

③光源与背景之间亮度比宜为 20:1；

④普通视野范围内亮度差亮度比宜为 40:1。

（7）室内表面的反射比宜控制在：顶棚 0.6～0.9，墙面、隔断 0.3～0.8，地面 0.1～0.5。

（8）应采用下列措施防止或减少光幕反射和反射眩光：

①应将灯具安装在不易形成眩光的区域内；

②可采用低光泽度的表面装饰材料；

③应限制灯具出光口表面发光亮度；

④墙面的平均照度不宜低于 50lx，顶棚的平均照度不宜

低于 30lx。

（9）照明控制宜符合下列规定：

①走廊、楼梯间、门厅的照明，宜按建筑使用条件和天然采光状况采取分区、分组控制措施。

②住宅共用部位的照明，应采用延时自动熄灭或自动降低照度等节能措施。

2）住宅照明灯具的选择

灯具应根据使用环境、房间用途、光强分布、限制眩光等因素进行选择。在满足上述技术条件下，应选用效率高、维护检验方便的灯具。

（1）按使用环境选择：在正常的环境中，宜选用开启式灯具，例如客厅；在湿润的环境中，宜选用具有防水灯头的灯具，例如厕所、洗漱间；在烟气较多的环境中，宜选用防尘密闭式灯具，如厨房；楼梯照明应采用声光定时开关控制的灯具。

（2）灯具安装高度在 6m 及 6m 以下时，宜采用宽配光特性的广照型灯具。

3）住宅照明灯具的布置和安装

（1）灯具的布置

灯具的布置方式分均匀布置和选择布置两种。均匀布置可以使整个平面获得较均匀的照度，一般有正方形、菱形、矩形等形式；选择布置是为了满足局部要求，如在起居室和卧室的书写、阅读处增设局部照明，如台灯、床头灯。

（2）灯具的安装

为了限制眩光，获得较理想的照明效果，室内照明灯距地面的安装悬挂高度具有规定性的要求，此外，灯具安装应牢固，以便维修和更换，不应装在高温设备表面或有气流冲击等地方。普通吊线只适用于灯具重量在 1kg 以内，重于 1kg 的灯具或吊线超过 3m 时，应采用吊链或吊杆，此时吊线不应受力。悬挂式灯具及其附件的重量超过 3kg 时，安装应采取加强措施，通常除使用管吊或链吊灯具外，还有悬吊点采用预埋吊钩等固定方式。

（3）住宅照度

现在或未来的住宅照明设计符合建筑功能的要求，以保证人们的视力健康。

12.1.5 住宅照明线路敷设的要求

1）敷设方式的要求

室内配线线路的敷设方式主要是用钢管或硬塑料管穿绝缘导线的明敷或暗敷布线。

2）室内配线的技术要求

室内配线除一般要求安全可靠、布线整齐合理、安装牢固外，在技术上还要求：

（1）配线时应尽量避免导线有接头，若有中间接头必须采用压接或焊接；穿在管内的导线，不允许有接头；接头应放在接线盒或灯头盒内；导线的连接或分支处不应受到机械力的作用。

（2）明配线路要保持横平竖直，水平敷设时导线距地面 2.5m 以上，垂直敷设时导线距地面 2m 以上，否则应将导线穿在钢管内予以保护。

（3）当导线穿过楼板、墙壁时，要加装保护套管。

（4）当导线相互交叉时，应在每根导线上套以绝缘管并固定。

（5）为保护用电安全，室内配电管线与其他管道、设备之间的最小距离应有一定的要求。

（6）直敷布线应采用护套绝缘电线，其截面宜大于 6mm^2。

室内直敷布线敷设时，电线水平敷设至地面的距离不应小于2.5m，垂直敷设至地面低于1.8m部分应穿导管保护。

（7）顶棚内、墙体及顶棚的抹灰层、保温层及装饰面板内，应采用穿金属导管、塑料导管、封闭式金属线槽或金属软管的布线方式，严禁采用直敷布线。

（8）金属导管布线宜用于室内外场所，不宜用于对金属导管有严重腐蚀的场所；明敷于潮湿场所或埋地敷设的金属导管，应采用管壁厚度不小于2.0mm的钢导管。明敷或暗敷于干燥场所的金属导管宜采用管壁厚度不小于1.5mm的电线管。

（9）刚性塑料导管（槽）布线宜用于室内场所和有酸碱腐蚀性介质的场所，在高温和易受机械损伤的场所不宜采用明敷设。暗敷于墙内或混凝土内的刚性塑料导管，应选用中型及以上管材。

（10）穿导管的绝缘电线（两根除外），其总截面积（包括外护层）不应超过导管内截面积的40%。

（11）不同回路的线路不宜穿于同一根导管内。

（12）电线、电缆在管内不得有接头，分支接头应在接线盒内进行；当导管布线的管路较长或转弯较多时，宜加装拉线盒（箱）或加大管径。

（13）当电线管与热水管同侧敷设时，宜敷设在热水管的下面；当有困难时，也可敷设在其上面。相互间的净距宜符合下列规定：

● 当电线管路平行敷设在热水管下面时，净距不宜小于200mm；当电线管路平行敷设在热水管上面时，净距不宜小于300mm；交叉敷设时，净距不宜小于100mm。

● 当电线管路敷设在蒸汽管下面时，净距不宜小于500mm；当电线管路敷设在蒸汽管上面时，净距不宜小于1000mm；交叉敷设时，净距不宜小于300mm。

3）管配线的要求

管配线有明配和暗配两种，明配管要求横平竖直，整齐美观；暗配管要求管路短而畅通，弯头要少。配线的管子通常为钢管或硬塑料管，管子的内径不得小于管内导线束直径的1.5倍。管内导线不得超过8根，导线不能有接头。

4）塑料护套线敷设的要求

塑料护套线可以明敷或暗敷，塑料护套线的接头应放在开关、灯头或插座处。

5）室内强弱布线应避免"强""弱"干扰的要求

（1）电源线通过的工频交流电是强干扰源，因此不能与有线电视电缆、电话线、信号线等弱电线缆合穿同一硬塑料管，而应分开分别布线。

（2）电源线及插座与电视线及插座水平间距不应小于0.5m，若间距太小，应考虑将弱电线缆穿金属管屏蔽。

（3）电话线通过的是较弱的音频电流，但在拨号或来电时产生的强脉冲却不容忽视。它照样会串入电视线中干扰视频，因此电话布线也不能与电视电缆布线在同一管道。

6）导线及电器设备的选择的要求

室内外导线及电器设备的选择合理与否，直接关系到住宅用电的安全及经济效益，因而必须在工程设计中合理选用导线和有关电器设备。

（1）导线的选择。导线的选择主要是确定导线的型号和规格，其原则是既能保证配电的质量与安全，又能节省材料，做到既经济又合理。其中导线型号应按使用工作电压及敷设环境来选择；导线的规格（导线截面）可按下列要求进行选择：

①有足够的机械强度。为防止出现断线事故，导线必须有足够的机械强度，一般照明回路计算电流较小时（小于10A），其导线应按机械强度选择。

②能确保导线安全运行。选择导线时应保证其安全电流大于长期最大负载电流，同时应注意以下几点：

● 在选择进户线及干线截面时应留有适当余量，进户配线选用大于 $6mm^2$ 铜芯导线，条件许可的改为 $10mm^2$，因扩大导线截面，可减少线路压降，增大电流流通量，使可靠用电更有保障。即使今后用电量增加，也只需更换线路控制开关，灵活方便。而当实际用电功率大于 8kW 时建议按三相五线制考虑配电。

● 单相制中的中性线应与相线截面相同。

● 三相四线制中的中性线载流量不应小于线路中的最大不平衡负荷电流。用于接中性线保护的中性线，其电导不应小于该线路相线电导的 50%，气体放电灯的照明线路因受三次谐波电流的影响，其中性线截面应按最大一相电流选用。

③能确保电压质量。对于住宅建筑来说，电源引入端至负荷末端的线路电压损失不应大于 2.5%，如线路电压损失值大于规定电压损失允许值，应加大导线截面以保证线路的电压质量。

（2）电器设备的选择：电器设备主要指电源配电箱、电表、控制开关、漏电保护开关及电源插座等。电器设备的选择合理与否直接影响工程的质量。选用时应根据住宅的负荷情况、安装要求、使用环境、设备的工作电压和工作电流等合理选择电器设备的型号规格，注意设备的容量等级宁大勿小，但又要避免选得过大造成浪费，一般来说在计算工作电流的基础上选大一级即可。为确保其质量，应选用符合国际电工委员会 IEC 标准和国内 GB、JB 有关行业标准，并具有产品质量认可证书的电器产品。总之，电器设备的选择尽可能做到安全可靠和经济合理。

12.1.6 住宅采暖的要求

（1）当采用集中采暖时，不应擅自改变总管道及计量器具位置，不宜擅自改变房间内管道、散热器位置。

（2）当采用集中采暖时，宜为实施分户热量计量和收费预留条件。

（3）当采用集中采暖时，宜实施分室温度调节，并宜为实施分户热量计量预留条件。散热器的调节阀门，应确保频繁调节的密封性能，并采用不易锈蚀的材质。

（4）当采用集中采暖时，用于总体调节和检修的设施，不应设置于套内。

（5）集中采暖住宅的散热器，应采用体型紧凑、便于清扫、使用寿命不低于钢管的形式，其位置应确保室内温度的均匀分布，并应与室内设施和家具协调布置。

（6）散热器的安装位置应能使室内温度均匀分布，且不宜安装在影响家具布置的位置。

（7）对于设有采暖的室内空间，当设置机械换气装置时，宜采用带余热或显热回收功能的双向换气装置。

（8）住宅采暖实行分户控制时，应推行分户热计量，设计应当按照热水连续供热、分户循环、分户控制、分室调温的原则设计住宅采暖系统，为分户计量创造条件。

（9）住宅采暖实行分户控制时，用户需设置户用热表、锁闭阀、水过滤器等，并且要一户一表。

（10）住宅采暖实行分户控制时，散热器应选用铸铁无沙型或钢制型，以免堵塞热表。每个散热器宜设温控阀，以实现分室调温。

（11）实施分户控制、计量收费的供热系统及设施的设计文件应当符合国家有关标准、规范，确保该系统及设施稳定、可靠、简便、通用化。

住宅采暖的其他方面要求，请参见本书第 2 章的 2.13.4 暖通的共性要求有关内容。

12.1.7 住宅接地与防雷的要求

1）接地

接地根据其作用和要求，可分为防雷接地（避雷针、避雷带、避雷网的接地）、交流工作接地（电源零线）、安全保护接地（机壳接地、防静电接地）、直流工作接地（逻辑地、信号地）四大类。

根据规范要求，电源入户进线应采用三相五线制，且在入户处应做重复接地。进入家庭的电源线也就是 3 线即火线、零线、地线。

住宅接地是从保护人身安全、防止火灾为出发点进行的接地，楼房接地一般采用综合接地，要求接地电阻值小于 1 Ω，卫生间的接地是防电位差触电的接地，卫生间做等电位接地。现在的楼房住宅都做接地，因为开发商在报建时同时要报防雷办批准方案，一般地方防雷办的要求比建筑规范要求高得多。

住宅接地宜采用等电位联结（MEB）、局部等电位联结（LEB）、TN-C-S、TN-S 系统。

（1）实施等电位联结（MEB）和局部等电位联结（LEB）

就 TN-S 和 TN-C-S 系统而言，实施 MEB 可以消除沿 PEN 线或 PE 线窜入的危险故障电压，减少保护电器动作不可靠带来的危险，而且有利于消除外界电磁场引起的干扰。实施 MEB（或 LEB）对人身安全的保护措施，防止火灾也要有可靠的安全措施。

（2）TN-C-S 系统

TN-C-S 系统是住宅、民用建筑中最常用的接地系统，它是由 TN-C 和 TN-S 二者组合而成，一般进入建筑的电源侧多为 TN-C 系统，即为 PE 线和 N 线分开处，从此分开后就不能再合并，在此处作重复接地 R 小于 10Ω。重复接地的作用是在发生接地故障时减小接触电压，并且在 PEN 线断线时，减少由于中性点漂移引起的三相电压不平衡，从而在一定程度上减轻了对用电设备的损害和由不对称运行引起的危害。

（3）TN-S 系统

TN-S 系统是保护线 PE 和中性线 N 分开设置，N 线对地绝缘 PE 线正常工作时不通过电流，设备外壳不带电，使安全水平提高。但是 TN-S 系统仍不能解决对地故障电压蔓延的问题。尽管如此，TN-S 系统仍可安全应用于住宅。

2）防雷

高层住宅防雷是防止高层的建筑受到侧击雷而影响到建筑及人员的安全。防雷规范要求在超过 30m 以上的高层住宅，必须每隔一层作接地处理。接地是防雷技术的重要环节，不管是直击雷还是感应雷，最终都把雷电引入大地。

现在所建的小区，都考虑了防雷，一般住宅要求防雷接地小于 10Ω。1995 年前建的小区住宅一般不做防雷。

12.1.8 住宅家庭电气防火的要求

家庭住宅电气防火一般不被人们所重视，但家庭电气火灾形势严峻，根据资料统计，近年来居民家庭火灾起数、人员伤亡所占的比例呈整体上升趋势，其中由于电线和用电器具短路、超负荷、接触不良等原因造成的家庭火灾高居榜首。电气火灾在家庭火灾总起数中占的比例高达 35%～40%。要从根本上减少或杜绝家庭住宅电气火灾，把家庭电气火灾作为防火工作中的一个重点。

家庭住宅电气火灾的原因有：电气线路引发火灾、电器设备引发火灾、照明灯具引发火灾。

1）电气线路引发火灾

电气线路引发火灾的原因有：短路引起电气火灾、过载引起电气火灾、接触电阻过热引起电气火灾、电火花和电弧引起电气火灾。

（1）短路引起电气火灾

短路引起电气火灾的主要原因：

①人为原因不慎碰撞、碰压、划破电线，产生漏电致使附近的可燃物着火，从而引起火灾。

②电器使用不正确，造成电器线路短路从而引起火灾。

③没有按具体环境选用绝缘导线、电缆，使导线的绝缘受高温、潮湿、腐蚀等作用的影响而失去绝缘能力，从而引起火灾。

④线路年久失修，绝缘层陈旧老化或受损，使线芯裸露，从而引起火灾。

⑤电线过电压使导线绝缘被击穿，从而引起火灾。

⑥电线受潮，产生漏电打火，从而引起火灾。

⑦用金属线捆扎绝缘导线或把绝缘导线挂在钉子上，日久磨损和生锈腐蚀，使绝缘受到破坏，从而引起火灾。

⑧金属物件搭落或小动物跨接，从而引起火灾。

（2）过载引起电气火灾

过载引起电气火灾的主要原因：

①导线截面选用过小；

②在线路中接入过多的负载；

③用电设备功率过大；

④电气线路设计不合理、安装不合格、线路严重老化、电气设施不配套、乱拉乱接、超负荷运行；

⑤线路不按电气安装规程设计安装、导线达不到安全载流

量负荷标准，造成绝缘老化短路；

⑥过载引起电气设备过热，选用线路或设备不合理，线路的负载电流量；

⑦超过了导线额定的安全载流量，电气设备长期超载（超过额定负载能力），引起线路或设备过热而导致火灾。

（3）接触电阻过热引起电气火灾

接触电阻过热引起电气火灾的主要原因：

①由于电线接头不良。接头连接不牢或不紧密等使接线电阻过大，在接线部位发生过热而引起火灾。电路都有接头，导线与导线、导线与开关、熔断器、保险器或用电器具相接，在接头的接触面上形成的电阻称为接触电阻。如果这些接头接得不好，就会阻碍电流在导线中流动，而且产生大量的热，当这些热足以熔化电线的绝缘层时，绝缘层便会起火，从而引燃附近的可燃物。

②导线与导线或导线与电气设备的接触点连接不牢。连接点由于热作用或长期震动造成接触点松动，如果接头中有杂质，连接不牢靠或其他原因使接头接触不良，造成接触部位的局部电阻过大，当电流通过接头时，就会在此处产生大量的热，形成高温，引起导线的绝缘层发生燃烧，从而造成火灾。

③铜铝导线相连，接头没有处理好，从而造成火灾。

④在连接点中有杂质如氧化层、油脂、泥土等，从而造成火灾。

（4）电火花和电弧引起电气火灾

电火花和电弧引起电气火灾的主要原因：

①绝缘导线有漏电处、导线有断裂处、有短路点和导线连接松动均会有电火花、电弧产生放电，引起火灾。

②各种开关在接通或切断电路时，动、静触头即将分开时就会在间隙内产生放电现象，引起火灾。

③大负荷导线连接处松动，在松动处会产生电弧和电火花，这些电火花、电弧如果落在可燃、易燃物上，就可能引起火灾。

④电气设备正常运行时就可能产生电火花、电弧，如大容量开关，接触器触点的分、合操作，遇可燃物便可点燃，遇可燃气体便会发生爆炸。

2）电器设备引发火灾

电器设备引发火灾的原因有：电气设备的开关开合频繁、电气设备由于绝缘老化受潮腐蚀或机械损伤、电气设备或线路严重超负荷、电气设备选型和安装不当、违反安全操作规程。

（1）电气设备的开关开合频繁引起火灾

电气设备的开关开合频繁，导致运行中的直流或交流电动机电流骤增、温度急剧上升引起电动机等元件过热而引起电气设备火灾。

（2）电气设备由于绝缘老化受潮腐蚀或机械损伤引起火灾

电气设备由于绝缘老化、受潮、腐蚀或机械损伤等会造成绝缘强度降低、短路、熔断器容体烧断等引起电气设备火灾。

（3）电气设备或线路严重超负荷引起火灾

①电气设备的线路超过了导线额定的安全载流量引起火灾。

②电气设备长期超载（超过额定负载能力）、严重超载，引起设备过热而引起火灾。

超载的原因大体有如下几种情况：

● 设计、选用的线路或设备不合理，以致在额定负载下出现过热；

● 使用不合理，如超载运行、连续使用时间超过线路或设备的设计值，造成过载；

● 设备运行过载，造成电气设备过热，温度、湿度升高，从而引起火灾。

（4）电气设备选型和安装不当

①电气设备使用不合格产品、劣质产品、三无产品，运行时引起火灾或爆炸。

②电气设备选型和安装不当，运行时引起火灾或爆炸。

③线路不按电气安装规程设计安装、导线达不到安全载流量负荷标准，造成绝缘老化短路，引起火灾或爆炸。

④由于管理不严或维修不及时，有污物聚积、小动物钻入等。此外，雷电放电电流极大，比短路电流大得多，以致可能引起火灾爆炸。

（5）违反安全操作规程

①电气操作人员在操作中违反相关安全操作规程而导致电气火灾。

②在电气设备附近使用明火、火焊，电热器具没有采取有效的隔热措施。

③对电气设备的性能了解不够和使用不当，实际中也经常导致火灾或爆炸发生。

④电器使用不当，如电炉、电熨斗、电烙铁等未按要求使用，或用后忘记断开电源，引起过热而导致火灾。

⑤安装和检修工作中，由于接线和操作的错误，无证人员上岗操作等。

3）电气设备火灾

（1）电器质量低劣、发热温度过高且绝缘隔热、散热效果差而引起火灾。

（2）接触不良

• 接触不良引起过热如接头连接不牢或不紧密、动触点压力过小等使接触电阻过大，在接触部位发生过热而引起火灾；

• 不可拆卸的接头连接不良、焊接不良，或接头处混有杂质，表面脏污，会增加接触电阻而接头过热；

● 可拆卸的接头连接不紧密，或由于振动而松动也会导致过热；

● 对于铜铝接头，由于性质不同，接头处易受电解作用而腐蚀，从而导致过热。

（3）散热不良。大功率设备缺少通风散热设施或通风散热设施损坏造成过热而引发火灾。各种电气设备在设计和安装时需考虑有一定的散热或通风措施，如果措施受到破坏，可造成设备过热，引起火灾。

（4）短路。相线与零线之间或相线之间造成金属性接触即为短路。短路时温度急剧升高，引起绝缘材料燃烧而产生火灾。

（5）过载。电气线路或设备所通过的电流值超过其允许的数值则为过载。过载可引起绝缘烧毁。

4）照明灯具等引发火灾

电气照明灯具引起电气火灾的主要原因：

照明灯具工作时，灯泡、灯管、灯座等温度较高，能引燃附近可燃物质，造成火灾；照明灯具的灯管破碎产生电火花引燃周围可燃物质，形成火灾；照明线路短路、过负荷、接触电阻过大等产生火花、电弧或过热，引起火灾。家庭住宅电气防火要做到用电安全，关键在以下几个方面：

（1）结合实际需要选择合适电线

电线的选择要考虑用电负荷对电线的要求，选择安全载流量大的电线，还要根据环境需要选择导线的类型，尽量使用铜线，不能铜线和铝线混用。

（2）合理敷设电气线路

敷设线路要尽量走近路、直路，避免迂回曲折，减少交叉跨越；线路间的接头要牢固，防止接触面松动氧化。

（3）正确使用家用电器

①避免频繁开关电器，防止电动机启动电流骤增、温度急剧上升引起电动机等元件过热烧毁起火；

②家用电器使用后，不但要把本身开关关闭，还应拔掉电源插头；

③使用电热器具要远离可燃、易燃物；

④注意避免同时使用多个大功率电器，造成线路过负荷；

⑤注意电冰箱、电视机、电脑等电器的通风、防潮、防尘，并经常检查电源线是否老化、破皮，防止因积热、漏电等引起火灾；

⑥要避免使用质量低劣的家用电器；

⑦按电器要求使用电器；

⑧家用电器周围不可有燃物。

12.2 住宅室内电气线路施工质量和验收要求

12.2.1 室内电气线路施工质量要求

1）配电设计的质量要求

（1）住宅室内的用电负荷计算功率不应超过其建筑设计相应配电箱的计算容量。

（2）住宅室内的低压配电系统接地形式，应与建筑设计的低压配电系统接地形式一致。

（3）选用的电气设备，应与配电箱进线电源电压等级（220V、380V）匹配。当采用三相电源入户时，户内配电箱各相负荷应均衡分配。三相配电干线的各相负荷宜平衡分配，最大相负荷不宜大于三相负荷平均值的115%，最小相负荷不宜小于三相负荷平均值的85%。

（4）每套住宅应设置不少于一个分户配电箱，分户配电箱宜暗装在室内走廊、门厅或起居室等便于维修维护处，箱底距地高度不应低于1.6m。分户配电箱的供电回路应按下列规定配置：

①每套住宅应设置不少于一个照明回路；

②装有空调的住宅应设置不少于一个空调插座回路；

③厨房应设置不少于一个电源插座回路；

④装有电热水器等设备的卫生间，应设置不少于一个电源插座回路；

⑤除厨房、卫生间外，其他功能房应设置至少一个电源插座回路，每一回路插座数量不宜超过10个（组）；

⑥家居配电箱应装设同时断开相线和中性线的电源进线开关电器，供电回路应装设短路和过负荷保护电器，连接手持式及移动式家用电器的电源插座回路应装设剩余电流动作保护器。

（5）供配电系统的设计应保障安全、供电可靠、技术先进和经济合理。应符合现行国家标准《低压配电设计规范》GB 50054的有关规定。

（6）室内的空调电源插座、一般电源插座与照明应分路设计，厨房插座应设置独立回路，卫生间插座宜设置独立回路。除壁挂式分体空调电源插座外，电源插座回路应设置剩余电流保护装置。

（7）住宅室内电源插座安装位置、数量应结合室内墙面装修设计及家具布置设置，并应符合表12-1的要求。卫生间内插座安装高度不应低于表12-1中高度，其他房间插座安装高度可采用表12-1的高度，也可根据用电设备、家具调整安装高度。坐便器附近宜预留一个低位电源插座，厨房洗涤池下方宜预留两个低位电源插座，每个可分居住空间门口宜设置电源插座。

（8）住宅室内电源插座应选用安全型；洗衣机、分体式空调、电热水器及厨房的电源插座宜选用带开关控制的电源插座；厨房、卫生间、未封闭阳台及洗衣机应选用防护等级为IP54型电源插座。

（9）照明不应采用普通照明白炽灯。照明光源的其他要求、照明灯具的防护等级、照明灯具其附属装置、照明质量、照度值、照明功率密度值等设计，应符合《建筑照明设计标准》GB 50034的相关要求。

（10）除特低电压照明系统外，配电箱至灯具的照明配电线路应敷设PE线。

（11）有洗浴设备的卫生间，电气设计要求应符合下列规定：

①有洗浴设备的卫生间，除下列回路外，应采用具有额定剩余动作电流值不超过30mA的剩余电流保护器对所有回路提供保护。

②有洗浴设备的卫生间，应设局部等电位联结。

③0区内所有电气设备的防护等级不应小于IP54，1、2区内所有电气设备的防护等级不应小于IP24。

④有洗浴设备的卫生间，灯、浴霸、空调、电热水器的开关宜设置在卫生间外，如必须设置在卫生间内，应设在0、1、2区外。

⑤卫生间0、1、2区外，固定式电气设备专用的插座可低于1.5m，移动式电气设备使用的插座，应不低于1.5m。

2）配电线路的敷设的质量要求

（1）建筑物顶面、吊顶、装饰面板、水泥石灰粉饰层内严禁采用明线直接敷设，导线必须采用钢导管、绝缘导管或线槽敷设。电线的敷设应符合国家现行有关规范、标准的规定。

（2）配电线路敷设用的塑料导管、槽盒燃烧性能不应低于B1级。

（3）电气线路不应穿越或敷设在燃烧性能为 B1 或 B2 级的保温材料中，确需穿越或敷设时，应采取穿金属管并在金属管周围采用不燃隔热材料进行防火隔离等防火保护措施。设置开关、插座等电器配件的部位周围应采取不燃隔热材料进行防火隔离等防火保护措施。

（4）配电线路敷设在有可燃物的闷顶、吊顶内时，应采取穿金属导管、封闭式金属槽盒等防火保护措施。

12.2.2 室内电气线路施工质量验收

（1）室内照明系统的模拟试验

室内照明系统的剩余电流动作保护器应进行模拟动作试验；照明宜作 8h 全负荷试验。

（2）家居配电箱安装的验收

主控项目：

①家居配电箱规格型号应符合设计要求，位置应正确，部件应齐全，总开关及各分回路开关规格应满足符合设计要求。

检验方法：查验设计文件、观察检查。

②家居配电箱回路编号应齐全，标识应正确，箱内开关动作应灵活可靠，带有剩余电流动作保护器的回路，剩余电流动作保护器动作电流不应大于 30mA，动作时间不应大于 0.1s。

检验方法：观察、模拟动作、仪器检查。

③家居配电箱应配线整齐，导线色标应正确、一致，导线应连接紧密，不伤内芯，不断股。

检验方法：查验设计文件、观察检查。

一般项目：

家居配电箱底边距地安装高度应符合设计要求，安装牢固，箱盖应紧贴墙面、开启灵活，箱体涂层应完整，无污损。

检验方法：查验设计文件、尺量、观察检查。

（3）室内布线工程的验收

主控项目：

①室内布线应穿管敷设，不得在住宅顶棚内、墙体及顶棚的抹灰层、保温层及饰面板内直敷布线。

检验方法：观察检查。

②吊顶内电线导管不应直接固定在吊顶龙骨上；柔性导管与刚性导管、电器设备、器具连接时，柔性导管两端应使用专用接头，固定应牢固。

检验方法：观察、实测检查。

③电线、电缆绝缘应良好，导线间和导线对地间绝缘电阻应大于 0.5MΩ。

检验方法：观察、实测检查。

④除同类照明外，不同回路、不同电压等级的导线不得穿入同一个管内。

检验方法：观察、实测检查。

一般项目：

①导线色标应正确，并应符合下列规定：

● 单相供电时，保护线应为黄绿双色线，中性线为淡蓝色或蓝色，相线颜色根据相位确定；

● 三相供电时，保护线应为黄绿双色线，中性线可选用淡蓝色或蓝色，相线为 L1——黄色、L2——绿色，L3——红色。

检验方法：观察、实测检查。

②导线连接应符合下列规定：

● 导线应在箱（盒）内连接，导管内不得有接头；

● 截面积在 2.5mm^2 及以下多股导线连接应拧紧搪锡或采用压接帽连接，导线与设备、器具的端子连接应牢固紧密、不松动。

检验方法：观察检查。

（4）照明开关、电源插座安装工程的验收

主控项目：

①开关通断应在相线上，并应接触可靠。

检验方法：电笔测试检查。

②单相电源插座接线应符合下列规定：

● 单相两孔插座，面对插座的右孔或上孔应与相线连接，左孔或下孔应与中性线连接；

● 单相三孔插座，面对插座的右孔应与相线连接，左孔应与中性线连接，上孔应与保护线连接；

● 连接线连接应紧密、牢固，不松动。

检验方法：电笔或验电灯、相位检测器检查。

③三相四孔插座的保护线应接在上孔，同一户室内三相插座的接线相序应一致。

检验方法：观察、相位检测器检查。

④保护接地线在插座间不得串联连接。

检验方法：观察、电笔测试检查。

⑤卫生间、非封闭阳台应采用防护等级为 IP54 电源插座；分体空调、洗衣机、电热水器采用的插座应带开关。

检验方法：观察、电笔测试检查。

⑥安装高度在 1.8m 及以下电源插座均应为安全型插座。

检验方法：观察、电笔测试检查。

一般项目：

①暗装的开关插座面板安装应紧贴墙面，四周无缝隙，安装应牢固、表面光滑整洁，无碎裂、划伤、污损；相邻的开关布置应匀称，开关控制有序。

检验方法：观察、开灯检查。

②同一高度的开关插座安装高度允许偏差应符合表 12-2 的规定。

开关插座安装高度允许偏差		表 12-2
序号	项目	允许偏差（mm）
1	同一室内同一标高偏差	5.0
2	同一墙面安装偏差	2.0
3	并列安装偏差	0.5

检验方法：观察检查。

（5）照明灯具安装工程的验收

主控项目：

①灯具的规格型号应符合设计要求，并应具有合格证及强制性产品认证标志。

检验方法：检查产品合格证书和进场验收记录。

②灯具安装应牢固可靠，每个灯具固定螺钉不应少于2个；重量大于3kg的灯具应采用螺栓固定或采用吊挂固定。

检验方法：观察检查。

③花灯吊钩的直径不应小于灯具挂销的直径；大型花灯固定及悬吊装置，应符合设计要求。

检验方法：查阅设计文件，观察检查。

一般项目：

①灯具应配件齐全，光源完好，无机械变形、涂层脱落、灯罩破裂。

检验方法：观察检查。

②灯具表面及附件等高温部位，应有隔热、散热等措施。

检验方法：观察检查。

（6）等电位联结工程的验收

主控项目：

①有洗浴设备的卫生间应设有局部等电位箱（盒），卫生间内安装的金属管道、浴缸、淋浴器、暖气片等外露的可接近

导体应与等电位盒内端子板连接。

检验方法：观察检查。

②局部等电位联结排与各连接点间应采用多股铜芯有黄绿色标的导线连接，不得进行串联，导线截面积不应小于$4mm^2$。

检验方法：观察检查、尺量检查。

一般项目：

连结线连接应采用专用接线端子或包箍连接；连接应紧密牢固，防松零件应齐全，包箍宜与接点材质相同。

检验方法：观察检查。

第13章

住宅智能化与安全防护设计
装修施工的技术要求

13.1 住宅智能化的总体要求

13.1.1 住宅智能化对居住小区的要求

　　住宅的智能化可说是未来发展的大趋势。我国城镇大多选择建设密集型的居住小区，对家庭智能化系统而言，房地产开发商应该将其所有内容划入小区智能化系统中，应该为业主自行安装家庭智能化系统提供环境、建筑结构与技术上的支持，如管线、设备或装置的安装空间等。业主可以根据需要选择相应产品和功能，可以自选升级。换句话说，智能化住宅实际上与居住的小区智能化有很大关系，家庭智能化是小区智能化的一部分。

　　建设智能小区的目的是提高人们的居住质量，给人们带来多元化信息，以及安全、舒适、健康、便利、节能、娱乐的环境，这才是智能小区的真正意义所在。

　　由于小区智能化所包含的内容比较多，从未来的发展和实际的使用考虑，住宅智能化不能脱离了建筑环境、家庭装修、居住环境以及居住使用人这些因素，目前国内智能化小区的建设由于受各地之间经济水平差别的影响及居民的经济能力差异，多数小区开发仍停留在科技含量较低的水平，所谓"智能化"，在更多的成分上还仅限于一种炒作。

13.1.2 住宅智能化的要求

（1）住宅智能化设计应做到功能实用、技术适时、安全高效、运营规范和经济合理。

（2）住宅智能化的架构规划应根据建筑的功能需求、基础条件和应用方式等做层次化结构的搭建设计，构成由若干智能化设施组合的架构形式。

（3）智能化系统应按现行国家标准《智能建筑设计标准》GB 50314 的有关规定配置。

（4）住宅室内的弱电工程个性化、差异大，应允许在原有设计基础上增加新的弱电内容，但不能影响或减弱原有设计功能，且不能影响与整幢建筑或整个小区的联动。

（5）有线电视系统、电话系统、信息网络系统三网融合是今后的发展方向，设置家居配线箱以适应家居智能化发展需要。

有线电视系统应向建筑内用户提供本地区有线电视节目源，可根据需要配置卫星电视接收系统。

（6）住宅智能化应符合下列要求：

①应适应生态、环保、健康的绿色居住需求；

②应营造以人为本，安全、便利的家居环境；

③应满足住宅建筑物业的规范化运营管理要求。

（7）住宅智能化系统的设计应符合下列要求：

①住宅建筑信息化应用系统的配置应满足住宅建筑物业管理的信息化应用需求。

②住宅建筑智能化集成系统宜为住宅物业提供完善的服务功能。

③住宅建筑信息接入系统应采用光纤到户的方式，每套住宅应设置信息配线箱，当箱内安装集线器（HUB）、无线路

由器或其他电源设备时，箱内应预留电源插座；信息配线箱宜嵌墙安装，安装高度宜为 0.50m，当与分户配电箱等高度安装时，其间距不应小于 500mm。

④当住宅小区或超高层住宅建筑设有物业管理系统时，宜配置无线对讲系统。

⑤高层、超高层住宅建筑应设置消防应急广播，消防应急广播可与公共广播系统合用，但应满足消防应急广播的要求。

⑥当住宅建筑设有物业管理系统时，宜配置建筑设备管理系统。

⑦超高层住宅建筑的消防控制室可与物业管理室合用，但应有独立的火灾自动报警系统工作区域。

（8）套内配线箱设置应符合下列要求：

①每套住户设置的家居配线箱宜暗装在室内走廊、门厅或起居室等便于维修维护处，箱底距地高度宜为 0.5m。

②距家居配线箱水平 0.15～0.20m 处应预留 AC 220V 电源接线盒，接线盒面板底边宜与家居配线箱面板底边平行，接线盒与家居配线箱之间应预埋金属导管。

③套内固定式控制器宜暗装在起居室便于维修维护处，箱底距地高度宜为 1.3～1.5m。

④当电话插口和网络插口并存时，宜采用双孔信息插座。

⑤套内各功能空间宜合理设置各类弱电插座及配套线路，且各类弱电插座及线路的数量应满足现行国家标准《住宅设计规范》GB 50096 的相关规定。

⑥有线电视系统、电话系统、信息网络系统三网融合是今后的发展方向，设置家居配线箱以适应家居智能化发展需要。

⑦家居弱电设备安装高度。

插座安装高度宜采用表 13-1 中的高度，也可根据用电设备、家具高度调整安装高度。住宅套内双孔信息插座，有线电视插座位置、数量应结合墙面装修设计及家具布置设置，并应符合表 13-1 的规定。其他卧室，宜设 1 个双孔信息插座，安装高度与主卧室要求一致。

住宅套内弱电设备安装高度　　　　　　表 13-1

套内空间	设备类型	数量（个）	安装位置	安装高度（m）
双人卧室	双孔信息插口	1	电视机背景墙	0.3
	有线电视插口	1	电视机背景墙	—
单人卧室	有线电视插口	1	电视机背景墙	—
	网络插口	1	写字台处	0.3
起居室（厅）	双孔信息插口	1	电视机背景墙	0.3
	有线电视插口	1	电视机背景墙	—

　　注：1. 电话、网络插口采用双孔信息插口，网络插口采用单孔信息插口；
2. 有线电视插口安装高度，应根据电视机设计位置确定。

　　⑧家居弱电系统安装位置和高度。

　　家居弱电系统安装位置和高度应符合表 13-2 的规定。

家居弱电系统安装位置和高度　　　　　　表 13-2

系统	设备	安装位置	安装高度
访客对讲系统	室内分机	起居室（厅）	底边距地 1.3m
紧急求助报警系统	紧急求助按钮	起居室（厅）及主卧室	底边距地 0.8m
入侵报警系统（人体红外感应器）	门磁	户门	门上安装
	窗磁	底层（首层）及顶层	窗侧安装

13.1.3　智能化楼宇对讲（访客对讲）系统的要求

　　（1）访客对讲室内分机宜安装在起居室（厅）内，主机和室内分机底边距地宜为 1.3～1.5m；系统应与监控中心主机联网；

（2）应用先进的技术，保证系统的先进性；

（3）最优的性能价格比，充分保护用户投资；

（4）简便友好的操作界面，便于使用；

（5）优良的扩充性和兼容性，提供升级与扩容资源；

（6）保证所有产品的质量与合法手续；

（7）执行中华人民共和国国家标准 GB/T 16571—1966 和《安全防范工程程序与要求》GA/T 75—94；

（8）安全性，可视对讲系统在提供可视通话和远程开锁的同时，还可提供进一步的安全功能，如主人不在时可远程监视家里老人和小孩的活动情况，住户家里发生火警、煤气泄漏或有窃贼进入住户家里时能即刻通知管理处或住户本人（比如以短信方式）；

（9）稳定性，可视对讲产品属于要求 24h 运行的安全系统，因此用户要求产品有卓越的稳定性，只有稳定才能保证安全；

（10）实用性；

（11）标准化和开放性，目前可视对讲产品缺乏开放性，不同厂家的产品不能互联，可视对讲子系统也基本不能和其他弱电子系统互联，系统就无法互联，就无法长期保证产品的保修和服务，产业也不能健康发展。

13.1.4 智能化家庭报警系统的要求

家庭报警系统是小区物业安防系统的一部分，采用综合布线技术和无线遥控技术，由计算机控制管理。当用户发现意外情况时，按动家庭墙壁按钮或随身携带的遥控器上的不同按钮，即可通过网络按顺序自动拨通用户事先设定的响应报警电话、手机及寻呼台，并发送报警语音信息。此外，配合红外瓦斯、烟雾、医疗等传感器，集有线和无线报警于一体，紧急启动喇叭现场报警，并将报警送至小区管理中心。

主要功能如下：

（1）匪情、盗窃、火灾、煤气、医疗等意外事故的自动识别报警。

（2）传感器短路、开路、并接负载及电话断线自动识别报警。

（3）报警主机与分机之间的双音频数据通信，现场监听及免提对讲。

（4）设置百年钟，显示报警时间；遥控器密码学习及识别功能。

（5）户外遥控设置及解除警戒；主机隐蔽放置，关闭放音开关可无声报警。

（6）遇警及时挂断串接话机，优先上网报警。

（7）户外长距离扩频遥控，汽车被盗可即时报警。

（8）智能化家庭报警的设计应符合下列要求：

①每户应至少安装一处紧急求助报警装置，紧急求助信号应能报至监控中心，响应时间应满足国家现行有关标准的要求。

②入侵报警系统可在住户室内、户门、阳台及外窗等处，选择性地安装入侵报警探测装置，系统应预留与小区安全管理系统的联网接口。

③老年人居室应设紧急求助报警装置，并符合下列规定：

● 出入口附近宜设安全监控设备终端和呼叫按钮，户门门头外侧宜设灯光报警灯，呼叫信号直接送至管理室。

● 室内卧室、卫生间应设紧急报警求助按钮。紧急报警求助按钮距地宜为 0.80～1.10m，紧急报警求助按钮宜有明显标注，且宜采用按钮和拉绳结合的方式，拉绳末端距地不宜高于 0.30m。

● 室内宜设生活节奏异常感应装置，并将信号送至管理室。

13.1.5 家庭火灾自动报警的要求

引起家庭火灾的重要原因是：家用电器引起火灾、使用燃气引起火灾、线路老化引起火灾。

（1）厨房宜设烟感报警装置。以燃气为燃料的厨房，应设燃气浓度检测报警器、自动切断阀和机械通风设施；宜采用户外报警式，将蜂鸣器安装在户门外或管理室等部位。

（2）住宅设置可燃气体探测报警系统时，应根据气源选择相应的探测器，使用天然气的住户应选择甲烷探测器，使用液化气的住户应选择丙烷探测器，使用煤制气的住户应选择一氧化碳探测器。可燃气体探测器的设置应符合现行国家标准《火灾自动报警系统设计规范》GB 50116 的规定。

（3）应妥善解决好燃气安装空间的通风。使用燃气的厨房设计应符合现行国家标准《城镇燃气设计规范》GB 50028 的相关规定。

（4）厨房、卫生间等空间内靠近热源部位应采用不燃、耐高温的材料。灶具与燃气管道、液化石油气瓶应有不小于 1.0m 的安全距离。

（5）当开关、插座、照明灯具等电器的高温部位靠近可燃性装饰装修材料时，应采取隔热、散热的构造措施。

（6）顶棚上部应有满足设备和灯具安装高度要求的空间。应采取通风、散热等措施，并应采取安装牢固、便于维修的构造措施。

（7）管道穿墙时，应采用不燃材料封堵穿孔处缝隙。采暖管道通过可燃材料时，其距离应大于 50mm 或采用不燃材料将两者隔离。

（8）采用隔墙重新分隔室内空间后，火灾自动报警系统设备和自动灭火喷水头的位置及数量应满足消防安全的规定。

13.1.6 家庭入侵报警系统（安全防范系统）的要求

入侵报警系统可在住户室内、户门、阳台及外窗等处，选择性地安装入侵报警探测装置，系统应预留与小区安全管理系统的联网接口。

（1）要求防盗报警控制器能显示报警的时间、部位，是为了便于对非法侵入事件后续追踪，也可以给公安机关查案提供线索。要求防盗报警控制器能将信号及时传到控制中心是为了保证非法侵入事件能够被物业安保人员及时发现，及时采取措施，防止居民人身、财产造成重大损失。

（2）入侵探测器、可燃气体泄漏报警探测器安装位置和功能如果不符合设计要求，可能无法实现应有的防护功能，从而给居民生命财产安全造成重大损失。

（3）全装修住宅公共部位、套内的安全防范系统（访客对讲系统、室内入侵报警系统）的设置，应符合《住宅小区安全防范系统通用技术要求》GB/T 21741 和《入侵报警系统工程设计规范》GB 50394 中的相关规定。

13.1.7 家庭有线电视（卫星电视接收）的要求

家庭室内装修工作中，有线电视系统是必不可少的部分，它将室外的有线电视信号接入室内的一台或多台电视机上。由于有线电视系统是暗管暗线布置的隐蔽工程，一定要对有关设计、施工和器材选购常识有所了解，才能保证系统布线合理、完善稳定、安全可靠。

（1）有线电视系统布线要防止视频信号受到干扰。随着现代数字传输技术的发展，有线电视信号抗干扰能力不断增强，具体工程也可以根据实际情况执行。

（2）家庭如果住房面积不大，室内只需要一个电视接口即可满足使用需要，则布线时只需通过 1 根直径 25mm 的塑料管敷设一路有线电视同轴电缆线，将室外信号引至电视机即可；如果需要在室内不同地点布置多台电视机，则需要通过专用的有线电视分配器将电视信号分别送到各个终端。

（3）有线电视线路结构要合理。需要在室内不同地点布置多台电视机时，一定要通过高品质的有线电视分配器进行一次信号分配，将电视信号分别送到各个终端，不应用分支器进行信号分配；不应用两个以上的分支器或分配器在室内串接，进行二次甚至多次信号分配，否则室内信号分配不均，造成无法正常收看电视。

（4）在配置分配器时，严格控制分配器的路数。分配器的作用是将入户的电视信号均等地分配到各个终端，终端数量越多，每个终端的信号越弱，有线电视系统根据电视终端数量确定分配器型号，2 个电视终端选二分配器，3 个终端选三分配器，因此一般不宜使用 4 路以上的分配器。分配器应选用标有5—1000MHz 技术指标的优质器件。

（5）在选用电缆时，应选用对外界干扰信号屏蔽性能好的发泡同轴电缆 SYWV-75-2 型或 SYWV-75-3 型物理发泡同轴电缆。

（6）电缆施工时：

①不应将入户线和去各终端的几路线不通过分配器简单绞合在一起；

②有线电视电缆不应扭曲，必须保证电缆在管道或底座内的转弯半径，在管道转弯处保证转弯半径，不得将电缆进行 90° 直角转弯，否则将影响信号的传输；

③电视终端面板必须安装在 86 盒底座上；

④布线时，电缆必须在管道中穿敷，不得裸线布设，原则上不得将不同种类的线路在同一根管道中穿敷。

13.1.8 家庭固定电话的要求

家庭固定电话一般电话线是 4 芯的，但是实际上只需要 2 芯，布线还停留在几年前纯电话线布线的水平上。住宅交付使用前，应对电话的信号传输线路做全面检查。

（1）电话的终端插座面板规格型号、安装位置符合设计要求。

（2）电话的传输导线信号应畅通，接线应正确。

（3）电话的终端插座面板安装应平整牢固、紧贴墙面，表面应无碎裂、划伤、污损。

（4）电话终端插座面板与电源插座的距离应满足设计要求。

13.1.9 家庭网络的要求

随着计算机价格的不断下降和网络的普及，家庭网络已经成为一个非常实际的问题。尤其是社区宽带网的普及，一些家庭已经拥有两台以上的电脑，家庭办公将成为趋势，为了充分利用已有的资源使每台计算机不再单独工作而成为一个整体存在，因此在住宅中组建家庭网络已成为一种需要，它是未来的家庭网络化、信息化的需要。要建立一个家庭网络首先要确定家庭网络的组成部分，各个组成部分间的相互关系、功能和作用，以及家庭网络应用和覆盖范围等基本问题。

（1）家庭中网络结构简单，设备少，没有必要使用屏蔽双绞线。

（2）信息网络的终端插座面板规格型号、安装位置符合设计要求。

（3）信息网络传输导线信号应畅通，接线应正确。

（4）信息网络的终端插座面板安装应平整牢固、紧贴墙面，表面应无碎裂、划伤、污损。

（5）信息网络终端插座面板与电源插座的距离应满足设计要求。

13.1.10 家庭自动抄表的要求

近年来，家庭四表自动抄表（水、电、燃气、热水）已是当务之急，它将有效推动公用行业的科学化、精细化管理，是便民利民的重要技术举措。住房城乡建设部在《中国住宅产品发展纲要》中明确提出：实现方便查表，不干扰住户，使大量人工查表工作逐步过渡到数字化传送，开发智能化的水、电、气、热计量装置及接口箱柜。随着电子技术、传感技术、自动控制技术、计算机技术和通信技术的发展，远传抄表系统已经在智能小区中逐渐普及。

自动抄表的特点主要体现在：

（1）减少了抄表人员劳动强度。传统的抄表方式是派抄表员到现场人工抄录，每人每月抄录 2000 户左右，劳动强度大，抄表人员数量多，管理成本大。用自动抄表系统，一个城市的抄表工作可以在几分钟内抄完。

（2）减少了人工抄表带来的弊端。由于现场条件的多样性和复杂性，人工抄表过程中不可避免地会出现少抄、错抄、估抄、飞抄、漏抄、人情抄等情况；自动抄表可以杜绝上述情况，提高了服务效率和服务内容。

（3）避免隐私问题。由于居民生活水平的提高、家庭财产价值越来越高、越来越重视隐私权等原因，用户不希望被打扰。

（4）避免入室抢劫问题。很多不法分子利用抄表为借口进行入室盗窃和抢劫，影响了社会稳定。

家庭自动抄表要系统布局合理，使用的各类管材、配件等符合国家相关标准和规范要求，无国家明令禁止使用的管材、配件、设备和器具；安装及施工要符合国家相关标准和规范要求和《民用建筑远传抄表系统》JG/T 16 的要求。

13.1.11 家庭装修工程中智能化工程质量验收的要求

智能化工程质量验收项目应包括有线电视、电话、信息网络、智能家居、访客对讲、紧急求助、入侵报警。

（1）住宅室内装修工程中智能化工程质量验收时，应检查系统试运行记录。

（2）住宅室内智能化工程的质量和检验方法应符合现行国家标准《智能建筑工程质量验收规范》GB 50339 的相关规定。

（3）有线电视安装工程质量验收的要求：

主控项目：

①有线电视的信号插座面板规格、型号、安装位置应符合设计要求。

检验方法：观察；检查产品合格证书和进场验收记录。

②有线电视信号插座面板安装应平整牢固、紧贴墙面，表面应无碎裂、污损。

检验方法：查阅设计文件，观察检查。

一般项目：

电视插座与电源插座距离应满足设计要求。

检验方法：查阅设计文件，尺量检查。

（4）电话、信息网络安装工程质量验收的要求

主控项目：

①电话、信息网络的终端插座面板规格型号、安装位置符合设计要求。

检验方法：查阅设计文件，观察检查。

②电话、信息网络传输导线信号应畅通，接线应正确。

检验方法：网线测试仪检查。

一般项目：

①电话、信息网络的终端插座面板安装应平整牢固、紧贴墙面，表面应无碎裂、划伤、污损。

检验方法：观察检查。

②电话、信息网络终端插座面板与电源插座的距离应满足设计要求。

检验方法：查阅设计文件，尺量检查。

（5）访客对讲安装工程质量验收的要求

主控项目：

①室内外对讲机安装应牢固、不松动，位置应符合设计和使用的要求。

检验方法：观察检查。

②语音对话或可视对讲系统应语音、图像清晰。

检验方法：查阅设计文件，测试检查。

③访客对讲室内机各功能键应操作正常，并应实现电控开锁。

检验方法：查阅设计文件，测试检查。

一般项目：

访客对讲户内话机安装应平正、牢固，外观应清洁、无污损。

检验方法：观察检查。

（6）紧急求助、入侵报警系统安装工程质量验收的要求

主控项目：

①紧急求助、入侵报警系统终端的安装位置应符合设计要求。

检验方法：查阅设计文件，观察检查。

②防盗报警控制器应能显示报警时间和报警部位。

检验方法：测试检查。

一般项目：

入侵探测器、可燃气体泄漏报警探测器的安装位置和功能应符合设计文件要求，安装应牢固，表面应清洁，无污损。

检验方法：查阅设计文件，观察检查。

（7）智能家居系统质量验收的要求

主控项目：

①家居控制器的布线、安装位置应符合设计及产品说明书要求。

检验方法：查阅设计文件、产品说明书。

②家居控制器对户内照明、家电等控制动作应正常。

检验方法：测试检查。

③水表、电表、燃气表、热水表自动抄表应符合《民用建筑远传抄表系统》JG/T 16 的要求。

检验方法：测试检查。

一般项目：

家居控制器安装应牢固，表面应清洁、无污损。

检验方法：查阅设计文件，观察检查。

13.2 住宅安全防护装修施工的技术要求

住宅安全要重点讨论的是：住宅结构安全、隔声降噪、室内环保、消防安全、空气质量、家庭电气火灾和家庭安全防范。消防安全、空气质量、家庭电气火灾和家庭安全防范施工和质量检验验收技术请参见本书有关章节的内容。

13.2.1 住宅结构安全的技术要求

（1）住宅结构建筑结构设计是根据建筑等级、重要性，工程地质勘查报告，建筑所在地的抗震设防烈度，建筑的高度和层数以及建筑类型、用途、使用环境等一系列条件来确定建筑的结构形式。装修设计不得改变建筑用途和使用环境，如果改变建筑的用途和使用环境等，会对结构体系、受力特征等产生影响，必须经过技术鉴定或原设计许可。未经有关技术部门同意，装修不得自行变更使用条件或改变房屋结构受力体系。对于超过设计使用年限的住宅，应进行建筑结构安全鉴定、现场检测使用状况、结构受力、周围环境等一系列因素，并由检测单位出具检测与鉴定报告，在无建筑结构安全鉴定时，不应进行装修。

（2）室内装修的结构应满足安全、适用和耐久的要求。当涉及主体和承重结构改动或增加荷载时，必须由原结构设计单位或具备相应资质的设计单位核查有关原始资料，提出设计方案，并经有关部门审批后方可实施。

（3）室内装修时，不应在梁、柱、板、墙上开洞或扩大洞口尺寸。室内装修过程中，为了布线、穿管方便，有时会出现在墙、梁、柱上开洞、剔槽的情况，如果开洞处理不当就会产生安全隐患。墙、梁上开洞造成的安全隐患主要是：

①在梁、柱上开洞将削弱梁、柱的截面，如果开洞位置不当或洞口尺寸超出一定范围就可能会在洞口周边产生局部裂缝，影响建筑承载能力和抗震能力。

②由于梁内布满钢筋，如果打洞不当，会将受力钢筋打断，导致梁受损，影响结构受力。在实际工程中，梁上开洞应由结构设计单位或有相应资质的设计师核验结构或设备的有关原始资料，按工程建设强制性标准进行设计。

③在楼板上切凿开洞容易造成楼板受力不均，开洞处应力集中，楼板承载能力严重削弱。

④装修施工时，凿洞会给墙体等房屋结构带来很大震动，从而破坏砂浆与砖的粘结，降低墙体的抗压和抗剪强度，影响结构的整体性和可靠性。

⑤如果开洞位置不当就会破坏钢筋混凝土的保护层，甚至打断或改变钢筋位置，造成结构破坏，使其承载力降低。在住宅室内装饰装修设计中如涉及结构改造的情况，应由结构设计单位或有相应资质的设计师核验结构、设备的有关原始资料，按工程建设强制性标准进行设计，以保证建筑结构的完整和居住者的安全。

（4）不应凿掉钢筋混凝土结构中梁、柱、板、墙的钢筋保护层，不应在预应力楼板上切凿开洞或加建楼梯。主要考虑三个因素：

①混凝土保护层是混凝土结构构件中最外侧钢筋边缘至构件表面用于保护钢筋的混凝土。钢筋混凝土是由钢筋和混凝土两种材料组成，两种材料之间具有良好的粘结性能并成为它们共同发挥效能的基础，去掉混凝土保护层无法保证钢筋与其周围混凝土共同工作，钢筋无法发挥计算所需强度。

②钢筋裸露在空气或者其他介质中，容易受蚀生锈，使得钢筋的有效截面减少，影响结构受力，因此需要加混凝土保护。

③对防火有要求的钢筋混凝土梁、板及预应力构件，混凝土保护层是为了保证构件在火灾中按建筑物的耐火等级确定的耐火极限的这段时间内，构件不会失去支撑能力。

（5）室内装修时，不宜拆除框架结构、框剪结构或剪力墙结构的填充墙，不得拆除混合结构的墙体，不宜拆除阳台与相邻房间之间的窗下坎墙。

（6）室内装修时，不得在梁上、梁下或楼板上增设柱子，分割空间应选择轻质隔断或轻质混凝土板，不宜采用砖墙等重质材料，并应由具备设计资质的单位进行校验、确认。

在梁上或梁下增设柱子都会改变梁的最初受力状态，例如梁下加柱相当于在梁下增加了支撑点，将改变梁的受力状态，在新增柱的两侧，梁由承受正弯矩变成承受负弯矩，这就会影响整个建筑初始的内力状况，使房屋结构产生潜在危险。

（7）顶棚上悬挂自重 3kg 以上或有振动荷载的设施应采取与建筑主体连接牢固的构造措施。

（8）顶棚不宜采用玻璃饰面，当局部采用时，应选用安全玻璃，并应采取安装牢固的构造措施。

（9）当室内装修设计采用后锚固技术与原主体结构连接，应按现行行业标准《混凝土结构后锚固技术规程》JGJ 145 执行。钢结构房屋不应采用直接焊接连接。

13.2.2 隔声降噪的技术要求

（1）室内装修设计应改善住宅室内的声环境，降低室外噪声对室内环境的影响，并应符合下列规定：

①当室外噪声对室内有较大影响时，朝向噪声源的门窗宜采取隔声构造措施；

②有振动噪声的部位应采取隔声降噪构造措施；当室内房间紧邻电梯井时，装饰装修应采取隔声和减振构造措施；

③厨房、卫生间及封闭阳台处排水管宜采用隔声材料包裹；

④对声学要求较高的房间，宜对墙面、顶棚、门窗等采取隔声、吸声等构造措施。

（2）轻质隔墙应选用隔声性能好的墙体材料和吸声性能好的饰面材料，并应将隔墙做到楼盖的底面，且隔墙与地面、墙面的连接处不应留有缝隙。

（3）卧室、起居室（厅）内噪声级，应符合下列规定：

①昼间卧室内的等效连续 A 声级不应大于 45dB；

②夜间卧室内的等效连续 A 声级不应大于 37dB；

③起居室（厅）的等效连续 A 声级不应大于 45dB。

（4）分户墙和分户楼板的空气声隔声性能应符合下列规定：

①分隔卧室、起居室（厅）的分户墙和分户楼板，空气声隔声评价量（Rw+C）应大于45dB。

②分隔住宅和非居住用途空间的楼板，空气声隔声评价量应大于51dB。

（5）卧室、起居室（厅）的分户楼板的计权规范化撞击声压级宜小于75dB。当条件受到限制时，分户楼板的计权规范化撞击声压级应小于85dB，且应在楼板上预留可供今后改善的条件。

（6）住宅建筑的体形、朝向和平面布置应有利于噪声控制。在住宅平面设计时，当卧室、起居室（厅）布置在噪声源一侧时，外窗应采取隔声降噪措施；当居住空间与可能产生噪声的房间相邻时，分隔墙和分隔楼板应采取隔声降噪措施；当内天井、凹天井中设置相邻户间窗口时，宜采取隔声降噪措施。

（7）起居室（厅）不宜紧邻电梯布置。受条件限制起居室（厅）紧邻电梯布置时，必须采取有效的隔声和减振措施。

13.2.3 室内环保的技术要求

（1）室内装修设计应合理布局，有利于室内空气流通。

（2）装修材料应控制有害物质的含量，并应符合现行国家标准《民用建筑工程室内环境污染控制规范》GB 50325有关的规定。

（3）室内装饰装修选材应符合下列环保的规定。

室内装修材料除满足设计功能要求外，还应满足下列要求：

①采用的无机非金属装修材料，必须有放射性指标检测报告，应为A类。

②采用的人造木板及饰面人造木板，必须有游离甲醛含量或游离甲醛释放量检测报告，应达到E1级要求；装修材料中的大芯板、胶合板、复合木地板、密度板材类、内墙涂料、油

漆等涂料类，以及各种粘合剂都会释放出甲醛气体，非甲烷类挥发性有机气体会污染室内空气，对居住者的健康危害很大。现行国家标准《民用建筑工程室内环境污染控制规范》GB 50325对氡、甲醛、苯、氨、总挥发性有机化合物等有害气体的限量及检测方法作了规定，应作为住宅室内装饰装修中对空气污染控制的依据；人造木板及饰面人造木板用得越多，与之相关的材料诸如胶粘剂、油漆等使用量也会增大，这些有机溶剂会散发出对人体有害的气体，因此，从提高室内空气质量的角度考虑，不应大面积采用人造木板及饰面人造木板；地毯吸水性强，渗到纤维内的水分不易除去，如果不能及时晾干，就容易发霉成为细菌滋生的场所。从防火角度考虑，应采用有阻燃作用的环保地毯，否则一旦发生火灾，地毯燃烧时会产生有毒气体，危害住户的安全。

③采用的涂料、胶粘剂、水性处理剂，必须有国家规定的有害物质含量检测报告，应达到国家现行标准。

④室内装修严禁采用国家明文禁止使用的内墙涂料。

⑤室内装修不应采用聚乙烯醇缩甲醛类胶粘剂；粘贴塑料地板时，不应采用溶剂型胶粘剂。

⑥室内居室装修不应采用脲醛树脂泡沫塑料作为保温、隔热和吸声材料。

⑦室内装修不宜大面积采用人造木板及人造木饰面板；所使用的木地板及其他木质材料，严禁采用沥青、煤焦油类防腐、防潮处理剂。

⑧室内装饰装修不宜大面积采用固定地毯，局部可采用既能防腐蚀、防虫蛀，又能起阻燃作用的环保地毯。

（4）室内装饰装修宜减少现场加工，选用工业集成化、高性能的绿色装饰装修产品和设备。

第14章

住宅书房设计与装修施工的技术

　　书房是住宅内的一个房间，专门用作藏书、读书和写作的地方，也是显示主人文化底蕴和人文情趣的地方。特别是对从事文教、科技、艺术的工作者而言，书房是必备的活动空间。对文人而言，书房犹如一块宝地，也是文人一贯的情怀。"读、读、读，书中自有黄金屋""书山有路勤为径，学海无涯苦作舟"。对于一个爱藏书、爱读书、爱写作的人，有一间心仪的书房，则利于学习思考、研究。

　　书房在现代家居住宅中担任着越来重要的角色，它不但是藏书、读书、写作的场所，也是研究、学习、办公、工作的场所。

　　书房的基本设施是桌（写字台或电脑操作台）、椅、电脑和书柜，一般情况下，书房追求的是实用、简洁，不一定要有大的投资。

　　现在的家庭里几乎是家家都会有一个书房，不仅是品位的体现，在生活中也较实用，只是书房的大小、功能有所不同。

　　书房的规模一般根据房间大小和主人职业、身份、藏书多少来考虑。如果房间面积较小的居室可以辟出一个区域作为学习和工作的地方，房间多、面积大的，可独立布置一房间作为书房。

书房的装修无论采用中式还是西式，是现代还是仿古，都不要太过浮华和花哨，毕竟书房不是用来装饰的。

14.1 书房的种类和要求

1）书房的种类

书房可根据家庭使用面积的设置方式分两种：独立式书房和共用式书房。

（1）独立式书房

独立式就是单独的一个房间。一般认为这是最理想的格局，安静舒适、功能完善。一般大一点的住宅都可以选择这样的布局。

（2）共用式书房

共用式书房（开放式书房）又分为两种情况：一种是书房与卧室共用；一种是书房与客厅共用。共用式书房一般出现在中小户型的家庭，由于面积有限，没有足够的空间划分出来单独作为书房使用，只能在卧室或客厅专门划出一块区域作为工作学习的地方。因此，要考虑到面积和功能的问题，对于开放式书房的用品要力求做到少而精，充分合理地利用每一寸空间。

①书房与卧室共用

由于小户型的房屋受到空间的限制，房子面积小，直接将书房放在卧室里，有一个可以上网、看书、学习、睡眠的地方。

②书房与客厅共用

小户型住房都采用客厅兼做餐厅、书房的三合一形式，在这种格局下，很多住房的客厅、餐厅、书房共用。如果觉得这样不好，可以在中间进行隔断，但是隔断会挡住采光。

客厅由于房型或面积等因素，很难分为一间单独的书房，此时，常常是客厅、餐厅、书房的三合一，在不大的空间内，书房要合理布局，使主人的电脑、打印机、复印机等办公设备各有归所，满足藏书、读书、写作、办公的功能。

2）书房的要求

（1）书房要采光充足。书房是读书、写作、工作的场所，对于照明和采光的要求很高。书房最好有自然光线。夜晚的光源以黄光为佳。书桌正上方可以用日光灯或台灯，但日光灯不能做书房的主灯。

（2）书房要安静。安静对于书房来讲是十分必要的，在嘈杂的书房中读书、写作、工作效率要比安静环境中低得多。在装饰书房时要选用隔声吸声效果好的装饰材料。地面可采用吸声效果佳的地毯，窗帘要选择较厚的材料，以阻隔窗外的噪声；顶棚可采用吸声石膏板吊顶；墙壁可采用吸声板或软包装饰布等装饰。

（3）书房里的家具以写字桌和书柜为主，首先要保证有较大的储藏书籍的空间。

（4）书房的功能和区间划分因人、因面积而异。小户型住房的书房（书房与卧室共用、书房与客厅共用）是按需要加以调整的，不主张打隔断，隔断必定会使空间减少，影响空间效果。

（5）书柜间的深度宜以 30cm 为好，深度过大既浪费材料和空间，又给取书带来诸多不便。书柜的搁架和分隔可做成任意调节型，根据书本的大小，按需要加以调整。

（6）书房应选择尺寸、数量适宜的家具和设施。家具大致有书桌、书柜、椅子、电子设备（电脑、扫描仪、打印机等）、文房四宝（纸、墨、笔、砚）等。书房中的家具主要围绕读书、写字及收藏而设置。

3）书房使用面积的要求

书房的使用面积需要考虑家庭使用面积，可分为经济型户型的书房、舒适型户型的书房、高档住宅的书房。

经济型户型的卧室狭小，书柜没地方摆放，可以将书柜放在墙上，再摆上一张实木桌子，书房的使用面积在 $4m^2$ 以上，床、衣柜、书柜三者融为一体，一般情况下追求的是实用、简洁。书房与卧室共用、书房与客厅共用的家庭建筑面积小于 $100m^2$。

舒适型户型的书房使用面积在 $10m^2$ 以上；家庭建筑面积大于 $100m^2$，小于 $140m^2$。

高档住宅的书房使用面积在 $15 \sim 20m^2$ 以上；家庭建筑面积大于 $140m^2$，每个房间均规整、舒适。

14.2 书房装修的要素和需要注意的基本点

1）书房装修的要素

书房装修的要素：空间、通风、温度、采光、色彩、美观。

（1）空间

书房的空间一定要是相对独立的一个部分，如果条件允许，最好能单独开辟出一间，有些户型较小，无法达到一间独立的书房，客厅和书房连在一起，可以让空间显得较大。

（2）通风

书房内的电子设备越来越多，要有通风良好的环境。如果房间内密不透风，机器散热令空气变得污浊，影响身体健康。要保证书房的空气对流畅顺，有利于机器散热。

（3）温度

因为书房内摆放有电脑、书籍等，因此房间内的温度应该控制在 $10 \sim 30℃$ 之间。某些机器的使用对温度也有一定的要求，如电脑不适宜摆放在温度较高的地方，也不适宜摆放在阳光直射的窗口旁、空调机吹风口下方、暖气附近等。

（4）采光

书房的光线很重要，光线应足够，并且尽量均匀。书房采光可以采用直接照明或者半直接照明的方式，光线最好从左肩上端照射。一般可以在书桌前方放置亮度较高又不刺眼的台灯。

（5）色彩

书房的色彩一般不适宜过于耀目，也不适宜过于昏暗。淡绿、浅棕、米白等柔和色调的色彩较为适合。

（6）美观

书房的装饰讲究美观，同时也要实用，最重要的是适合书房的氛围。

2）装修书房需要注意的基本点

书房是家里必不可少的一块地方，但是户型小、书房空间不足，设计时需要注意：

（1）书房不管设在哪里，有一点是共同的，即安静、实用、方便。

（2）书房里的光线一定要好，除了自然光外，还可以使用吊灯，光线既要明亮，又要柔和。

（3）书房要为主人书写、阅读、创作、研究提供安静的条件。

（4）书房要为主人提供雅致的环境。

（5）书房要有序。

书房要做到明确的功能分区，分收藏区、读书区、写作区、工作场所区等。书有多种类型，有常看、不常看的藏书之分。爱书的人面对自己堆积如山的藏书时应将书进行分类，文学小说类、研究类、娱乐类、技术应用类等，应分门别类整理好，使之井然有序，分别存放，方便参阅。

（6）专业的书房仅考虑书桌、椅和书架。

（7）书柜的强度和结构是很重要的，柜体要简洁、大方。要保证书柜内的横竖板有一定的支撑能力。由于书的重量不轻，书柜上的隔板要有强大的支撑能力以防书的重力将其压弯。安放柜子的地面和柜子侧面的墙体必须水平和垂直。每一个书柜都不占用很大的面积，但要充分利用房间的高度，自由配用增高组合。

（8）有书刊、资料、用具等物品存放功能的储物区。

（9）绿色环保。

颜色要柔和，使人平静，最好以冷色为主。

14.3 独立式书房装修设计

独立式书房与其他房间之间完全分开，成为独立的完整空间，这种类型的书房受其他房间的干扰较小，工作效率高，比较适合于藏书型和工作型的书房，私人空间可以得到最大限度的保护，是住宅中很重要的一个构成部分。

独立式书房装修设计除了考虑与整个居室的风格相一致外，一般要求朴实、典雅，体现传统意义上的书房韵味。大面积的书柜作为书房传统的风景，要选用浅木色，创造写意轻松的工作空间。

书房装修总的看来没有什么特别之处，没有复杂施工工程。但从细节处考虑，需要注意7大要点，它们分为顶面、墙面、地面、门、窗、灯具、装饰。

独立式书房装修的设计要点有：

1）独立式书房装修的风格

（1）独立式书房装修要体现主人的喜好和风格。可设计成不同的风格，创造出各种情调和气氛，如传统风格、欧陆风情、简洁风格、现代风格等。

（2）书房里必备的家具有书橱、书桌、椅子、灯具，要体现主人的喜好和风格，体现居住者习惯、个性、爱好、品位和专长，体现书房的"明""静""雅""序"。

2）独立式书房顶面装修

可采用吸声石膏板、玻璃隔声棉、高密度泡沫板以及布艺吸声板等，顶面可以是粉刷，但应以淡色为主调。

3）独立式书房墙面装修

一般大多数书房使用实墙体，有厚实感，相当稳重。色彩为白色，白色是安静的经典色彩。白色的背景墙书房，在宁静的环境中更显明亮。而墙面的用材最好用壁纸、板材等吸声较好的材料，以达到宁静的效果。书房的墙面可以提高整个书房的文化气氛，在装饰时不应该过于杂乱。墙壁可采用软性壁纸等装饰，可以挑选柔美的岩画、山水书画，表现主人的情味和审美。

4）独立式书房地面装修

独立式书房地面可采用软木地板或地毯等静音比较好的材料来装修。

5）独立式书房门的装修

书房门应选用隔声效果较好的门。

6）独立式书房窗的装修

窗是书房静音的关键之一，窗户静音装修材质一般选用既能遮光，又具通透感的浅色纱帘比较合适。可以将书房的普通玻璃换成隔声玻璃，5～8mm厚的透明玻璃，安装后大约可以降低噪声30dB以上；双层玻璃的隔声效果在40%左右，同时使用密闭性能好的塑钢窗，可以使室内噪声降低到室外的1/3。

窗帘要选择较厚的材料，以阻隔窗外的噪声。

7）独立式书房灯具

独立式书房灯具造型不要烦琐，要求灯具明亮、均匀、自然、柔和，对灯具要求较高。书房灯具在保证照明度为前提下，可配乳白或淡黄色壁灯与吸顶灯，但要有足够亮度。

独立式书房的照明以吊灯为佳，应该注意不可直接照射在头部。

8）独立式书房装饰

书房应力求空气流畅环境整洁，不可放置太多的装饰品。独立式书房装饰可根据书房的具体情况灵活合理安排，以中国字画、古玩等点缀，构成极具中式风格的书房。

第15章

住宅收藏室设计与
装修施工的技术

在中国，收藏不只是少数专家、学者和收藏家，随着人们文化修养的提高，收藏爱好者覆盖面涉及工人、农民、教师、学生、干部和投资者，可以体现个人情趣爱好、审美趣味及价值观念，也是物质文明和精神文明建设的需要。

收藏的藏品分两大类，即无机质类藏品和有机质类藏品。

无机质藏品与有机质藏品的存放环境要求不同，无机质藏品和有机质藏品应分开放置，分别进行不同指标的调节与控制。

无机质文物的存放环境。温度：14～24℃；相对湿度：30%～55%；光照度：150～300lx；环境要求：空气清洁、无灰尘、无酸性气体；防范点：防尘防震、防挤压、防止碰撞、防锈等。

有机质类文物的存放环境。温度：14～22℃；相对湿度：50%～60%；光照度：30～50lx；环境要求：空气清洁、无紫外线、无有害性气体；防范点：防紫外线、防尘、杀菌、防虫、防霉等。

由于收藏家收藏的藏品种类繁多、质地不一、环境要求有别、防范点不同，因此对它们的保存要求是不一样的。收藏家可根据自己的居住条件和藏品的性能，有针对性地采取必要措施,装修收藏室。

收藏品的古玩一般不在厅堂摆设,而是放在收藏室,以收藏室内的多宝格、书橱或以箱柜隐藏,储存在干净整洁、干燥通风、避免阳光直晒、防止有害气体、防止藏品霉变和防鼠咬、虫蛀和灰尘侵袭的环境中。

从个人收藏的角度出发,藏品有瓷器、古瓷、紫砂壶、拓片、碑帖、印章、玉器、金银质像章、佛像、钟表、铜钱、书画、邮票、纸币、古典家具等。

15.1 收藏品收藏的要求

1)温度和湿度

为了使藏品能长久保持良好的状态,适宜的温度和湿度是使藏品能长久保持良好状态必不可少的条件。

温度:高温干燥,藏品易于脆弱;湿度:太湿易于生霉、腐烂。

一般来说,15～22℃的温度和50%～65%的相对湿度对各类物品都比较适宜。

2)有害气体和灰尘

有害气体能使铜、铁、铅等金属氧化,使织物、纸张和彩画上的颜料褪色或变色。

灰尘与湿气结合降落并沉积在物品上,易于细菌和霉菌等微生物的寄生,对各种有机质地的收藏品危害大。

3)霉菌和虫害

防止霉菌生长的有效办法是自然通风,并想方设法消除室内的生霉环境。已发现有霉菌的物品,应进行消毒处理。蟑螂、蚂蚁,特别是白蚁和蛾子,对藏品起着破坏作用。要防止藏品霉变和鼠咬、虫蛀。

4）光线

自然光线中的紫外线会引起物品脆弱变质，可见光会损害色彩，对藏品起着破坏作用，因此藏品应避免阳光直接照射，以减少紫外线对藏品的影响。一般家庭收藏品，应注意防潮和低温，纸张和织物应放在暗处保存。

5）潮湿

潮湿的空气会导致石制品风化现象的产生，因此，最好存放于干燥的环境中。

6）清洁

收藏室要求清洁。保持清洁，除尘可防鼠、蟑蚁、虫、细菌藏匿的滋生环境。

7）保持干燥并保持空气流通

保持干燥并保持空气流通，对易吸湿、潮，易生霉、腐烂、生锈的藏品消除室内寄生霉的环境，即使是装在箱子里，箱子也不要靠墙和直接放在地上，要与墙间隔一段距离。

8）放置藏品的架、柜、箱等要求

放置藏品的架、柜、箱等均不能紧贴地面或墙壁摆放，应将其垫置到适当高度，或离墙有一定的距离。

9）藏品存放环境的基本要求

藏品存放环境的基本要求应符合表 15-1 的要求。

藏品存放环境的基本要求   表 15-1

藏品分类	种类	质材	温度（℃）	相对湿度（%）	光照度（lx）	环境要求	防范点
无机质藏品	石质	陶器	14～24	40～55	300	无酸性气体	防尘、防震、防挤压、防止碰撞、防潮湿

藏品分类	种类	质材	温度（℃）	相对湿度（%）	光照度（lx）	环境要求	防范点
无机质藏品	石质	瓷器、古瓷、紫砂壶、拓片、碑帖	14～24	40～55	300	无酸性气体	防尘、防震、防挤压、防止碰撞、防潮湿
		印章、雨花石、观赏性石头等	14～24	40～55	300	无酸性气体	防尘、防潮湿
	铜质	青铜器、金银质像章、佛像、钟表、铜钱	14～24	30～45	150	无氯、无酸性气体	防尘、防锈、防潮湿
	铁质	铁质器	14～24	30～45	150	无酸性气体	防尘、防潮湿、防锈
	金银质	金银器	14～24	40～55	160	无硫化物、无酸性气体含硫物质	防尘、防锈、防潮湿
	铅质	铅质品	18～24	30～45	150	无酸性气体	防油、防脂、防尘、防锈、防潮湿
	锡质	锡质品	18～24	30～45	150	无酸性气体	防油、防脂、防尘、防锈、防潮湿
有机质藏品	纺织品	丝织品	14～20	50～60	30	空气清洁	防紫外线、防尘、防虫、防霉、防菌

续表

藏品分类	种类	质材	温度（℃）	相对湿度（%）	光照度（lx）	环境要求	防范点
有机质藏品	纺织品	毛织品	14～20	50～60	30	空气清洁	防紫外线、防尘、防虫、防霉、防菌
		棉织品	14～20	50～60	30	空气清洁	防紫外线、防尘、防虫、防霉、防菌
		麻织品	14～20	50～60	30	空气清洁	防紫外线、防尘、防虫、防霉、防菌
		人造丝	18～22	50～60	30	空气清洁	防紫外线、防尘、防虫、防霉、防菌
		人造毛	18～22	50～60	30	空气清洁	防紫外线、防尘、防虫、防霉、防菌
		人造棉	18～22	50～60	30	空气清洁	防紫外线、防尘、防虫、防霉、防菌
	骨质品	骨、象牙	14～20	50～55	50	空气清洁	防紫外线、防尘、防酸、防碱、防虫、防霉菌
	角制品	牛角、鹿角等	14～20	50～55	50	空气清洁	防紫外线、防尘、防酸、防碱、防虫、防霉菌
	树脂类	琥珀	14～20	50～55	50	空气清洁	防紫外线、防尘、防酸、防碱、防虫、防霉菌

藏品分类	种类	质材	温度（℃）	相对湿度（%）	光照度（lx）	环境要求	防范点
有机质藏品	珊瑚类	玳瑁、贝壳	14～20	50～55	50	空气清洁	防紫外线、防尘、防酸、防碱、防虫、防霉菌
	木质品	漆器	16～20	50～60	50	空气清洁	防紫外线、防尘、防虫、防霉、杀菌
		木器、古典家具	16～20	50～60	50	空气清洁	防紫外线、防尘、防虫、防霉、杀菌
		竹器	16～20	50～60	50	空气清洁	防紫外线、防尘、防虫、防霉、杀菌
	皮革品	皮革	16～20	50～60	50	空气清洁	防紫外线防尘、防虫、防霉
	纸质品	图书、文献、字画、书画、纸币、邮票	16～20	50～55	40	空气清洁	防尘、防霉、防虫蛀
		油画、版画	18～22	50～55	30	空气清洁	防尘、防霉、防虫蛀

15.2 收藏室的设计与装修

收藏室不主张豪华装修，主张简装。以淡雅节制、简洁大方为境界，重视实际功能。私人收藏室的特点为：外形要简洁、与其他功能空间设分隔门、结构要牢固、开启要灵活、要安全保密，具有防水、防火、防割、防撞击、防钻功能，要采取防潮措施。

保险柜要加遮掩装饰，外观似衣柜或书柜，存放古玩字画等贵重物品。收藏室的设计与装修应根据自己的喜好、满足需要来设计装修。

私人收藏室装修主要是地面、墙面、顶面、窗、门。

地面：地面必须要水泥砂浆抹灰，表面不起砂、不起皮、不起灰、不空鼓、防止开裂，表面应光滑、洁净。角、孔洞、槽、盒周围的抹灰表面应整齐、光滑，管道后面的抹灰表面应平整。

墙面：墙面要求平整。对墙体四角进行规方、横线找平、竖线吊直、阴阳角找方、内墙抹灰。

顶面：顶面装修必须要水泥砂浆抹灰，表面不起砂、不起皮、不起灰、不空鼓、防止开裂，表面应光滑、洁净。顶面防水不渗水。

窗：窗要小，必须是金属窗扇，安装必须牢固。小砖石砌体、混凝土或抹灰层接触处应进行防腐处理。金属门窗扇必须安装牢固，并应开关灵活、关闭严密、无倒翘。

门：收藏品通常都是有特殊意义或者价格昂贵的物品，因此选择什么样的门就成了收藏室的重中之重。

收藏室的门防盗性能必须要好，收藏室的门应采用银行金库门一样的设计，防护结构严格按照《金库门通用技术条件》GA/T 143—1996和《金库门》JR/T 0001—2000标准设计生产，门通过国家《公安部警用电子产品检测中心》M/1/2级检测认证，具有防钻、防电弧切割、防盗、防火、防TNT爆炸等功能。

收藏室装修的顶面、墙面、地面施工和质量检验验收技术参见本书第2章的有关内容。

第16章

住宅智能化技术的发展趋势

随着城市的发展和人民生活水平的提高，居民有了一定的购买能力，对住宅的使用要求和功能需求也在逐步提高，于是出现这么几个高频词汇：低碳社会、零排放住宅、太阳能住宅、地热住宅、绿色住宅、生态住宅等。目前，学术界对这几个高频词汇的概念并没有给出准确的区分，其内涵和深度还比较模糊，不同行业的人对概念有不同的看法，本章与购房者切磋住宅智能化技术的发展趋势，供住宅选购者参考。

16.1 住宅智能化技术之一 低碳社会

低碳社会（low-carbon society），就是一个碳排放量低、生态系统平衡、人类的行为方式更加环保、人与自然和谐相处的社会。"低碳社会"这是最先由日本学者提出的概念，严格意义上的低碳社会概念在学术界还没有被系统性地提出。

近 200 年来，地球上 CO_2 浓度增加了 25%，导致全球平均气温升高了 2℃左右，主要诱因是欧美等发达国家快速工业化的高碳排放。近 50 年来的气候变化主要是人为活动排放的 CO_2、甲烷、氧化亚氮等温室气体造成的。据测地表温度目前还在以每年 0.2℃的速度升高，全球气候变暖已对人类生存和发展带来了严峻挑战，减缓气候变化的核心是减少温室气体排放，主要是 CO_2 排放。

当前 CO_2 排放总量美国占全世界排放量的 20% 左右，人均排放量成为世界最大的排放国之一。就人均排放而言，1990 年我国为世界平均水平的 50%，2000 年为 60%，当前已与世界平均水平相当。当前我国正处于工业化、城市化快速发展阶段，人口多，经济总量大，我国要保持经济增长，短期内快速发展低碳社会是十分困难的，能源消费和相应 CO_2 排放必然要有合理的增长。CO_2 排放不能用排放总量来要求一个国家，人均排放量（人类生活活动需要消耗能量，释放大量的 CO_2）、世界平均水平具有公平的意识。

大力构建低碳社会，实现经济、社会的可持续发展，只有主动出击、因地制宜、积极参与"低碳"建设，方可实现国家的可持续发展。强化节能减排、注重能效提高，全面促进全民的低碳消费和生活意识。

在全球性重视环境问题的今天，发展低碳经济、走向低碳社会已逐渐成为共识。就是通过创建低碳生活，发展低碳经济，培养可持续发展、绿色环保、文明的低碳文化理念，形成具有低碳消费意识的公平社会。同时，要科学引导居民低碳建筑和低碳生活，积极探索低碳发展之路。《中华人民共和国节约能源法》所称节约能源（简称节能），是指加强用能管理，采取技术上可行、经济上合理以及环境和社会可以承受的措施，从能源生产到消费的各个环节，降低消耗、减少损失和污染物排放、制止浪费，有效、合理地利用能源。

16.1.1 低碳建筑

低碳建筑是指在建筑材料与设备制造、施工建造和建筑物使用的整个生命周期内，减少化石能源的使用，提高能效、节能、降低 CO_2 排放量。目前低碳建筑已逐渐成为国际建筑界的主流趋势。

建筑在开发过程中采暖、空调、通风、照明等方面的碳排放量大，要有效控制和降低建筑的碳排放，要在材料上、技术上有革新。低碳建筑的主要技术有：

（1）结构节能。结构节能是采用热缓冲层技术、自然采光通风技术、混凝土楼板辐射储热蓄冷系统、围护结构的保温隔热系统、光电幕墙与光电屋顶一体化技术、采用低辐射玻璃降低因辐射造成的室内热能向外传递从而减少电力消耗等。在屋面、墙体、门窗等建筑外围护结构上使用具有隔热和保温性能的材料，通过智能化系统的调控和优化，分别达到保温、隔热、供电的节能效果。

（2）再生能源的开发利用。尽量减少常规能源的供应，加强可再生能源的开发利用。如采用太阳能、风能、地热能、潮汐能、生物质能等可再生能源发电、供电。

（3）节能。节能就是尽可能地减少能源消耗量，通过合理的调控，有效地利用能源，提高用能设备或工艺的能量利用效率、降耗的要求，以节省能源。减碳主要落实在生产上，如大力开发水能、核电、风能和太阳能等清洁能源。

（4）节水。提倡节约和循环用水。根据循环经济的理论，住房城乡建设部大力推广中水回用，是节水节能的有效措施。

（5）中水处理系统。将生活污水作为水源，经处理后可用到厕所冲洗、园林灌溉、道路保洁等方面，从而实现节水减排的目标。

（6）雨水再循环系统。通过将自然或人工收集的雨水进行储存，经过过滤处理后，进行地下水补供和园区灌溉，降低水资源消耗。

（7）外墙外保温与外墙内保温系统。将导热系统较低的绝热材料与建筑物墙体固定为一体，增加墙体的平均热阻值，实现保温效果。在空调等建筑暖通设备上尽量使用能耗低的产品。

（8）太阳能。通过铺设太阳能电池板有效吸收太阳能，代替电能及其他能源的消耗，充分开发利用太阳能、风能和地热资源。

（9）户室新风系统。能够提升室内空气品质的换气装置，能够有效调节控制的湿度和温度，并过滤空气和杀死病菌，户室新风系统能够节约通风方面的能量消耗，同时能够有效地防止室温的降低，降低维持温度所消耗的能量。具体办法是在建筑设计上充分利用自然资源设计、朝向、通风性能。

（10）强化建筑节能。"十三五"节能减排综合工作方案要求："实施建筑节能先进标准领跑行动，开展超低能耗及近零能耗建筑建设试点，推广建筑屋顶分布式光伏发电。编制绿色建筑建设标准，开展绿色生态城区建设示范，到 2020 年，城镇绿色建筑面积占新建建筑面积比重提高到 50%。实施绿色建筑全产业链发展计划，推行绿色施工方式，推广节能绿色建材、装配式和钢结构建筑。强化既有居住建筑节能改造，实施改造面积 5 亿平方米以上，2020 年前基本完成北方采暖地区有改造价值城镇居住建筑的节能改造。推动建筑节能宜居综合改造试点城市建设，鼓励老旧住宅节能改造与抗震加固改造、加装电梯等适老化改造同步实施，完成公共建筑节能改造面积 1 亿平方米以上。推进利用太阳能、浅层地热能、空气热能、工业余热等解决建筑用能需求。"

16.1.2 低碳生活

低碳生活（low-carbon life），就是指生活作息时所耗用的能量要尽量减少，从而降低 CO_2 的排放量。低碳生活，对于普通人来说是一种态度，而不是能力，我们应该积极提倡并去实践低碳生活，注意节能、节电、节水、节油、节气和回收，

实实在在地减少 CO_2 的排放量，改变生活细节，以低能量、低消耗减少对大气的污染，减缓生态恶化。

16.2 住宅智能化技术之二　零排放住宅

零排放是指无限地减少污染物和能源排放直至为零的活动；实现对自然资源的完全循环利用，从而不给大气、水体和土壤遗留任何废弃物。从这个意义上讲，真正的"零排放"只是一种理论的、理想的状态。

零排放具有"节能、创能、蓄能"的特点，节能是通过对自然风、光、水、热资源的利用，采用节能环保材料及太阳能等绿色清洁能源，最大限度地减少 CO_2 的排放。所谓创能、蓄能，就是通过大量采用燃料电池、太阳能等清洁能源获得日常生活中所必需的一些能源，并通过蓄电装置将多余能源储存起来以备不时之需。

零排放，就其内容而言，一是要控制生产过程中不得已产生的能源和资源排放，将其减少到零；二是将那些不得已排放出的能源、资源充分利用，最终减少不可再生资源和能源的存在。

就其过程来讲，是指将一种产业生产过程中排放的废弃物变为另一种产业的原料或燃料，从而通过循环利用使相关产业形成产业生态系统。

从技术角度讲，在产业生产过程中，能量、能源、资源的转化都遵循一定的自然规律，资源转化为各种能量、各种能量相互转化、原材料转化为产品，都不可能实现 100% 的转化。以现有的技术、经济条件，真正做到零排放是很难的。

20 世纪 70 年代个别工业部门就开始摸索"零排放"，那时主要指没有废水从工厂排出，所有废水经过二级或三级污水处理，除了回用就只剩下转化为固体的废渣，到 1994 年比利时的一位企业家 Gunter Pauli 创办 "零排放研究创新基金会" (Zero Emissions Research Initiatives，简称 ZERI)，才把 "零排放" 从个别分散的活动上升到一种理论体系。1998 年联合国正式承认了 "零排放" 概念，并与 ZERI 基金会合作开始进行试点。1999 年总部设立在日本的联合国大学成立了 "联合国大学 / 零排放论坛"，2007 年这一论坛与国家发展改革委资源节约与环保司合作，在北京举办 "发展循环经济，促进废物零排放" 论坛。

零排放的概念渐渐进入了人们的视线，目前零排放在世界很多国家已经有了先例。

2010 年世博会上海的 "零碳馆" 是中国第一座零碳排放的公共建筑。除了利用传统的太阳能、风能实现能源 "自给自足" 外，"零碳馆" 还将取用黄浦江水，利用水源热泵作为房屋的天然 "空调"；用餐后留下的剩饭剩菜，将被降解为生物质能用于发电。世博会 "零碳馆" 总协调人、主设计师陈硕在建筑工地接受了采访时告诉记者："世博会结束，零碳馆将永远保留下来，我们会把它打造成中国首座零碳博物馆。"

2011 年 8 月底，北京首座 "零排放" 四合院在东城区大兴社区居委会建成，四合院实现 "零排放"，不仅是对四合院的保护和发展的有益实践，也将为北京四合院的改造和保护提供一个范例。

目前中国建材集团与双流县签订了一份合作框架协议，双方将合作建设全国第一个零能源智能住宅示范区，以零能源、零排放为设计标准，以新能源材料、新型房屋产品和技术为依托的国际一流水平的低碳住宅示范园。

在国外很多国家已经有了先例，它是政府建造的，用的技术手段不尽相同，但都在不同程度上减少了对能源的消耗及

CO_2的排放。

英国展出的"无碳住宅"样板房处处尽显环保功能，比目前一般房屋节热 2/3。它的房顶有太阳能板，房屋内有生物量锅炉，还有诸如收集雨水的节水装置等。2016 年开始，所有的新房子将采用这种设计，且购买"无碳住宅"可免印花税。

2016 年所有新建住宅都实现零排放，那么预计到 2050 年，英国每年可以减少 CO_2 排放 800 万吨。

英国政府各部长正计划对英国建筑法规进行一系列改革。布朗说，英国将成为世界上第一个承诺零排放的国家。为了保证生态住宅成为新的房地产开发的一项标准，英国政府将对实施零排放的建筑取消总额达数千万英镑的印花税。官员们希望印花税的减免可以促进新型低碳技术的发展。

据德国《商报》报道：德国联邦政府的能源方案涉及一项重大目标，到 2050 年全联邦所有的房主必须改造其房屋，实现零排放。德国负责房屋改造的建设部部长 Peter Ramsauer 表示，如果没有支持发展计划的资金，就不能保证到 2050 年能达到上述目标。德国还有一个零能量住房，所需能量 100% 靠太阳能。

日本关注零排放概念环保房屋的发展，推动零排放房屋的概念。东京松下中心向当地媒体展示了其面向未来的零排放概念环保房屋。这种房屋充分利用自然风、光、水、热资源，采用节能环保材料以及太阳能等，最大限度地减少 CO_2 排放。

加拿大政府为了鼓励国民节约能源，推出了一项旧屋翻新津贴计划。业主只需让房屋接受能源评估，并按评估员指示更新屋内相关的设施，当房屋的节能标准达到一定程度后，便有资格取得津贴。津贴金额要根据房屋翻新前后的评估分数差别而定。房屋做出的改进越多，津贴金额便越高。

零排放已经成为一个建筑潮流而引人注目，美国、澳大利亚、丹麦、西班牙等国都在关注零排放房屋的发展，推动零排放房屋建造。

零排放技术只是在人的能力范围内的理想状态，在某一行业或领域的孤立的零排放是不可能的，它涉及许多学科和领域，只有不同的领域间相互合作共同努力才能去实现"零排放"。据了解，由于零排放样板住宅中含有一定数量的未投产技术和产品，因此不可能立即进入市场，也无法对其进行价格评估，但它代表了未来人类住宅的发展方向，最终造福人类。

零排放是一个美好愿望，但要有资金，没有资金是不可能立即进入市场的。据悉由于节能方面的技术成本较高，目前零排放房屋对大多数人来说还是"奢侈品"。日本松下公司预计，随着技术进步和成本降低，在不久的将来，普通人也能住上这种零排放房屋。

16.3 住宅智能化技术之三　太阳能住宅

太阳能（solar energy）是指太阳的热辐射能，就是常说的太阳光线。太阳能住宅是利用太阳能供暖、供电、太阳能路灯和太阳能制冷的住宅。太阳能既是一次能源又是可再生能源。太阳能资源丰富、免费使用、无须运输、对环境无任何污染。我国应用太阳能采暖发展迅速，节能效果明显。太阳能是我国重点发展的清洁能源。

16.3.1 太阳能供电系统

太阳能供电系统分为：离网太阳能供电系统、并网太阳能供电系统和分布式太阳能供电系统。

（1）离网太阳能供电系统

离网型太阳能发电系统利用太阳能电池板在有光照的情

况下将太阳能转换为电能，通过太阳能充放电控制器给负载供电，同时给蓄电池充电；在阴天气或者无光照时，通过太阳能充放电控制器由蓄电池组给直流负载供电，同时蓄电池还要直接给独立逆变器供电，通过独立逆变器逆变成交流电，给交流负载供电。

离网太阳能供电系统一般由太阳电池组件组成的光伏方阵、太阳能充放电控制器、蓄电池组、离网型逆变器、直流负载和交流负载等构成。光伏方阵在有光照的情况下将太阳能转换为电能，通过太阳能充放电控制器给负载供电，同时给蓄电池组充电。在无光照时，通过太阳能充放电控制器由蓄电池组给直流负载供电，蓄电池可直接给独立逆变器供电，通过独立逆变器逆变成交流电，给交流负载供电。

离网光伏发电系统主要是民用，广泛应用于偏僻山区，特别是距电网较远的无电区地方，还广泛应用于小区公共照明，如路灯、园林灯、广告屏、地下停车场等。

（2）并网太阳能供电系统

并网太阳能供电系统是由光伏电池方阵组件产生的直流电，经过并网逆变器转换成符合市电电网要求的交流电后直接接入公共电网。它不经过蓄电池储能，通过并网逆变器直接将电能输入公共电网。并网太阳能光伏供电系统比离网太阳能光伏发电系统省掉了蓄电池储能和释放的过程，减少了其中的能量消耗，节约占地空间。主要特点是将所发电能直接输送到电网，由电网统一调配向用户供电。

并网太阳能供电系统分两种形式：集中式并网和分散式并网。

集中式并网是将所发的电能直接输送到大电网，由大电网统一调配向用户供电，与大电网之间的电力交换是单向的，适于大型光伏电站并网。

分散式并网又称为分布式光伏发电并网，特点是所发出的电能直接分配到用电负载上，多余或者不足的电力通过联结大电网来调节，与大电网之间的电力交换可能是双向的，适于小规模光伏发电系统。

（3）分布式太阳能供电系统

分布式太阳能供电系统又称分布式光伏发电系统，是指在用户现场或靠近用电现场配置较小的光伏发电供电系统，以满足特定用户的需求。

分布式太阳能供电系统的基本设备包括光伏电池组件、光伏方阵支架、直流汇流箱、直流配电柜、并网逆变器、交流配电柜等设备，供电系统监控装置和环境监测装置。其运行模式是在有太阳辐射的条件下，光伏发电系统的太阳能电池组件阵列将太阳能转换输出的电能，经过直流汇流箱集中送入直流配电柜，由并网逆变器逆变成交流电供给建筑自身负载。在夜晚或阴雨天等太阳光照不足的情况下，系统处于待机状态，电力通过连接电网来调节。

16.3.2 太阳能住宅

太阳能住宅分主动式太阳能住宅和被动式太阳能住宅。主动式太阳能住宅是指运用光热、光电等可控技术，利用太阳能资源实现收集、蓄存和使用太阳能，以太阳能为主要能源的节能太阳能住宅。

（1）主动式太阳能住宅

主动式太阳能建筑需要一定的动力进行热循环，主要由集热器、管道、储热装置、循环泵、散热器等组成。目前主动式太阳能住宅主要是太阳能供暖、供电和制冷。

太阳能供暖：太阳能供暖是一种利用太阳能集热器收集太阳辐射并转化为热能供暖的技术，它利用太阳能集热器收集太阳辐射并转化成热能，以水作为储热介质，热量经由散热部件送至室内进行供暖，太阳能采暖一般由太阳能集热器、储热水箱、连接管路、辅助热源、散热部件及控制系统组成。

太阳能供电：太阳能供电系统由太阳能电池组件、太阳能控制器、蓄电池（组）组成。太阳能发电分为光热发电和光伏发电。通常说的太阳能发电指的是太阳能光伏发电。

太阳能住宅供电主要是住宅供电和路灯供电。

被动式太阳能住宅是依靠太阳能自然供暖的住宅，白天直接依靠太阳能供暖，多余的热量为热容量大的建筑物构件（如墙壁、屋顶、地板）、蓄热槽、水等吸收，夜间通过自然对流放热，使室内保持一定的温度，达到采暖的目的。

太阳能制冷。太阳能驱动制冷主要有以下两种方式，一是先实现光—电转换，再以电力制冷；二是进行光—热转换，再以热能制冷。

利用太阳能制冷空调系统，一方面减少电力资源消耗，另一方面减少常规燃料发电带来的环境污染问题，利用太阳能制冷是当前空调制冷技术领域研究的热点。

（2）被动式太阳能住宅

被动式太阳能住宅就是不用任何其他机械动力，只依靠太阳能自然供暖的建筑，白天的一段时间直接依靠太阳能供暖，多余的热量为热容量大的建筑物构件（如墙壁、屋顶、地板）、蓄热槽的卵石、水等吸收，夜间通过自然对流放热，使室内保持一定的温度，达到采暖的目的。被动式太阳能建筑集蓄热构件与建筑构件于一体，一次性投资少，运行费用低，但这种集热方式昼夜温度波动较大。

被动式太阳能住宅完全通过建筑朝向和周围环境的合理布置、内部空间和外部形体的巧妙处理以及材料、结构的恰当选择，集取、蓄存、分配太阳热能，从而达到冬暖夏凉的效果。

被动式太阳能的总量取决于收集器面积和热质的大小。收集器面积会决定可收集热量的多少。

现阶段太阳能的利用还不是很普及，太阳能利用在理论上是可行的，技术上也是成熟的。但有的太阳能装置因效率偏低，成本较高，存在着投资大、回收年限长的问题，它的经济性还不能与常规能源相竞争。在今后相当一段时期内，太阳能利用的进一步发展，主要受到经济性的制约。

目前我国比较成熟的太阳能产品有两项：太阳能光伏发电系统和人们最熟悉、运用更广泛的家用太阳能热水器。

我国已成为世界上最大的太阳能热水器生产国，但在建筑中大规模应用太阳能热水系统仍存在着认识上、技术上的诸多问题。

太阳能热水器把太阳光能转化为热能，将水从低温度加热到高温度，以满足人们在生活、生产中的热水使用。太阳能热水器按结构形式分为真空管式太阳能热水器和平板式太阳能热水器，以真空管式太阳能热水器为主，占据国内 95% 的市场份额。真空管式家用太阳能热水器是由集热管、储水箱及支架等相关附件组成，把太阳能转换成热能主要依靠集热管。集热管利用热水上浮冷水下沉的原理，使水产生微循环而达到所需热水。

太阳能热水器系统全自动静态运行，无须专人看管、无噪声、无污染、无漏电、无失火、无中毒等危险，安全可靠，环保节能。

16.4 住宅智能化技术之四　地热住宅

地热是指来自地球内部的一种热能资源。目前地热的利用发展十分迅速，已广泛地应用于工业加工、民用采暖和空调、洗浴、医疗、农业温室等各个方面，收到了良好的经济技术效益，节约了能源。

地热住宅是将地热能直接用于采暖、供热、制冷、生活热水，受到各国的重视，特别是位于高寒地区的西方国家，其中冰岛开发利用得最好。地热供暖方式简单、经济性好，备受各国重视。我国利用地热供暖和供热水发展也非常迅速，在京津地区已成为地热利用中最普遍的方式。目前利用地热的主要方法是地热发电和地热供暖。

在世界上 80 多个直接利用地热的国家中，中国直接利用热地装置采热的能力已经位居全球第一。

地热采暖全称为低温地板辐射采暖，是以不高于 60℃ 的热水为热媒，在加热管内循环流动，加热管通过低温地板对地面加以辐射和对流的传导方式，向室内供热、供暖。在 20 世纪 70 年代，低温地板辐射采暖技术就在欧美、韩、日等地得到迅速发展，经过时间和使用验证，低温地板辐射采暖节省能源，技术成熟、热效率高，是科学、节能、保健的一种采暖方式。

地热住宅的主要技术是：地热制冷技术、地源热泵技术、地热供暖技术。

地热制冷是以地热蒸汽或地热水为热源提供的热能为动力，驱动吸收式制冷设备制冷的过程。地热制冷具有性能可靠、运行费用低、结构简单、环保和节能等多种优点，故在多个领域有广泛的应用价值。

目前常用的地热制冷系统主要由热水型溴化锂吸收制冷机、冷冻水循环泵、深井泵、地热水循环泵、板式换热器、热水循环泵、冷却水循环泵、冷却塔、控制箱和连接管道、空调末端设备等系统组成。

热泵是一种将低温热源的热能转移到高温热源的装置以实

现制冷和供暖。

地源热泵是一种利用地下浅层地热资源，既能供热又能制冷的高效节能环保型空调系统。

地源热泵空调系统主要分为三个部分：室外地能换热系统、水源热泵机组系统和室内采暖空调末端系统。

地源热泵技术的特点是：使用电力，没有燃烧过程，对周围环境无污染排放；不需使用冷却塔，没有外挂机，不直接向周围大气环境排热，没有热岛效应，没有噪声；不抽取地下水，不破坏地下水资源。

地热供暖是以整个地面为散热器，通过地板辐射层中的热媒，均匀加热整个地面，利用地面自身的蓄热和热量向上辐射的规律由下至上进行传导，来达到取暖的目的。

地暖作为一种新型的采暖方式，很多家庭都开始采用，给人以脚暖头凉的舒适感，是目前最舒适的采暖方式，也是现代生活品质的象征。

16.5 住宅智能化技术之五　绿色住宅

绿色住宅是基于人与自然共生和资源高效利用原则而设计建造的一种住宅，它使住宅内外物质能源系统良性循环，无废、无污、能源实现一定程度自给的新型住宅模式。绿色住宅的室内布局十分合理，尽量减少使用合成材料，充分利用阳光，节省能源，为居住者创造一种接近自然、舒适、健康的居住环境。

"绿色"是代表一种概念或象征，它要求节地、节能、节水、节材，要求室内环境要采光、隔声、通风，室内空气质量都符合自然环境。绿色住宅又可称为生态建筑、回归大自然住宅、节能环保住宅、健康住宅等。

绿色住宅的特点可分为两个方面：从节约能源和资源出发，绿色住宅最大化地实现能源节约。重视小区的内外环境和绿化。合理的绿化可以净化空气，在除尘、隔热、隔声、降温上都有很好的效果。小区的绿化同时还要拥有足够的活动空间。

住房城乡建设部和质量监督检疫检验总局发布的《绿色建筑评价标准》GB/T 50378—2006，对绿色住宅分三个级别：控制项、一般项和优选项。

按照一般项目，绿色建筑必须符合如下要求：

- 日照要满足国家标准《城市居住规划设计规范》中对于城市日照标准要求；
- 噪声白天不大于 45dB；
- 住宅能够自然通风；
- 在通风的同时保证节能；
- 室内环境污染控制（室内游离甲醛、苯、氨、氡和总挥发性有机化合物（TVOC）等空气污染物浓度符合现行国家标准《民用建筑室内环境污染控制规范》的规定）；
- 绿地人均 $2m^2$；
- 节水率不低于 8%；
- 垃圾分类回收率 90%。

衡量绿色住宅的质量主要有：

- 在生理生态方面有广泛的开敞性；
- 采用的是无害、无污、可以自然降解的环保型建筑材料；
- 按生态经济开放式闭合循环的原理作无废无污的生态工程设计；
- 有合理的立体绿化，能有利于保护，稳定周边地域的生态，与环境的亲和；
- 利用清洁能源，降解住宅运转的能耗，提高自养水平；

- 富有生态文化及艺术内涵;
- 节地、节能、节水、节材;
- 室内环境采光、隔声、通风以及空气质量。

随着社会不断发展,这种要求和标准也会越来越高。

绿色住宅是以有利于人体健康和环境保护为目的,以节约能源和资源为宗旨的不严重影响生态平衡的环保住宅。目前建筑界对绿色建筑的探索刚刚开始,它需要创新,是全世界发展的大趋势。

16.6 住宅智能化技术之六 生态住宅

生态住宅是指寻求自然、建筑和人三者之间的和谐统一,利用自然条件和人工手段来创造一个有利于人们舒适、健康的生活环境,同时又要控制对于自然资源的使用、实现向自然索取与回报之间的平衡。生态住宅标准定义是:在建筑全生命周期的各环节充分体现节约资源与能源、减少环境负荷和创造健康舒适居住环境,与周围生态环境相协调的住宅(住区)。

生态住宅的特征概括起来有四点,即舒适、健康、高效和美观。

生态住宅又称健康住宅、绿色住宅,它以改善及提高人的生态环境、生命质量为出发点和目标。

生态住宅在材料方面总是选择无毒、无害、隔声降噪、无污染环境的绿色建筑材料,在户型设计上注重自然通风。在小区建立废弃物管理与处理系统;使生活垃圾全部收集,密闭存放,无论室内室外,都不会产生有害物质,有利于居住者的身体健康。

生态住宅是一种新型的住宅,建造时最大限度考虑保护环境和居民健康,节约资源和能源,并把各种污染物的总量降低到最低限度。

　　生态住宅小区的绿化系统同时具备生态环境功能、休闲活动功能、景观文化功能，且尽量利用自然地段，保护历史人文景观，因此能使居住者身心健康，精神愉快。

　　生态住宅采用的绿色材料可隔热采暖，因此可使居住者少用空调。并且还尽量将排水、雨水等处理后重复利用，并推行节水用具等，为居住者节约水电费等生活费用。

　　生态住宅提倡以艺术为本源，最大限度地开发生态住宅的艺术功能，把住宅当成艺术品去营造，使住宅无论从外部还是内部看起来都是一件艺术品。

　　生态住宅以突出各种智能为特征，最大限度地发挥住宅的智能性，凡对人的居住能够提供智能服务的装置，都可被适当置入，使主人可以凭借想象和简单的操作就可以达到一种特殊的享受。

　　尽管生态技术的发展日新月异，是 21 世纪住宅不可避免的大趋势，但生态住宅的发展仍显得十分缓慢。生态住宅是高投资的项目，很少有人问津。